遂昌森林

华文礼 主编

U0929924

中国林业出版社

图书在版编目（CIP）数据

遂昌森林/华文礼主编．—北京：中国林业出版社，2009．8

ISBN 978-7-5038-5665-5

Ⅰ．遂…　Ⅱ．华…　Ⅲ．森林资源-遂昌县　Ⅳ．F326．275．54

中国版本图书馆 CIP 数据核字（2009）第 128700 号

《遂昌森林》编辑委员会

主　编　华文礼

副主编　唐隆校　张健雄

作　者　华文礼　唐隆校　张健雄　唐昌贻　毛达民　张文松
黄明春　傅红梅　朱樟文　曹　华　谢永水　袁黎伟
赖根伟　吴友军　周樟庭　叶金水　韦葱媛　刘良荪
华祯惠　邱坚强　石兴华　姜智慧　张信立　张文斌
雷土荣　潘江炎　戴黎瑶　傅志真　巫林富　朱明坤
尹　鸣　庚樟树　周智峰　余石伟

校　对　张健雄

出　版：中国林业出版社（100009　北京西城区德内大街刘海胡同 7 号）
网　址：www. cfph. com. cn
E-mail：cfphz@ public. bta. net. cn　　**电话：**（010）83224477
发　行：新华书店北京发行所
印　刷：三河市祥达印装厂
版　次：2009 年 8 月第 1 版
印　次：2009 年 8 月第 1 次
开　本：787mm×1092mm　1/16
印　张：14
字　数：350 千字
印　数：1～1000 册

前　言

遂昌历史悠久，建县于东汉建安二十年（公元218年），距今已有1780多年。明朝著名戏剧家、有“东方的莎士比亚”之称的汤显祖，于明万历年间在遂昌任知县5年，他痴情遂昌的青山绿水，赞誉遂昌为“仙县”。

遂昌是浙西南的山区县之一，境内山川辽阔，峰峦耸秀，海拔1000米以上的山峰有703座，最高峰位于南部的九龙山，海拔1724.2米，为浙江省第四高峰。森林覆盖率高，森林资源丰富，生物多样性突出，森林茂密，满目苍翠，溪涧交错，碧水澈澄，山清水秀。山脉走向与季风大致垂直相交，构成了不同海拔高度多层次主体森林格局，森林植被具有明显的垂直分布规律，以九龙山最为典型，从高海拔到低海拔依次变化为山地落叶灌丛、亚热带山地落叶阔叶林、落叶常绿混交林、常绿阔叶林、温性针阔混交林、温性针叶林、暖性针叶林。气候温暖，热量丰富，降水充沛，四季分明，为各种生物生长发育、栖息、繁衍提供了理想的环境，是浙江省9个重点林区县之一。全县地势西南高、东北低，境内山脉属武夷山系仙霞岭的分支，仙霞岭山脉自龙泉和福建省浦城县入境，由西南到东北纵贯全县，是钱塘江水系和瓯江水系的源头县之一，素有“钱瓯之源，江南绿海”的美誉。

遂昌山多地少，林木葱郁，森林旅游资源丰富，有九龙山国家级自然保护区以及湖山、牛头山、白马山、桂洋等四大国有林场为依托的国家森林公园，还有南尖岩、神龙谷、妙高山、含晖洞、石姆岩、独山等风景区，都依赖于丰富的森林资源，以森林资源为基础的生态旅游——飞石岭景区开发已初具规模，大公坑景区正着手实质性开发，南尖岩景区开发正积极推进。

遂昌县委、县政府、县林业局对林业发展高度重视，在“十一五”规划中，提出了“优化绿色资源，发展绿色经济，创建绿色遂昌”的林业发展总体目标，为林业的发展谱写新的篇章。实现这一目标是一个系统工程，为了摸清森林家底，掌握信息，为政府及有关部门提供决策依据，根据《浙江省森林资源规划设计调查技术操作细则》规定，遂昌县成立了森林资源调查领导小组，抽调人员、制定方案，与浙江省林业勘查设计院共同完成了遂昌县森林资源调查工作。整个工作从2005年5月开始，共抽调70名专业技术人员，在桂洋林场开展了外业调查工作试点，在试点基础上全面铺开外业调查，完成外业调查后，即转入内业数据录入、统计，建立地理信息系统、编制成果报告等各项工作，历时一年，查清了遂昌县土地总面积3 816 744亩，其中林业用地3 319 986亩，占87%，非林业用地496 758亩，占13%。全县活立木总蓄积量为7 296 198立方米，森林覆盖率为82.3%。

遂昌林业自1989年浙江省委、省政府作出“五年消灭荒山，十年绿化浙江”的决策以来，在全县人民的努力下，已经实现森林资源由消大于长的转变，活立木蓄积大幅度增长，从恢复性增长向持续性增长的目标迈进，全县林业生产与建设取得了空前的成就；也正在经历着一场由木材生产为主向以生态建设为主转变的极其深刻的历史性变革，林业地位和作用发生了根本性的变化，正处在一个十分关键的转折时期。中央作出构建社会主义和谐社会的战略决策，为林业发展指明了前进方向，创造了难得的发展机遇，也提出了新的更高的要求，这就需要我们对林业的发展形势进行一次全面的认识，真正做到与时俱进，开拓创新，准确把握发展大局。

为了全面贯彻《中共中央国务院关于加快林业发展的决定》，以科学发展观为指导，加快资源培育，全面加强森林资源管理，实施可持续发展战略；积极推进林业分类经营，实行产业结构调整，逐步实现林业产业经济转移；着力做大竹产业，培育花卉苗木和森林生态旅游两个产业，抓住机遇，迎难而上，实现林业跨越式发展，作为当代林业科技工作者，历史赋予我们使命，我们有责任将遂昌县的森林资源现状编撰成书——《遂昌森林》，以唤起全民绿化意识，树立全民办林业、全社会办林业的新风尚，也为领导决策、科研、教育提供一些有价值的资料。由于森林资源动态时刻变化，有一个不断深化、调整、提高的过程，我们只能对乡镇的基本情况进行分析，考虑欠周之处定然不少，恳请读者及有关专家、领导指正。

编　　者

2006年10月26日

目　录

1 基本情况

1.1 自然地理概况

遂昌县位于浙江省西南部，东邻松阳、武义县；南接龙泉市；西连江山市及福建省的浦城县；北毗衢县、龙游及金华县。地理坐标介于东经 118°41′~119°30′和北纬 28°13′~28°49′之间，东西长约 78.7 千米，南北宽约 66.6 千米，呈东北至西南走向。全县地势西南高，东北低，境内山脉属武夷山系仙霞岭的分支，仙霞岭山脉自龙泉和福建省浦城县入境，由西南至东北贯穿全县，是钱塘江水系和瓯江水系的源头县之一。总面积 2542.24 平方千米，其中林业用地 2200 平方千米，占总面积的 87%，是个“九山半水半分田”的山区县，境内多山地，少平丘，海拔 1000 米以上山峰有 703 座，最高峰位于南部的九龙山，海拔 1724.2 米，为浙江省第四高峰。全县属亚热带季风气候，温暖湿润，四季分明。遂昌县属中亚热带常绿阔叶林带，以甜槠、木荷最为典型。森林植被具有明显的垂直分布规律，以主峰海拔 1724.4 米的九龙山最为典型，从高海拔到低海拔依次变化为山地落叶灌丛，山地常绿灌丛，亚热带山地矮曲林，亚热带山地落叶阔叶林，亚热带山地落叶、常绿阔叶混交林，亚热带山地常绿阔叶林，温性针阔混交林，温性针叶林，暖性针叶林。丰富的森林资源孕育了众多的野生动物。野生动物以东洋界为主，并掺与古北界种类，表现出南北交替地带的特点，被列入国家重点保护的动物有 20 多种。地质属华南地槽褶带系浙东华夏褶皱带，特殊的地质构造，复杂的地形地貌，形成了遂昌县类型多样的土壤，全县共有 5 个土类，11 个亚土类，34 个土属，70 个土种。县政府驻地妙高镇，距省会杭州 307 千米，距浙赣铁路线 60 千米，距金温铁路 110 千米。

1.2 社会经济概况

全县辖 9 个镇，10 个乡，1 个民族乡，共有 25 个居委会，389 个行政村，1819 个自然村，71 809 户，225 544 人口，其中非农业人口 34 846，人口密度为 89 人/平方千米。2005 年，全县生产总值和人均生产总值分别达 28.12 亿元和 12397 元（折合 1513 美元）；财政总收入和地方财政收入分别达 4.02 亿元和 2.12 亿元。生态农业初具规模，产业化水平显著提高，农业增加值达 4.83 亿元，比 2000 年增长 37.4%；第二产业发展迅速，实现工业增加值 10.1 亿元，比 2000 年增长 123.6%，建筑业增加值 2.96 亿元，比 2000 年增长 215.1%，第二产业尤其是工业经济的主体地位进一步确立；交通运输、通信、旅游、社会服务、金融等第三产业稳步发展，实现增加值 10.24 亿元，比 2000 年增长 166.7%。交通运输快速发展，龙丽高速公路遂昌段、进城道路等一大批重大基础设施项目建成或正在建设。省道、县道、乡道路面改造里程达588.74千米，完成乡村康庄工程458.3千米。2005年，城镇居民人均可支配收入和农村居民人均纯收入分别达12265元和3567元；城乡居民储蓄存款余额达12.48亿元，比2000年增长65.4%。城乡居民居住条件明显改善。村村通广播、电视目标基本实现，广播和电视综合覆盖率已分别达90.82%和97.43%，村村通程控电话工程顺利完成，移动通讯通村工程取得较大进展。

1.3 森林经营与保护概况

遂昌县对林业发展高度重视，在“十一五”规划中，提出了“优化绿色资源，发展绿色经济，创建绿色遂昌”的林业发展总体目标。

林业生产稳步发展。县政府全面贯彻《中共中央、国务院关于加快林业发展的决定》，加快资源培育，全面加强资源林政管理，实施可持续发展战略；积极推进林业分类经营，实行产业调整，逐步实现林业生产效益向生态效益转移；大力开展招商引资，着力做大竹产业，培育花卉苗木和生态旅游两个产业，抓住机遇、迎难而上，实现林业的跨越式发展。①以竹产业为突破口，推进林业产业化建设。通过政策和资金安排上的倾斜，并加强与高等院校、科研院所的技术合作，使竹林经营水平飞速提高，同时积极引导竹制品加工业的发展，截至2005年全县高效经营竹林面积已达15万亩*，2005年竹产业总产值达5.12亿元，其中一产为1.23亿元，二产为3.79亿元，三产为1000万元；②大力推进原料林建设项目，满足资源消耗型企业发展需求，减少对天然林采伐，“十五”期间遂昌县由绿源营林有限公司采取公司加农户的模式实施原料林项目，到2005年全县共发展工业原料林19891亩；③积极实施木制品产业结构的调整，通过政策引导、经济杠杆调控、技术改造、产品更新等措施，实现从半成品加工为主、森林资源消耗大、附加值低到木制品精深加工、产品档次高、资源消耗低、经济效益好的转变，使遂昌县木材加工企业结构趋向合理，木制成品加工企业占据木材加工业的主导地位；④森林资源实行商品林与生态公益林分类经营，根据国家、省有关森林分类区划要求的标准，针对遂昌县的生态区位重要性，森林生态脆弱性、生态环境建设要求和社会经济发展水平以及考虑生态公益林和商品林的合理比例和分布，在充分尊重群众意愿的基础上，现场界定生态公益林面积102.9941万亩，占林业用地总面积的30.87%。其中国家公益林46.2129万亩，占44.87%，省级公益林39.7336万亩，占38.58%，县级公益林17.0476万亩，占16.55%；⑤继续发展森林旅游。主要表现在以下几个方面：第一，遂昌县山多地少，林木葱郁，森林旅游资源丰富，全县有九龙山国家级自然保护区，湖山、牛头山、白马山、桂洋等四大国有林场，还有南尖岩、妙高山、含晖洞、神龙谷、独山、月光山等风景区，为遂昌县发展生态旅游奠定良好的基础，第二，加大对森林生态旅游的资金投入和外资引进，2005年引进神龙谷、湖山温泉、大公坑、金石门等旅游项目4个，合同投资2.25亿元，遂昌金矿成功地成为浙江省首家国家矿山公园，王村口红色旅游区正式被列为浙江省红色旅游经典区，飞石岭景区开发已初具规模，大公坑旅游项目正着手实质性开发，南尖岩旅游项目开发积极推进。

---

* 1亩=0.0667公顷，下同。

资源管理现状：一是严格实行限额采伐制度。“十五”期间全县的年采伐限额为339 790立方米，2005年全县实际采伐木材265 340立方米，符合限额采伐的要求；二是实行源头管理。遂昌县于2004年开始实施森林资源源头管理，具体做法是：①由林业工作站在核发林木采伐许可证时向采伐单位或个人征收林业“两金”；②本乡镇范围内销售、收购、运输木材，凭本乡镇木材流通票自由流通；③县内跨乡镇运输木材凭县内木材运输证运输；④出县木材运输凭县内木材运输证到县林业局办理运输证件；⑤对产品附加值高的木制精深成品加工及毛竹加工业返还一定比例的林业“两金”；三是加强了林地保护力度。按照严格保护、科学经营、合理开发、有序利用的方针，加强对林地开发利用的指导、监督和服务，对征占用林地的项目严格按照有关规定办理审批手续，并将征收的林业规费用于植树造林和恢复森林植被。从1997年开始到2005年，遂昌县共办理林地审批项目347个，面积合计1326.7487公顷，征收林地规费23 186 433.71元；四是加大天然阔叶林保护力度、控制天然阔叶林采伐；五是加强林政案件的查处，遏制破坏森林资源的违法犯罪活动，维护林区正常的生产秩序。

2 森林资源现状及特点

以 2005 年森林资源二类调查数据为基础，对遂昌县森林资源的现状进行综合分析。2005 年二类调查数据由 2004 年遂昌县一类调查数据控制，2004 年的一类调查根据《浙江省森林资源连续清查第五次复查技术操作细则》的规定，全县采用机械布点的方法新设样地 848 个，间距为 3 千米 ×1 千米，抽样精度按 90% 设计。该次一类调查采用 GPS 卫星定位仪直接导航定位找点，用罗盘仪采用闭合导线法进行样地周界测量，测量精度为 1/200，样地面积 1.2 亩。样地因子采用实测法进行调查，样木采用每木检尺。通过调查得出本次二类调查森林资源总蓄积的控制区间为 6 469 855 立方米 ~7 094 917 立方米 ~7 719 879 立方米，实际精度达 91.19%。

2.1 森林资源调查工作情况

2.1.1 调查目的与任务

森林资源二类调查是以国有林场、自然保护区、森林公园等森林经营单位或县级行政区域为调查单位，以满足森林经营方案、总体设计、林业区划与规划设计需要而进行的森林资源调查。遂昌县本次二类调查的主要任务是查清全县范围内的森林、林地和林木资源的种类、数量、质量与分布，客观反映全县的自然、社会经济条件，综合分析与评价森林资源与经营管理现状，提出对森林资源培育、保护与利用意见。

2.1.2 调查方法与技术标准

本次调查工作由遂昌县政府组织安排，浙江省森林资源监测中心负责技术指导和结果审定。按照浙江省林业厅制定的技术操作规程，采用 1∶10000 地形图进行小班区划，以目测法与样地法相结合的方法，将辖区内全部森林资源逐小班实地调查，然后分项汇总统计县、乡数据。县林业局是森林资源二类调查的具体实施单位，调查、检查人员从林业局机关、乡镇林业工作站调配。

总蓄积由遂昌县 2004 年完成的森林资源一类调查所得的置信区间来控制。小班蓄积量及疏密度采用《浙江省松、杉、阔叶树疏密度 1.0 每亩株数蓄积表》计算；“四旁”及散生木蓄积按二元立木材积公式计算，杉木蓄积按实验形数 V_1（0.42）计算，阔叶树蓄积按实验形数 V_1（0.41）计算，松木蓄积按实验形数 0.39 计算。

本次调查技术标准按浙江省林业厅 2004 年 6 月印发的《浙江省森林资源规划设计调查技术操作细则》（试行）执行。

2.1.3　工作情况

2.1.3.1　调查前期资料准备

地形图，本次调查采用1:10000地形图作为小班区划用图。这次使用的地形图由浙江省森林资源监测中心重新拼接打印，将同一个村的地形图落在同一张地形图上，使调查人员省去了临时拼接的麻烦，方便了调查。

技术数表与调查用表，为本次调查准备的技术数表有立地类型表，森林经营类型表，森林经营措施类型表，松、杉、阔疏密度1.0每亩株数（蓄积）表，全省通用森林资源二类调查代码表等。调查用表有小班调查记载表，实测样地记载表，角规测树记载表，毛竹样圆记载表。

基础资料收集了1994年二类调查的成果资料，全县的森林资源经营情况，以及全县的社会经济资料，包括全县国民经济收入、人口、耕地面积、居民的经济收入等基本情况和交通运输情况。

2.1.3.2　组织准备

成立县森林资源调查工作领导小组，在林业局设森林资源调查办公室，由林业局抽调人员组成，负责具体方案制定、组织培训、质量检查、内业整理、制图、成果编纂、资金及物资管理等任务。抽调46名技术人员组成调查队，负责全县20个乡镇、4个国有林场和九龙山自然保护区的小班调查任务。

2.1.3.3　技术培训

在调查工作开始前，组织全体调查人员、办公室成员到桂洋林场进行技术培训，由浙江省资源监测中心的林太本老师主讲，系统学习了浙江省森林资源规划设计调查技术操作细则，重点进行了地形图判读、小班勾绘、目测训练、实测样地测设及调查、角规测树等调查技术。并在学习结束后，对所学的知识进行了一次书面测试，对实际操作进行实习，使调查人员基本掌握了操作技能，统一了技术要求。

2.1.3.4　质量检查与外业辅导

在整个调查过程中，遂昌县林业局组织4个专职检查组对全县25个外业调查组的调查工作进行技术指导和质量检查，具体指导和解决各调查责任区中出现的各种技术问题，重点做好质量把关与抽查工作，外业检查比例为3%～5%，内业全查。质量检查在调查工作的前、中、后期均匀开展，前期着重技术辅导，进一步强化调查人员在培训阶段所掌握的操作规程，中期、后期主要对前阶段的外业调查进行实地抽查并对小班卡片记载、内业整理进行全面检查。经统计，4个外业检查组共检查小班2827个，面积12 816公顷，其中林业用地面积12 302公顷，抽查面积占全县总面积的5.04%，检查范围涉及20个乡镇、4个国有林场和1个自然保护区，小班检查面普遍，具有较高的代表性，达到了3%～5%的要求，检查结果基本合格。为确保调查质量，还聘请浙江省森林资源监测中心对本次调查进行质量抽查。

本次遂昌县森林资源二类调查外业质量检查结果为：符合要求项目得分数277 200分，检查小（细）班总得分251 698分，合格率为90.8%，抽查小（细）班总蓄积量693 886立方米，调查小（细）班总蓄积量727 198立方米，蓄积量误差4.8%。

2.1.3.5 森林资源地理信息系统开发

本次森林资源二类调查在获取基本资源数据的基础上，聘请浙江省森林资源监测中心负责遂昌县森林资源地理信息系统的开发建设，建成的遂昌县森林资源地理信息系统落实到乡、村以及小班地块，是整个森林资源地理信息系统的基础，具有集信息获取与分析、信息处理与管理、信息应用等功能于一身，能够满足林业行业信息获取与处理的高速、实时与应用的高精度、可定量化分析的要求，为县级林业规划管理、资源监测、森林防火等林业生产管理工作提供服务。它可以进行林业多种专题的应用，如二类清查内业处理、林业地籍管理、伐区设计、造林规划、抚育间伐、资源监测等。因此，森林资源地理信息系统可以实现林业资源信息的快速采集和处理，为林业决策提供强有力的基础信息资料和决策支持。

2.1.3.6 统计汇总与成果报告编制

基本数据输入及面积计算由办公室人员负责，均采用浙江省资源监测中心提供的软件全部用计算机处理。统计汇总工作由省资源监测中心完成。

本次调查提供原始资料有：分乡（镇）村小班区划图、森林资源小班调查记载卡。经统计整理的成果有：遂昌县森林资源地理信息系统、遂昌县森林资源二类调查报告、遂昌县森林资源调查质量检查报告、遂昌县森林资源调查统计表、遂昌县各乡（镇）森林资源小班调查记载一览表等。

2.2 森林资源现状

2.2.1 各类土地面积

遂昌县土地总面积为 3 816 744 亩，其中林业用地 3 319 986 亩，占 87%；非林业用地 496 758 亩，占 13%。

在林业用地面积中：有林地 2 994 419 亩，占 90.2%；灌木林地 176 641 亩，占 5.3%；未成林造林地 83 902 亩，占 2.5%；无立木林地 35 593 亩，占 1.1%；疏林地 22 697 亩，占 0.7%；宜林地 6578 亩，占 0.2%；苗圃地和辅助生产用地计 156 亩（图 2－1）。

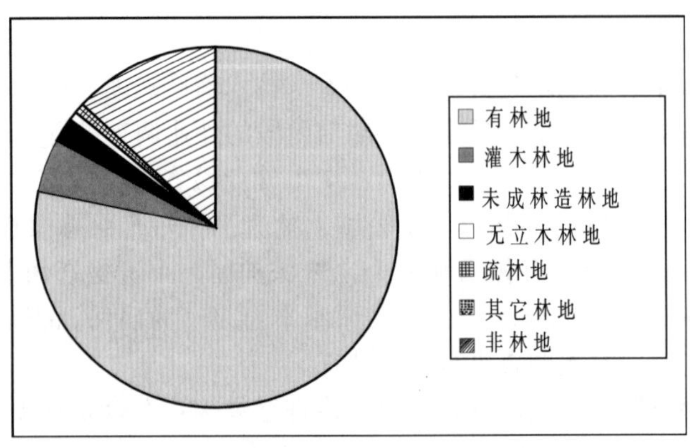

图 2－1 遂昌县各类土地面积结构图

在有林地面积中：乔木林面积 2 730 871 亩，占 91.2%；竹林面积 263 548 亩，占 8.8%。

在无立木林地面积中：采伐迹地面积为 24 124 亩，占 67.8%；火烧迹地 6973 亩，占 19.6%；其它无立木林地 4496 亩，占 12.6%。

2.2.2　森林覆盖率

森林覆盖率为 82.3%，林木绿化率为 83.1%。

2.2.3　各类林木蓄积量

遂昌县活立木总蓄积量为 7 296 198 立方米，位于一类调查蓄积控制区内中上值，其中：有林地蓄积 7 225 748 立方米，占 99.0%；疏林蓄积 3654 立方米；散生木蓄积 49 682 立方米；“四旁”木蓄积 17 114 立方米（图 2－2）。

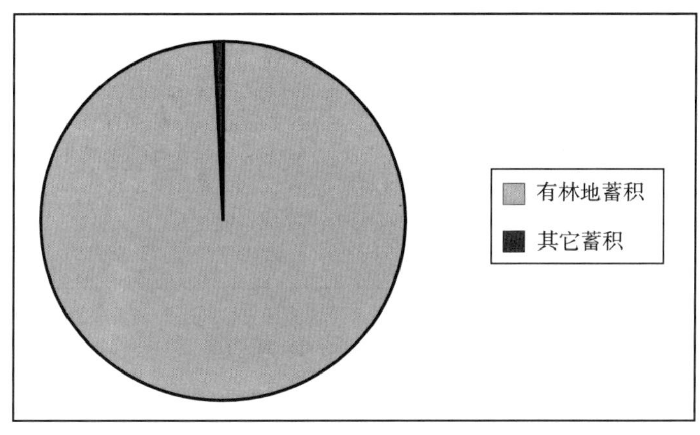

图 2－2　遂昌县各类林木蓄积量图

2.2.4　古树名木资源

根据遂昌县林业局 1987、1996、1999、2002 年对全县古树名木的普查结果，全县共有 100 年以上的古树名木 6281 株，其中古树群 177 片，3853 株，散生古树 2428 株。按年龄保护级别分：一级保护古树 44 株，二级保护古树 1130 株，三级保护古树 5107 株。树种有 95 种，以苦槠、榧树、樟树、南方红豆杉、柳杉、木荷、杉木等 10 个树种为主要古树树种，共有 4887 株，占总株数的 77.8%，其中：苦槠 1004 株、枫香 904 株、马尾松 634 株、榧树 549 株、樟树 384 株、南方红豆杉 279 株、柳杉 223 株、木荷 204 株、杉木 101 株。从具体分布区域来看，以农村为主，共有 5967 株，占全县古树名木总数的 95%，主要分布于农村的村、路、水、“田旁”及山坡上。

2.2.5　林种资源结构

森林种类划分的要求在于森林不仅要有足够的数量，而且还要有相应的质量和合理的结构，以保证国家和社会对森林多方面的需要。根据浙江省《细则》规定把森林划分为防护林、特种用途林、用材林、薪炭林、经济林五大林种，在这基础上继续划分为水源涵养林等 23 个亚林种。

根据调查结果统计，遂昌县有防护林面积751 854亩，占林业用地面积的22.6%，蓄积为1 748 343立方米，占活立木总蓄积的24.0%；特用林面积85 638亩，占林业用地面积的2.6%，蓄积487 703立方米，占活立木总蓄积的6.7%；经济林面积232 124亩，占林业用地面积的7.0%，蓄积17 779立方米，占活立木总蓄积的0.2%；用材林面积为2 106 579亩，占林业用地面积的63.5%，蓄积4 975 447立方米，占活立木总蓄积的68.2%；薪炭林面积17 562亩，占林业用地面积的0.5%，蓄积130立方米（图2－3）。

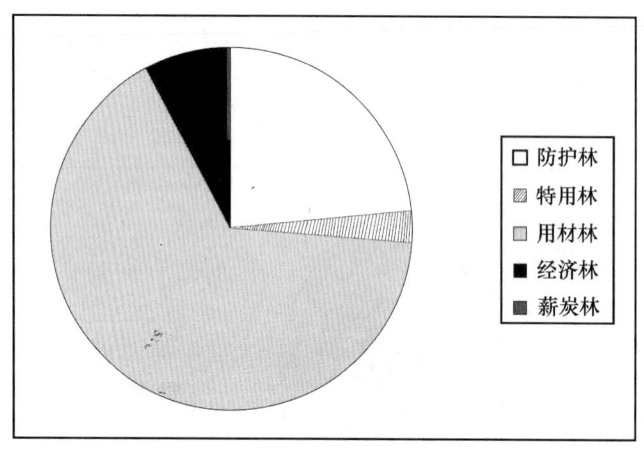

图2－3　林种资源面积结构图

2.2.6　乔木林资源结构

遂昌县乔木林面积2 730 871亩，占林业用地面积的82.3%；蓄积为7 225 748立方米，占活立木总蓄积的99.0%。

2.2.6.1　乔木林优势树种结构

在乔木林各优势树种资源中：杉木面积1 257 961亩，蓄积3 781 081立方米，分别占乔木林总面积和总蓄积的46.1%和52.3%；马尾松面积492 284亩，蓄积1 573 918立方米，分别占乔木林总面积和总蓄积的18.0%和21.8%；硬阔类面积909 875亩，蓄积1 791 407立方米，分别占乔木林总面积和总蓄积的33.3%和24.8%（表2－1，图2－4、图2－5）。

表2－1　遂昌县乔木林按优势树种组成结构

（单位：亩、立方米、%）

项目	乔木林分合计	杉木	马尾松	硬阔	其它
面积	2730871	1257961	492284	909875	70751
比例		46.1	18.0	33.3	2.6
蓄积	7225748	3781081	1573918	1791407	78342
比例		52.3	21.8	24.8	1.1

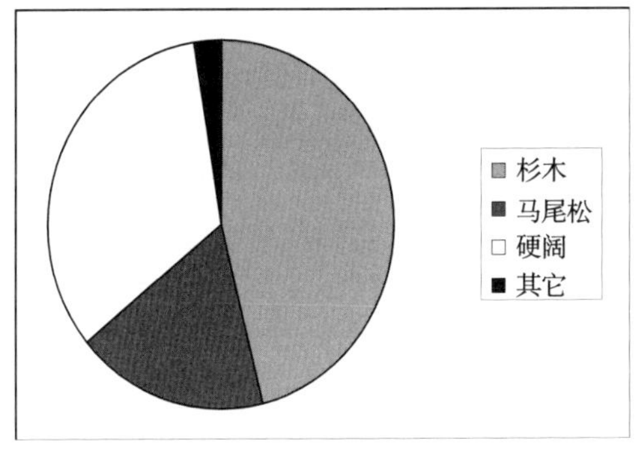

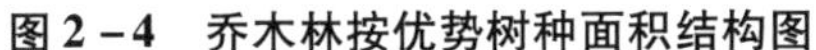

图 2-4 乔木林按优势树种面积结构图

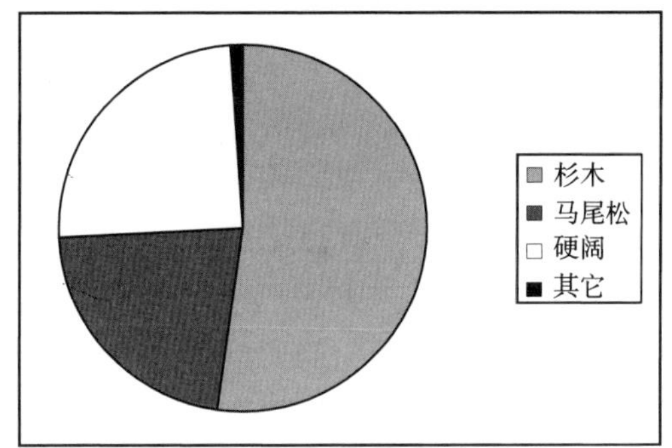

图 2-5 乔木林按优势树种蓄积结构图

2.2.6.2 乔木林龄组结构

乔木林龄组结构中：幼龄林面积为 1 065 534 亩，蓄积 1 307 621 立方米，分别占乔木林总面积和总蓄积的 39.0% 和 18.1%；中龄林面积为 915 840 亩，蓄积 2 397 627 立方米，分别占乔木林总面积和总蓄积的 33.5% 和 33.2%；近熟林面积为 412 719 亩，蓄积 1 641 662 立方米，分别占乔木林总面积和总蓄积的 15.1% 和 22.7%；成熟林面积为 299 068 亩，蓄积 1 588 241 立方米，分别占乔木林总面积和总蓄积的 11.0% 和 22.0%；过熟林面积为 37 710 亩，蓄积 290 597 立方米，分别占乔木林总面积和总蓄积的 1.4% 和 4.0%（如表 2-2，图 2-6、图 2-7）。

表 2-2 遂昌县乔木林按龄组组成结构

（单位：亩、立方米、%）

项目	合计	幼龄林	中龄林	近熟林	成熟林	过熟林
面积	2730871	1065534	915840	412719	299068	37710
比例		39	33.5	15.1	11.0	1.4
蓄积	7225748	1307621	2397627	1641662	1588241	290597
比例		18.1	33.2	22.7	22.0	4.0

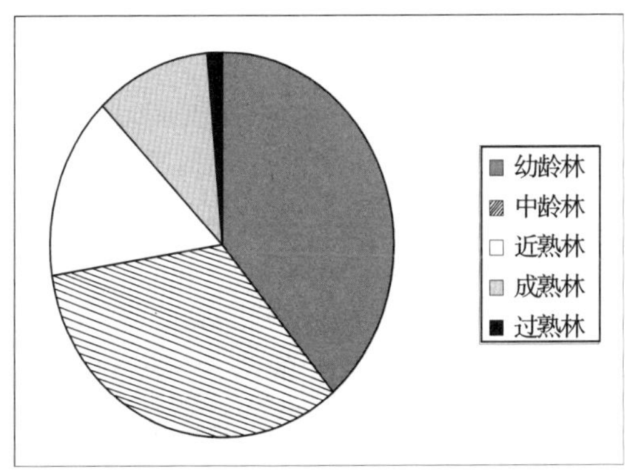

图 2-6 乔木林龄组面积结构图

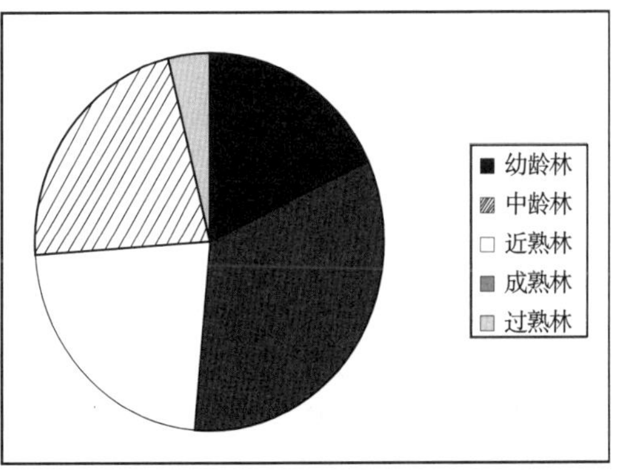

图 2-7 乔木林龄组蓄积结构图

2. 2. 6. 3 乔木林起源结构

遂昌县人工起源乔木林面积为 1 471 673 亩，蓄积 4 452 076 立方米，分别占乔木林总面积、总蓄积的 53. 9% 和 61. 6% 。天然起源乔木林面积 1 259 198 亩，蓄积 2 773 672 立方米，分别占乔木林总面积、总蓄积的 46. 1% 和 38. 4% 。这说明遂昌县乔木林资源以人工林为主，人工林资源在全县森林资源中有着举足轻重的地位。

（1）天然林优势树种结构 天然乔木林中：硬阔类面积 874 185 亩，蓄积 1 732 916 立方米，分别占天然林总面积和总蓄积的 69. 43% 和 62. 48%；马尾松面积 243 183 亩，蓄积 741 175 立方米，分别占天然林总面积和总蓄积的 19. 31% 和 26. 72%；杉木面积 141 290 亩，蓄积 299 030 立方米，分别占天然林总面积和总蓄积的 11. 22% 和 10. 78% 。其它优势树种还有柳杉、软阔类、板栗和厚朴等（表 2 –4，图 2 –8、图 2 –9）。

表 2 –4 遂昌县天然林优势树种统计

（单位：亩、立方米、%）

项目	合计	硬阔	马尾松	杉木	其它
面积	1259198	874185	243183	141290	540
比例		69. 43	19. 31	11. 22	0. 04
蓄积	2773672	1732916	741175	299030	551
比例		62. 48	26. 72	10. 78	0. 02

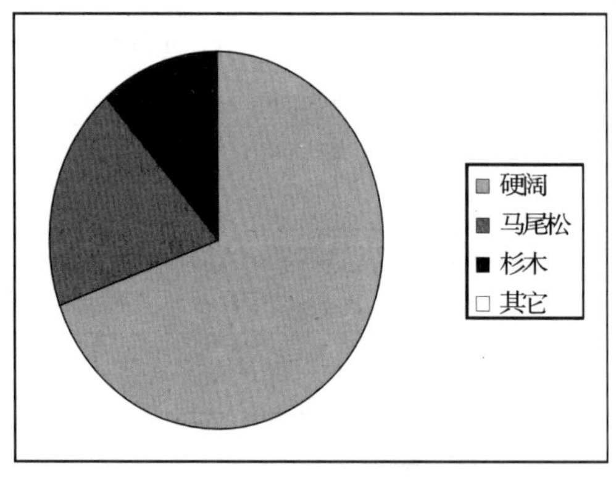

图 2 –8 天然林优势树种面积结构图

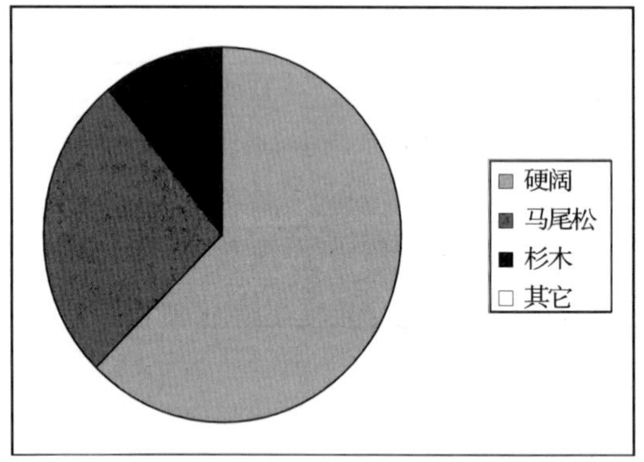

图 2 –9 天然林优势树种蓄积结构图

（2）天然林龄组结构 在天然林龄组结构中：幼龄林面积 784 725 亩，蓄积 1 175 945 立方米，分别占天然林总面积、总蓄积的 62. 3% 和 42. 4%；中龄林面积 333 891 亩，蓄积 940 579 立方米，分别占天然林总面积、总蓄积的 26. 5% 和 33. 9%；近熟林面积 93 724 亩，蓄积 398 107 立方米，分别占天然林总面积、总蓄积的 7. 5% 和 14. 3%；成过熟林面积 46 858 亩，蓄积 259 041 立方米，分别占天然林总面积、总蓄积的 3. 7% 和 9. 4%（表2 –5，图2 –10、图 2 –11）。

表 2－5 遂昌县天然林龄组统计

（单位：亩、立方米、%）

项目	合计	幼龄林	中龄林	近熟林	成过熟林
面积	1259198	784725	333891	93724	46858
比例		62. 3	26. 5	7. 5	3. 7
蓄积	2773672	1175945	940579	398107	259041
比例		42. 4	33. 9	14. 3	9. 4

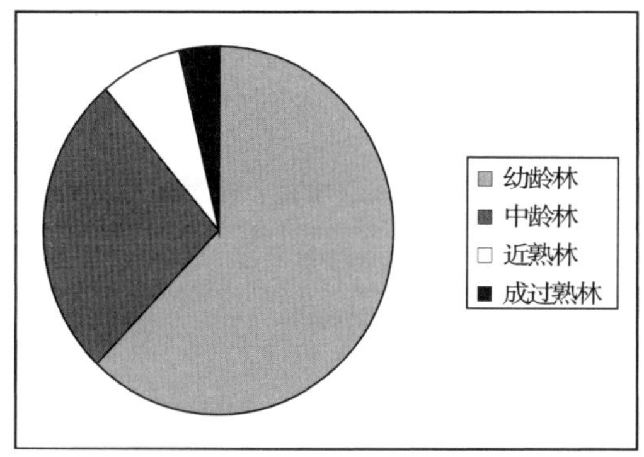

图 2－10 天然林龄组面积统计图

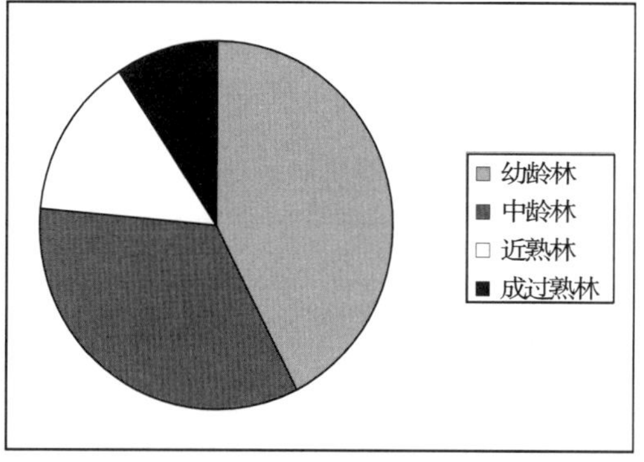

图 2－11 天然林龄蓄积统计图

（3）人工林优势树种结构　人工林乔木林中：杉木面积 1 116 171 亩，蓄积 3 482 051 立方米，分别占人工林总面积、总蓄积的 75. 9% 和 78. 2%；马尾松面积 249 101 亩，蓄积 832 743 立方米，分别占人工林总面积、总蓄积的 17. 0% 和 18. 7%；硬阔类面积 35 690 亩，蓄积 58 491 立方米，分别占人工林总面积、总蓄积的 2. 4% 和 1. 3%（表 2－6，图 2－12、图 2－13）。

表 2－6 遂昌县人工林优势树种统计

（单位：亩、立方米、%）

项目	合计	杉木	马尾松	硬阔	其它
面积	1471673	1116171	249101	35690	70711
比例		75. 9	16. 9	2. 4	4. 8
蓄积	4452076	3482051	833614	58491	77920
比例		78. 2	18. 7	1. 3	1. 8

（4）人工林龄组结构　遂昌县人工乔木林中幼龄林占人工林面积、蓄积的 19. 1% 和 3. 0%；中龄林占人工林面积、蓄积的 39. 5% 和 32. 7%；近熟林占人工林面积、蓄积的 21. 7% 和 27. 9%；成、过熟林占人工林面积、蓄积的 19. 7% 和 36. 4%（表 2－7，图 2－14、图 2－15）。

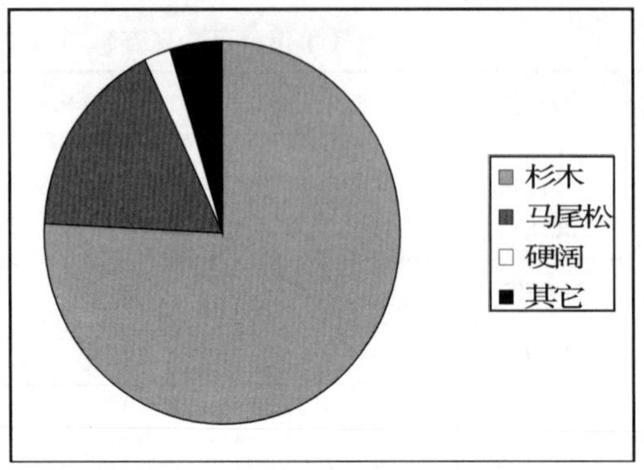

图2-12 人工林优势树种面积统计图

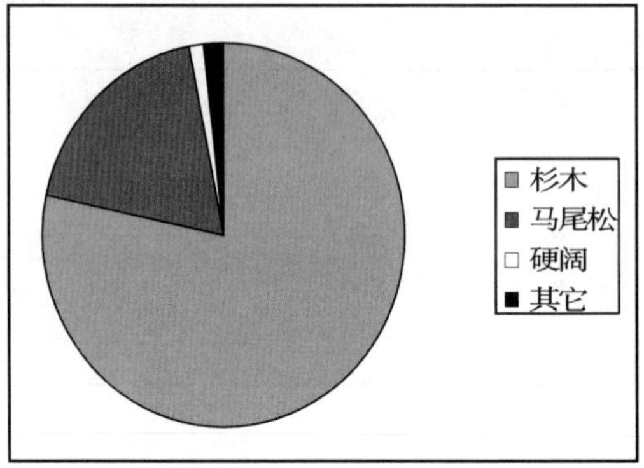

图2-13 人工林优势树种蓄积统计图

表2-7 遂昌县人工林龄组统计

（单位：亩、立方米、%）

项目	合计	幼龄林	中龄林	近熟林	成过熟林
面积	1471673	280809	581949	318995	289920
比例		19.1	39.5	21.7	19.7
蓄积	4452076	131676	1457048	1243555	1619797
比例		3.0	32.7	27.9	36.4

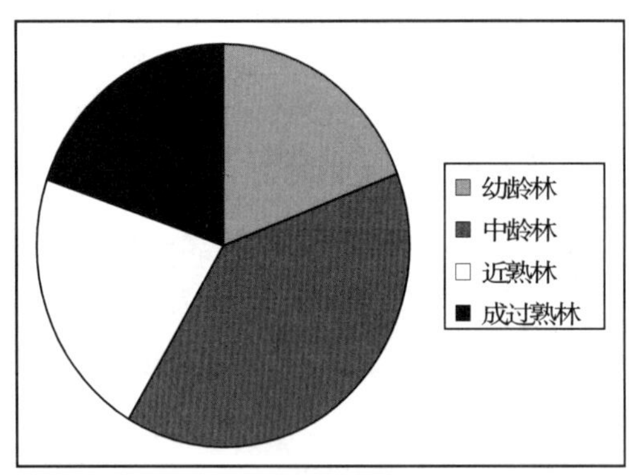

图2-14 人工林龄组面积统计图

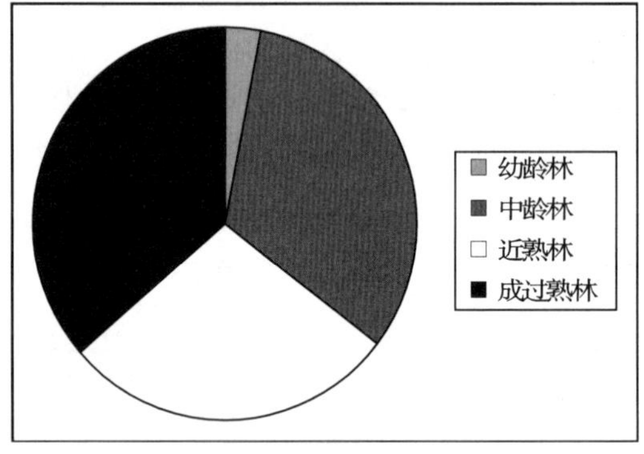

图2-15 人工林龄组蓄积统计图

2.2.7 经济林结构

2.2.7.1 经济林树种结构

遂昌县经济林有204 403亩，以灌木树种为主，面积144 935亩，占71%，乔木树种面积59 468亩，占29%。其中：油茶最多，面积72 771亩；茶叶其次，面积63 765亩；板栗第三，面积47 654亩。其它树种还有：橘，4747亩；厚朴，3773亩；梨，2554亩；青梅，1186亩；杨梅，1069亩等（图2-16）。

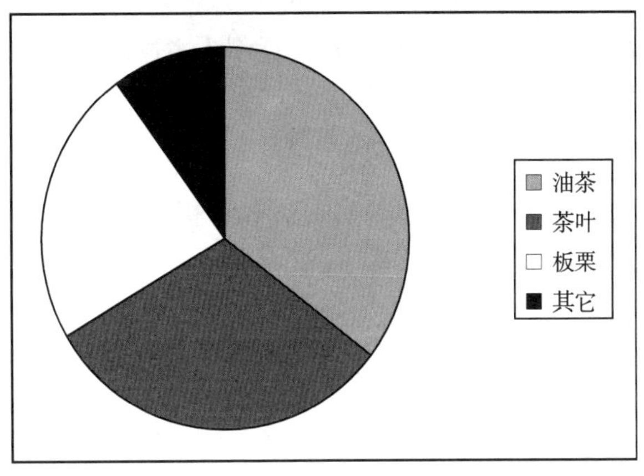

图 2－16　经济林主要树种面积统计图

2.2.7.2　经济林年龄结构

在经济林年龄结构中，处于盛产期的面积较大，为 169 092 亩，占 82.7%，包括灌木树种 134 965 亩，乔木树种 34 127 亩；其次为初产期，面积为 22 303 亩，占 10.9%，包括灌木树种 5180 亩，乔木树种 17 123 亩；产前期面积为 9160 亩，占 4.5%，包括灌木树种 1637 亩，乔木树种 7523 亩；衰产期仅为 3848 亩，占 1.9%，包括灌木树种 3153 亩，乔木树种 695 亩（图 2－17）。

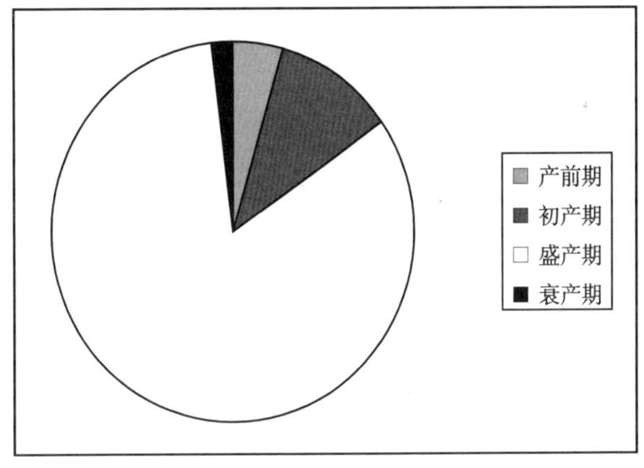

图 2－17　经济林年龄结构统计图

2.2.8　森林资源特点

2.2.8.1　有林地面积增加，森林覆盖率有所上升

与 1994 年相比，全县有林地面积增加 104 383 亩，灌木林地减少 57 270 亩，未成林造林地减少 15 997 亩，无立木林地减少 2082 亩。森林覆盖率由 1994 年的 81.9% 上升为 82.3%。这说明遂昌县在基地造林、退耕还林、荒山绿化、封山育林及中幼林抚育等方面取得了较好的成绩。

2.2.8.2　森林蓄积量明显上升，尤以杉木最突出

遂昌县活立木总蓄积量与 1994 年相比明显上升，总计上升 1 993 085 立方米。根据优势树种统计，除松木和软阔有所下降外，杉木、柳杉、硬阔均有上升，其中以杉木最为明显，上升了 1 828 728 立方米。主要原因有：①从 20 世纪 80 年代末开始，造林树种多以杉木为主；②消耗结构发生变化，从以消耗杉木为主转变为多树种消耗，使杉木

采伐量减少；③大面积封山育林使残次林成长为林分，这主要体现在硬阔蓄积量的上升；四、生态公益林的实施使林业生产从消耗型为主逐渐向生态型转变，对蓄积量的上升起到了促进作用。

2.2.8.3 中幼林多，成、过熟林资源较少

与1994年相比，幼、中、近熟林的面积和蓄积增长较多，根据本次调查，全县中幼林面积1 981 374亩，占乔木林总面积的72.5%，蓄积3 705 248立方米，占乔木林总面积的72.5%，蓄积3 705 248立方米，占乔木林总蓄积的51.3%，成、过熟林面积336 778亩，占乔木林总面积的12.4%，蓄积1 878 838立方米，占乔木林总蓄积的26%。成、过熟林的面积和蓄积减少了29%和1.5%。原因主要有：①造林较多，丰产林项目和世行造林项目及消灭荒山时期所造的林，经过十余年的生长，都已进入中龄林；②封山育林的大面积实施，使灌木林地及疏林地发展成为有林地，从而增加了中幼林的面积；③成、过熟林资源过度利用造成其面积和蓄积的下降。

2.2.8.4 人工林资源多，天然林资源少

遂昌县人工林资源比重大，天然林资源少，这是由于原有天然林分经过过度樵采，森林植被自然恢复困难，后经大规模人工造林而形成。根据本次调查结果，在林分面积中，人工起源面积达1 471 085亩，占54%，蓄积4 452 073立方米，占62%。天然起源林分面积为1 259 144亩，蓄积为2 773 672立方米，分别只占46%和38%。

2.2.8.5 竹林面积增长迅速

调查显示全县竹林面积为264 213亩，与1994年相比，增长了94 299亩，增长率为55%，毛竹株数增长了15 457 698株，增长率为76%。主要原因：①遂昌县将竹产业列为农村经济发展两大主导产业之一，为竹产业的发展提供了政策保证；②良好的经济效益促使林农自主发展毛竹生产，促进了毛竹栽培面积的增加；③与浙江林学院等院校的合作，提高了竹林管理技术，促进了竹林单位立竹度的提高。

2.2.8.6 森林资源分布特点

林木蓄积量主要分布于南部、西部乡镇，以王村口、龙洋、安口、柘岱口为最多，4乡镇合计蓄积2 621 199立方米，占全县总蓄积的35.9%；中部、北部乡镇的蓄积量分布较少，经济林比重较大，以金竹、湖山、大柘、妙高、石练为最多，这5个乡镇合计经济林面积占全县经济林总面积的63.1%；竹林资源也以中、北部乡镇为主，数量较多的是安口、妙高、三仁、高坪、应村，该5乡镇的竹林面积占全县竹林总面积的54.7%。

3 森林资源动态

1984 年至今，遂昌县共进行了 5 次森林资源清查，从各次清查所得的数据显示，全县的森林蓄积量变化趋势为曲线状。历次调查的数据为：1984 年一类调查的抽样精度为 85.7%，森林蓄积量的控制区间为 552.3 万 -644.4 万 -736.5 万立方米；1989 年一类调查的抽样精度为 85.4%，森林蓄积量的控制区间为 560.9 万 -656.5 万 -752.1 万立方米；1994 年一类调查的抽样精度为 85.13%，森林蓄积量的控制区间为 501.8914 万 -589.5350 万 -677.1786 万立方米；1999 年一类调查的抽样精度为 89.69%，森林蓄积量的控制区间为 531.3171 万 -592.3876 万 -653.4581 万立方米；2004 年一类调查的抽样精度为 91.19%，森林蓄积量的控制区间为 6 469 855 万 -7 094 917 万 -7 719 879万立方米。二类调查是在一类调查的基础上进行的，其调查结果由当年的一类调查所得的控制区间来控制，在 1984 年、1994 年、2004 年的一类调查的基础上，分别进行了 1984、1994、2005 年森林资源二类调查，所得的森林蓄积量均落在控制区间内，达到了精度要求，其中：1984 年的总蓄积量为 560.7 万立方米；1994 年的总蓄积量为 530.311 万立方米；2005 年的总蓄积量为 729.6198 万立方米。

3.1 森林覆盖率动态

由于新、旧规程的森林覆盖率计算方法不同，1994 年前的森林覆盖率的计算公式为（有林地面积 + 灌木林面积）/土地总面积，其中灌木林面积包括其它灌木林面积；而 2005 年的森林覆盖率的计算公式为（有林地面积 + 国家特别规定灌木林面积）/土地总面积，其它灌木林面积不计算在内，所以两次调查所得的森林覆盖率没有可比性。为了反映两次调查的森林覆盖率的变化，分别用新、旧规程对 1984 年、1994 年和 2005 年的森林覆盖率进行重新计算，结果显示，无论新、旧规程，森林覆盖率都有所上升。这反映了遂昌县在人工造成林，中、幼抚育，低产、低效林改造，封山育林，退耕还林等方面取得了可喜的成绩（表 3 -1，图 3 -1）。

表 3 -1　森林覆盖率动态变化

项目	旧规程（%）	新规程（%）
1984	73.9	73.1
1994	81.9	80.9
2005	83.1	82.3

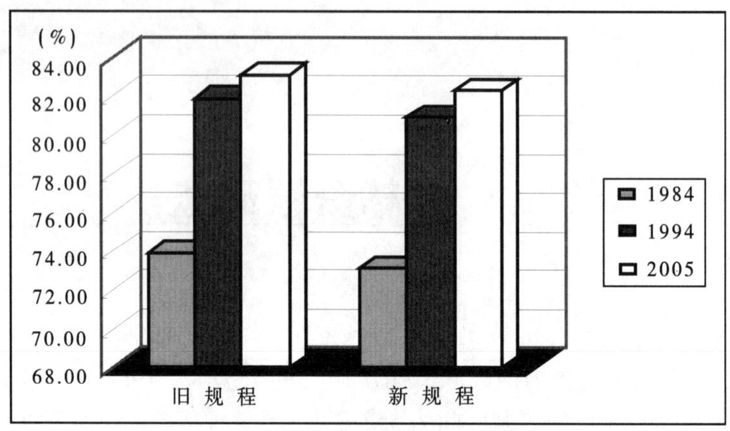

图 3 –1　森林覆盖率动态图

3.2　面积动态

3.2.1　各类土地面积动态

2005 年调查结果显示，遂昌县林业用地 3 319 986 亩，占 87.0%；非林业用地 496 758 亩，占 13.0%。与以往两次的调查结果相比，林业用地面积呈上升趋势，这主要得益于近 20 年来造林力度的加大，及退耕还林工程的实施，以及随着经济的发展，农民对偏远山谷的梯田荒于耕种，经过多年的天然更新，现已发展为林地，另外，县政府对林地的使用加强了管理，控制了林地的非法占用，有效的保护了林地（表 3 –2，图 3 –2）。

表 3 –2　各项林地动态变化　　（单位：亩）

项目	林业用地面积合计	有林地	疏林地	灌木林地	未成林造林地	无立木林地	其它
1984	3228000	2627000	155000	190000	60000	196000	0
1994	3276968	2890059	15441	233888	99879	37675	26
2005	3319986	2994419	22697	176641	83902	35593	6734

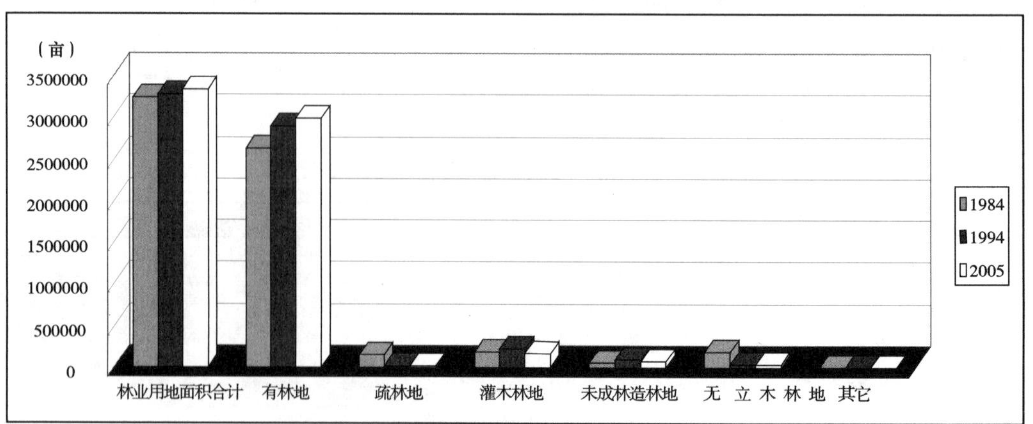

图 3 –2　各类林地面积动态变化图

3.2.2 乔木林各龄组面积动态

对比结果显示，幼、中龄林面积逐年增加，成、过熟林面积逐年减少。主要原因是，近20年来，随着消灭荒山工程、丰产林工程、世行造林工程的实施，造林面积较大，这段时期所造的林木经过十余年的生长均已达到幼、中龄林，从而使幼、中龄林面积增长较多；木材消耗以成、过熟林为主，从而导致了成、过熟林面积持续下降（表3－3，图3－3）。

表3－3 遂昌县乔木林龄组面积动态 （单位：亩）

项目	合计	幼龄林	中龄林	近熟林	成过熟林
1984年调查	2313560	817539	586595	314234	595192
比例（%）		35.3	25.4	13.6	25.7
1994年调查	2525133	925415	818494	307029	474195
比例（%）		36.65	32.41	12.16	18.78
2005年调查	2730871	1065534	915840	412719	336778
比例（%）		39.02	33.54	15.11	12.33

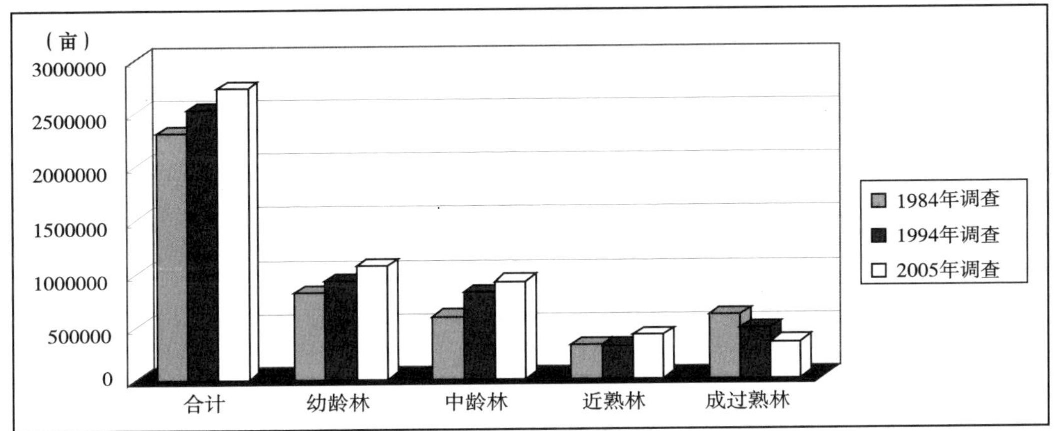

图3－3 乔木林各龄组面积动态图

3.2.3 乔木林主要优势树种面积动态

乔木林主要优势树种两次调查，面积发生了明显变化，杉木和硬阔类树种面积不断增加，松木面积在1994年以后开始减少。主要是因为近20年来的造林树种以杉木为主，且造林面积大，而木材采伐的树种结构中，杉木采伐量下降，松、阔采伐量上升，导致了杉木面积的持续增加，松木面积有所下降，另外，天然林保护工程的实施，公益林保护的加强，以及香菇生产量的减少，对烧制木炭的严格控制，使硬阔类面积大幅上升，这也使遂昌县的树种结构进一步趋向合理（表3－4，图3－4）。

表 3－4　遂昌县乔木林优势树种面积动态　（单位：亩）

项目	乔木林面积合计	松木	杉木	硬阔	其它
1984 年调查	2313560	741977	1089713	481870	
比例（%）		32.1	47.1	20.8	
1994 年调查	2525133	816677	1120876	573983	13597
比例（%）		32.4	44.4	22.7	0.5
2005 年调查	2730871	492284	1257961	909875	70751
比例（%）		18.0	46.1	33.3	2.6

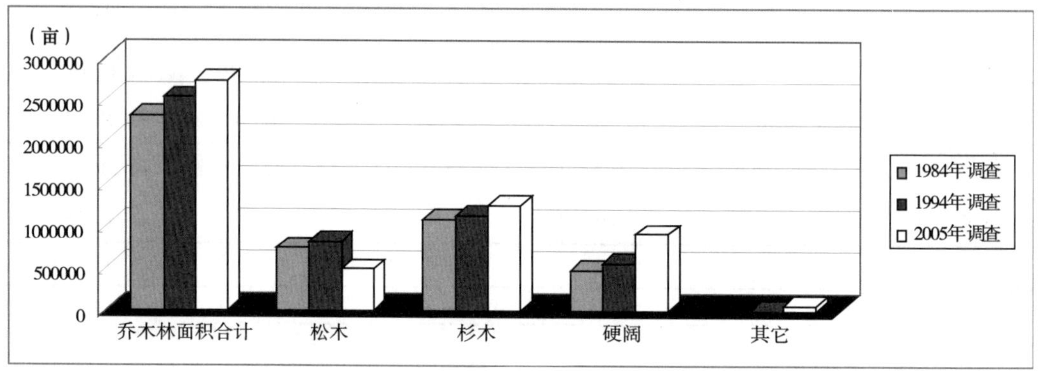

图 3－4　乔木林优势树种面积动态变化图

3.2.4　经济林面积动态

遂昌县经济林面积在这 20 年来持续增长，增长最快的是板栗，2005 年的板栗面积是 1984 年板栗面积的 41 倍多，其次是茶叶，20 年来面积增长近 20 000 亩，主要原因是这些经济树种适宜当地发展，而且经济效益较好，群众经营积极性较高。但也有部分树种的面积出现下降，表现最为明显的是油茶，20 年来下降了 50 000 亩，柑橘虽然在前 10 年增长较快，但 2005 年的调查结果又回到了 1984 年的水平，主要是这些树种的经济效益低、市场销路不畅，导致群众不愿经营种植（表 3－5，图 3－5）。

表 3－5　遂昌县经济林主要树种面积动态　（单位：亩）

项目	总面积	油茶	茶叶	柑橘	板栗	其它
1984 年调查	176942	121195	45806	4962	1150	3829
比例（%）		68.49	25.89	2.81	0.65	2.16
1994 年调查	195012	96317	47303	22795	13032	15565
比例（%）		49.39	24.26	11.69	6.68	7.98
2005 年调查	204403	72771	63765	5104	47654	15109
比例（%）		35.6	31.2	2.5	23.31	7.39

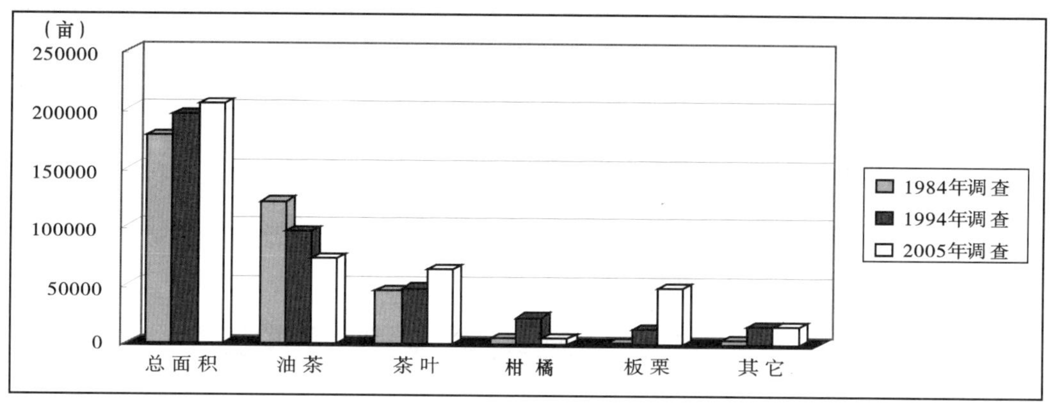

图3-5 经济林主要树种面积动态图

3.3 森林蓄积动态

3.3.1 各类蓄积动态

全县活立木总蓄积和有林地蓄积呈现相同的变化趋势，活立木总蓄积以1994年为最低，比1984年减少303 890立方米，比2005年少1 993 088立方米，其中：有林地蓄积也以1994年为最低，比1984年减少165 212立方米，比2005年少1 966 960立方米；疏林蓄积不断减少，1984年为150 000立方米，1994年为5270立方米，2005年为3654立方米，减少得非常明显；“四旁”木和散生木蓄积增加，但增加的幅度不大。引起上述变化的主要原因有：①严格控制采伐计划的落实，加强林政管理和木材运输管理，有效地遏制了滥伐林木案件和非法运输案件的发生；②对资源消耗型企业派驻资源监督员，对企业的原料来源及消耗进行监督，有效地控制了来源非法木材的流入，从而减少非法采伐木材现象；③香菇产量大幅度下降，减少了阔叶林资源的消耗；④大量引进外地木材资源，以弥补木材加工企业及香菇生产的原料不足，从而减轻了对本地资源的依赖；⑤大力进行低产林改造，使疏林面积大幅减少，从而导致疏林蓄积的大幅度下降（表3-6，图3-6）。

表3-6 遂昌县各类蓄积动态 （单位：立方米）

项目	活立木总蓄积	有林地蓄积	疏林蓄积	“四旁”、散生木蓄积
1984年调查	5607000	5424000	150000	32000
比例（%）		96.7	2.7	0.6
1994年调查	5303110	5258788	5270	39052
比例（%）		99.16	0.10	0.74
2005年调查	7296198	7225748	3654	66796
比例（%）		99.03	0.05	0.92

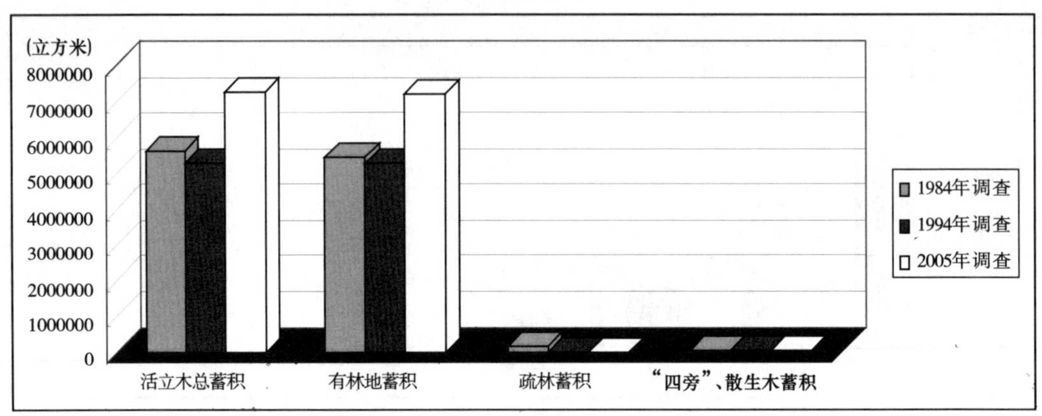

图3-6　各类蓄积动态图

3.3.2　乔木林优势树种蓄积动态

乔木林优势树种蓄积与优势树种面积的动态变化基本相同，其中硬阔类蓄积呈不断上升趋势；杉木蓄积的变化呈起伏状，以1994年为最低；松木蓄积的变化动态为不断下降（表3-7，图3-7）。

表3-7　遂昌县乔木林各优势树种蓄积动态　　（单位：立方米）

项目	乔木林总蓄积	松木	杉木	硬阔	其它
1984年调查	5424446	2119620	2345371	959455	
比例（%）		39.1	43.2	17.7	
1994年调查	5258788	2106424	1952350	1146586	53428
比例（%）		40.1	37.1	21.8	1.0
2005年调查	7225748	1573918	3781081	1791407	79342
比例（%）		21.8	52.3	24.8	1.1

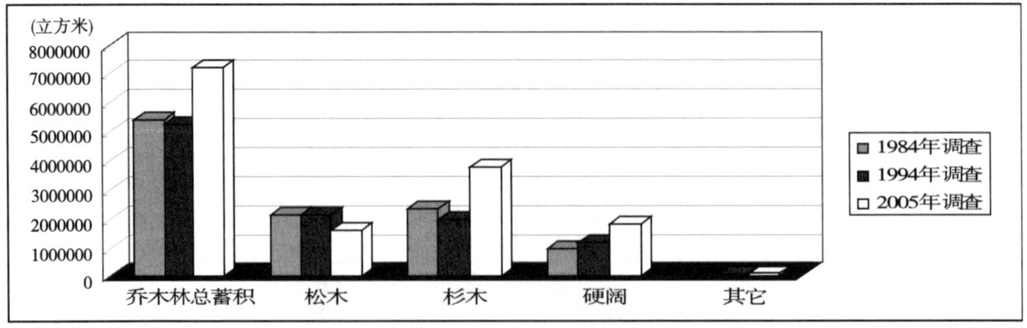

图3-7　乔木林各优势树种蓄积动态图

3.3.3　乔木林龄组蓄积动态

在乔木林各龄组蓄积组成中，以幼龄林和成、过熟林的变化最大，幼龄林呈快速上升状态，而成、过熟林走不断下降的趋势，中龄林和近熟林的变化较为平稳，呈现稳步上升（表3-8，图3-8）。

表3-8 遂昌县乔木林各龄组蓄积动态 （单位：立方米）

龄组	乔木林总蓄积	幼龄林	中龄林	近熟林	成、过熟林
1984 年调查	5424446	471913	1467356	1068340	2416837
比例（%）		8.7	27.0	19.7	44.6
1994 年调查	5258788	439000	1745323	1166143	1908322
比例（%）		8.35	33.19	22.17	36.29
2005 年调查	7225748	1307621	2397627	1641662	1878838
比例（%）		18.1	33.18	22.72	26.0

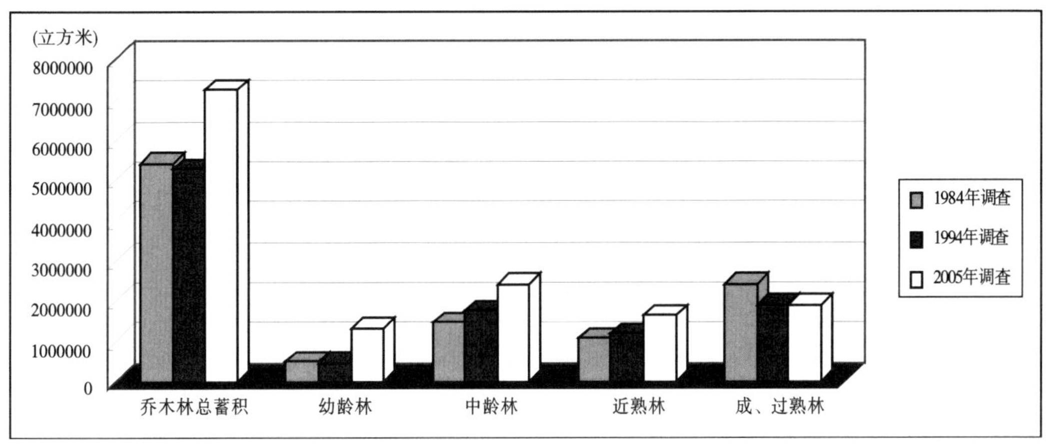

图3-8 乔木林各龄组蓄积动态图

4 森林经营利用及资源管理意见

4.1 加快抓好无林地造林绿化

要扩大森林资源，促进森林结构调整，就要抓好无立木林地及宜林地的造林工作。遂昌县由于人多地少，以前为解决粮食问题，毁林开荒种粮遗留下来的抛荒地、坡耕地较多。虽然通过多年的植树造林和国债造林项目及退耕还林的实施，无立木林地有所减少，但幅度很小。2005 年调查结果显示，全县有无立木林地 35 593 亩，宜林地 6578 亩，因此，无林地的绿化仍需加强：①各级政府出台相关优惠政策，在资金上给予扶持；②进一步落实各项政策和法规，依法治山，稳定和健全各种形式的林业生产承包经营责任制，积极引导，联合经营；③实行统一规划，按设计造林，严格管护，加强技术指导，认真抓好造林质量。

4.2 加强低产、低效林改造

通过调查结果对比发现，遂昌县的疏林地面积 2005 年比 1994 年增加了 7256 亩，另外还有大面积的低效板栗、油茶等经济林，这说明遂昌县低产林改造的任务还很重，对林木采伐管理工作还有待加强。建议：①政府部门应对低产、低效林改造加大资金投入；②林业主管部门要根据不同的立地条件和林分状况，按照因林制宜、宜补则补、宜改则改、宜封则封的原则，作出科学规划，采取补、改、封、管相结合的措施，做好低产、低效林改造工作；③加强林木采伐管理，特别是择伐山片的管理，认真做好伐中、伐后检查，及时制止滥伐现象的发生，从而控制低产林面积的增长。

4.3 加强经济林经营管理

随着市场竞争日趋激烈和经营管理成本不断提高，产品销售受挫，从而影响了经济林的效益。还有，盲目跟风，在未进行可行性研究的情况下，栽培市场热销品种，导致栽培失败，在一定程度上挫伤了部分经营户的积极性，从而造成经营管理发展不够平衡，管理水平差距很大，一些地方甚至病虫滋生、杂草丛生，乃至随其自生自灭的“抛荒”现象。林业主管部门应采取积极措施：①以科技为先导，严把产品质量关，以优质产品占领市场；②加强广告宣传、创建品牌，积极拓宽销售渠道，增加产品销售量，提高经营户积极性；③积极进行新品种的引种试验，推广适宜的有市场潜力的新品种和先进的经营管理经验，提高经营管理水平，从而提高经营户的经济效益。

4.4 加强竹林科学经营，发挥竹林的经济效益

随着竹产业进一步发展，竹林更加显示出它的经济发展潜力，加上政府对竹产业的

扶持，更提高了竹农的积极性，从任由竹林自生自灭到不断加强经营强度，更充分地发挥了竹林的经济效益。但是有些问题不容忽视：①竹林品种单一，基础设施薄弱；②竹林以纯林为主，随着经营强度的不断增大，更加重了这种趋势，从而导致竹林微生物减少，病虫害增加。所以竹林经营要注意以下几点：①加强基础设施建设和积极引进新品种，以改善竹林的经营规模和品种结构；②控制经营强度和连片面积，以块状竹木混交的方式以改善竹林的生态环境，促进竹林的健康发展。

4.5 加强生态公益林保护的力度

随着社会经济的发展，人民生活水平和环保意识进一步提高，商业性采伐森林将明显下降，生态公益林的地位愈显重要，而长期以来，各地对森林植被的严重破坏导致了生态环境恶化，造成了严重的后果，付出了沉重的代价，因此，保护、恢复和发展森林资源，改善生态环境，减少自然灾害已成为当今社会对林业发展的主导需求。遂昌县林业已实施了商品林与生态公益林的分类经营，完成了生态公益林的区划界定工作，建立了生态公益林保护组织。今后要充分发挥“生态公益林管理委员会”的作用，建立健全各种管护措施，积极开展低效公益林的改造工作，建立一支事业心强、素质高的护林队伍，加强护林工作，巩固生态公益林建设成果，切实加强对生态公益林的保护力度。

4.6 加快发展森林旅游服务业、花卉苗木业等

以遂昌国家森林公园为依托，充分利用遂昌县丰富的森林旅游资源，招商引资，发展森林旅游。改善林区居民的经济结构，鼓励农民以经营农家乐等旅游服务业代替以采代木材为主的经济来源，减少林木采伐量，更好地保护森林资源。

针对遂昌县得天独厚的种质资源、气候条件和劳动力优势，合理规划，大力建设绿化苗木基地，精心培育城市绿化和乡土珍稀树种苗木，使全县的花卉苗木业得到进一步发展。

附表1　土地面积统计表（1）

按范围统计

单位名称：遂昌县　　　　（2005年）　　　　单位：亩

统计单位	林地所有权	森林类别	土地总面积	林业用地														非林地		森林覆盖率（%）	林木绿化率（%）
				合计	有林地						疏林地	灌木林地	未成林造林地	苗圃地	无立木林地	宜林地	辅助生产林地	计	其中：四旁占地		
					小计	乔木林地			竹林	红树林											
						小计	纯林	混交林													
1	2	3	4	5	6	7	8	9	10	11	12	13	14	15	16	17	18	19	20	21	22
合计	合计	合计	3816744	3319986	2994419	2730871	1157859	1573012	263548		22697	176641	83902	125	35593	6578	31	496758	435	82.3	83.1
		重点	816181	816181	787187	775100	319959	455141	12087		804	13834	10414	36	3503	403				96.6	98.1
		一般	30634	30634	29204	28472	14631	13841	732		58	312	1004		55	1				95.7	96.4
		商品林	2969929	2473171	2178028	1927299	823269	1104030	250729		21835	162495	72484	89	32035	6174	31	496758	435	78.2	78.8
	国有	合计	140091	139441	130432	128869	95238	33631	1563		73	4294	3235	125	1176	75	31	650		94.2	96.2
		重点	83420	83420	78506	78280	51858	26422	226		73	2897	1484	36	391	33				94.3	97.6
		一般	15678	15678	15140	14809	11133	3676	331			42	496							96.7	96.8
		商品林	40993	40343	36786	35780	32247	3533	1006			1355	1255	89	785	42	31	650		92.9	93
	集体	合计	3676653	3180545	2863987	2602002	1062621	1539381	261985		22624	172347	80667		34417	6503		496108	435	81.8	82.6
		重点	732761	732761	708681	696820	268101	428719	11861		731	10937	8930		3112	370				96.9	98.2
		一般	14956	14956	14064	13663	3498	10165	401		58	270	508		55	1				94.6	95.8
		商品林	2928936	2432828	2141242	1891519	791022	1100497	249723		21835	161140	71229		31250	6132		496108	435	78	78.6
大柘镇	合计	合计	177141	148836	122176	108836	26206	82630	13340		2213	21361	1435		1648	3		28305		81	81
		重点	6535	6535	6461	6422	1683	4739	39			45	3		26					98.9	99.6
		一般	5145	5145	5100	5100	372	4728							45					99.1	99.1
		商品林	165461	137156	110615	97314	24151	73163	13301		2213	21316	1432		1577	3		28305		79.7	79.7
	国有	商品林	22	22	17				17			5								100	100
	集体	合计	177119	148814	122159	108836	26206	82630	13323		2213	21356	1435		1648	3		28305		81	81
		重点	6535	6535	6461	6422	1683	4739	39			45	3		26					98.9	99.6
		一般	5145	5145	5100	5100	372	4728							45					99.1	99.1
		商品林	165439	137134	110598	97314	24151	73163	13284		2213	21311	1432		1577	3		28305		79.7	79.7
石练镇	集体	合计	164580	141755	125323	117107	59980	57127	8216			11300	3935		1174	23		22825	1	82.8	83
		重点	26831	26831	26635	26607	14867	11740	28			73	93		30					99.3	99.5
		一般	366	366	366	366		366												100	100
		商品林	137383	114558	98322	90134	45113	45021	8188			11227	3842		1144	23		22825	1	79.6	79.7

（续）

统计单位	林地所有权	森林类别	土地总面积	林业用地														非林地		森林覆盖率（%）	林木绿化率（%）
				合计	有林地						疏林地	灌木林地	未成林造林地	苗圃地	无立木林地	宜林地	辅助生产林地	计	其中：四旁占地		
					小计	乔木林地			竹林	红树林											
						小计	纯林	混交林													
1	2	3	4	5	6	7	8	9	10	11	12	13	14	15	16	17	18	19	20	21	22
安口乡	集体	合计	245855	222113	203428	169889	41806	128083	33539		3067	1917	11678		1853	170		23742	62	83.2	83.5
		重点	34885	34885	34335	34154	5003	29151	181			505	35		10					98.4	99.9
		一般	148	148	148	143		143	5											100	100
		商品林	210822	187080	168945	135592	36803	98789	33353		3067	1412	11643		1843	170		23742	62	80.7	80.8
妙高镇	合计	合计	288850	230855	205354	179674	89733	89941	25680		197	16359	2208		5397	1340		57995	27	76.7	76.8
		重点	54217	54217	53332	52929	23749	29180	403			8	151		617	109				98.4	98.4
		商品林	234633	176638	152022	126745	65984	60761	25277		197	16351	2057		4780	1231		57995	27	71.6	71.8
	国有	重点	149	149	149	149	144	5												100	100
	集体	合计	288701	230706	205205	179525	89589	89936	25680		197	16359	2208		5397	1340		57995	27	76.6	76.8
		重点	54068	54068	53183	52780	23605	29175	403			8	151		617	109				98.4	98.4
		商品林	234633	176638	152022	126745	65984	60761	25277		197	16351	2057		4780	1231		57995	27	71.6	71.8
云峰镇	合计	合计	292510	232675	208712	197834	135577	62257	10878		5185	4724	10068		2818	1168		59835	9	73	73
		重点	21368	21368	18430	18131	11652	6479	299		183		2670		47	38				86.3	86.3
		一般	10	10											10						
		商品林	271132	211297	190282	179703	123925	55778	10579		5002	4724	7398		2761	1130		59835	9	71.9	71.9
	国有	商品林	8	8	8	8	8													100	100
	集体	合计	292502	232667	208704	197826	135569	62257	10878		5185	4724	10068		2818	1168		59835	9	73	73
		重点	21368	21368	18430	18131	11652	6479	299		183		2670		47	38				86.3	86.3
		一般	10	10											10						
		商品林	271124	211289	190274	179695	123917	55778	10579		5002	4724	7398		2761	1130		59835	9	71.9	71.9
三仁乡	集体	合计	109153	87242	77905	51919	22053	29866	25986			4982	2651		1679	25		21911		75.8	75.9
		重点	15874	15874	15282	15271	1560	13711	11			60	142		390					96.3	96.6
		商品林	93279	71368	62623	36648	20493	16155	25975			4922	2509		1289	25		21911		72.3	72.4
濂竹乡	合计	合计	89618	76630	65412	59547	30275	29272	5865		71	7245	2888		990	24		12988	24	74.3	81.1
		重点	2087	2087	2018	1995	192	1803	23			69								96.7	100
		一般	7206	7206	6716	6419	2905	3514	297		58	164	267			1				93.2	95.5
		商品林	80325	67337	56678	51133	27178	23955	5545		13	7012	2621		990	23		12988	24	72	79.3

（续）

统计单位	林地所有权	森林类别	土地总面积	林业用地														非林地		森林覆盖率（%）	林木绿化率（%）
				合计	有林地						疏林地	灌木林地	未成林造林地	苗圃地	无立木林地	宜林地	辅助生产林地	计	其中：四旁占地		
					小计	乔木林地			竹林	红树林											
						小计	纯林	混交林													
1	2	3	4	5	6	7	8	9	10	11	12	13	14	15	16	17	18	19	20	21	22
	国有	合计	2726	2725	2560	2501	1892	609	59				165					1		93.9	93.9
		一般	294	294	266	207	195	12	59				28							90.5	90.5
		商品林	2432	2431	2294	2294	1697	597					137					1		94.3	94.3
	集体	合计	86892	73905	62852	57046	28383	28663	5806		71	7245	2723		990	24		12987	24	73.6	80.7
		重点	2087	2087	2018	1995	192	1803	23			69								96.7	100
		一般	6912	6912	6450	6212	2710	3502	238		58	164	239			1				93.3	95.7
		商品林	77893	64906	54384	48839	25481	23358	5545		13	7012	2484		990	23		12987	24	71.3	78.9
北界镇	合计	合计	133058	115845	108230	92619	53249	39370	15611			6264	1025		326			17213	18	85.2	86.1
		重点	50510	50510	49860	48467	20934	27533	1393			471	161		18					98.7	99.6
		一般	136	136	116	116		116				20								85.3	100
		商品林	82412	65199	58254	44036	32315	11721	14218			5773	864		308			17213	18	76.9	77.7
	国有	商品林	3	3	3	3	3													100	100
	集体	合计	133055	115842	108227	92616	53246	39370	15611			6264	1025		326			17213	18	85.2	86.1
		重点	50510	50510	49860	48467	20934	27533	1393			471	161		18					98.7	99.6
		一般	136	136	116	116		116				20								85.3	100
		商品林	82409	65196	58251	44033	32312	11721	14218			5773	864		308			17213	18	76.9	77.7
新路湾镇	合计	合计	202639	179361	163710	148852	93710	55142	14858		12	9162	4376		911	1190		23278	6	83.7	85.3
		重点	49060	49060	46829	46022	21784	24238	807			919	1285		27					95.5	97.3
		商品林	153579	130301	116881	102830	71926	30904	14051		12	8243	3091		884	1190		23278	6	79.9	81.5
	国有	商品林	117	117	117	117	117													100	100
	集体	合计	202522	179244	163593	148735	93593	55142	14858		12	9162	4376		911	1190		23278	6	83.6	85.3
		重点	49060	49060	46829	46022	21784	24238	807			919	1285		27					95.5	97.3
		商品林	153462	130184	116764	102713	71809	30904	14051		12	8243	3091		884	1190		23278	6	79.9	81.5
应村乡	集体	合计	118723	98915	90317	49855	30597	19258	40462			7235	1151		205	7		19808	4	82	82.2
		重点	41064	41064	40445	36162	18693	17469	4283			120	398		99	2				98.5	98.8
		一般	819	819	563	518	135	383	45				256							68.7	68.7
		商品林	76840	57032	49309	13175	11769	1406	36134			7115	497		106	5		19808	4	73.3	73.4

（续）

统计单位	林地所有权	森林类别	土地总面积	林业用地														非林地		森林覆盖率（%）	林木绿化率（%）
				合计	有林地						疏林地	灌木林地	未成林造林地	苗圃地	无立木林地	宜林地	辅助生产林地	计	其中：四旁占地		
					小计	乔木林地			竹林	红树林											
						小计	纯林	混交林													
1	2	3	4	5	6	7	8	9	10	11	12	13	14	15	16	17	18	19	20	21	22
高坪乡	集体	合计	68611	57286	52006	33512	19479	14033	18494			4577	245		455	3		11325	5	82.4	82.5
		重点	19239	19239	19137	17860	8509	9351	1277			58			44					99.5	99.8
		一般	409	409	409	296	122	174	113											100	100
		商品林	48963	37638	32460	15356	10848	4508	17104			4519	245		411	3		11325	5	75.5	75.5
金竹镇	集体	合计	200430	168771	134480	122950	54109	68841	11530		26	29164	2428		2036	637		31659	10	80.8	81.7
		重点	16318	16318	15897	15805	3607	12198	92			207	198		14	2				97.6	98.7
		一般	58	58	58	58		58												100	100
		商品林	184054	152395	118525	107087	50502	56585	11438		26	28957	2230		2022	635		31659	10	79.3	80.1
湖山乡	集体	合计	229222	190886	161971	158267	82491	75776	3704		30	19450	7237		1519	679		38336		75.4	79.1
		重点	78540	78540	70633	70140	38718	31422	493			6087	1476		263	81				89.9	97.7
		一般	90	90	90	90		90												100	100
		商品林	150592	112256	91248	88037	43773	44264	3211		30	13363	5761		1256	598		38336		67.8	69.5
黄沙腰镇	合计	合计	202947	179525	167797	164582	46138	118444	3215		2085	5299	3010		1245	89		23422	27	85.1	85.3
		重点	21230	21230	20476	20290	7375	12915	186			53	332		366	3				96.4	96.7
		商品林	181717	158295	147321	144292	38763	105529	3029		2085	5246	2678		879	86		23422	27	83.8	84
	国有	合计	328	328	328	328	113	215												100	100
		重点	246	246	246	246	31	215												100	100
		商品林	82	82	82	82	82													100	100
	集体	合计	202619	179197	167469	164254	46025	118229	3215		2085	5299	3010		1245	89		23422	27	85.1	85.3
		重点	20984	20984	20230	20044	7344	12700	186			53	332		366	3				96.4	96.7
		商品林	181635	158213	147239	144210	38681	105529	3029		2085	5246	2678		879	86		23422	27	83.8	84
柘岱口乡	合计	合计	236884	219907	203597	199747	66414	133333	3850		1979	6675	4417		3120	119		16977	3	88	88.8
		重点	9506	9506	8641	8553	3659	4894	88			765	50		50					90.9	98.9
		一般	32	32	32	32	32													100	100
		商品林	227346	210369	194924	191162	62723	128439	3762		1979	5910	4367		3070	119		16977	3	87.9	88.3
	国有	合计	312	312	304	304	136	168							8					97.4	97.4

（续）

统计单位	林地所有权	森林类别	土地总面积	林业用地														非林地		森林覆盖率（%）	林木绿化率（%）
				合计	有林地						疏林地	灌木林地	未成林造林地	苗圃地	无立木林地	宜林地	辅助生产林地	计	其中：四旁占地		
					小计	乔木林地			竹林	红树林											
						小计	纯林	混交林													
1	2	3	4	5	6	7	8	9	10	11	12	13	14	15	16	17	18	19	20	21	22
		重点	224	224	224	224	136	88												100	100
		商品林	88	88	80	80		80							8					90.9	90.9
	集体	合计	236572	219595	203293	199443	66278	133165	3850		1979	6675	4417		3112	119		16977	3	88	88.8
		重点	9282	9282	8417	8329	3523	4806	88			765	50		50					90.7	98.9
		一般	32	32	32	32	32													100	100
		商品林	227258	210281	194844	191082	62723	128359	3762		1979	5910	4367		3062	119		16977	3	87.9	88.3
西畈乡	集体	合计	199988	190657	177601	174266	49553	124713	3335		6541	4107	1156		1252			9331	37	89.9	90.9
		重点	58789	58789	57289	56273	17451	38822	1016		548	568	174		210					98.3	98.4
		一般	222	222	214	214		214				8								100	100
		商品林	140977	131646	120098	117779	32102	85677	2319		5993	3531	982		1042			9331	37	86.3	87.7
王村口镇	合计	合计	239533	211656	198516	187074	47328	139746	11442			4748	6280		1923	189		27877	39	84.9	84.9
		重点	36293	36293	35717	35431	11991	23440	286			10	357		173	36				98.4	98.4
		商品林	203240	175363	162799	151643	35337	116306	11156			4738	5923		1750	153		27877	39	82.4	82.5
	国有	商品林	343	343	188	184		184	4			2	153							55.4	55.4
	集体	合计	239190	211313	198328	186890	47328	139562	11438			4746	6127		1923	189		27877	39	84.9	84.9
		重点	36293	36293	35717	35431	11991	23440	286			10	357		173	36				98.4	98.4
		商品林	202897	175020	162611	151459	35337	116122	11152			4736	5770		1750	153		27877	39	82.5	82.5
蔡源乡	合计	合计	81083	69048	62675	59121	24447	34674	3554			2697	2410		825	441		12035	17	80.5	80.6
		重点	28778	28778	28624	28328	13147	15181	296				104		44	6				99.5	99.5
		商品林	52305	40270	34051	30793	11300	19493	3258			2697	2306		781	435		12035	17	70.1	70.3
	国有	商品林	51	51	51	11	11		40											100	100
	集体	合计	81032	68997	62624	59110	24436	34674	3514			2697	2410		825	441		12035	17	80.5	80.6
		重点	28778	28778	28624	28328	13147	15181	296				104		44	6				99.5	99.5
		商品林	52254	40219	34000	30782	11289	19493	3218			2697	2306		781	435		12035	17	70	70.3
焦滩乡	集体	合计	112658	101492	93561	91045	27403	63642	2516		1218	3943	2644		123	3		11166		86.5	86.5

（续）

统计单位	林地所有权	森林类别	土地总面积	林业用地														非林地		森林覆盖率（%）	林木绿化率（%）
				合计	有林地						疏林地	灌木林地	未成林造林地	苗圃地	无立木林地	宜林地	辅助生产林地	计	其中：四旁占地		
					小计	乔木林地			竹林	红树林											
						小计	纯林	混交林													
1	2	3	4	5	6	7	8	9	10	11	12	13	14	15	16	17	18	19	20	21	22
		重点	68488	68488	66632	66261	18678	47583	371			919	870		64	3				98.6	98.6
		一般	341	341	250	250	48	202				78	13							96.2	96.2
		商品林	43829	32663	26679	24534	8677	15857	2145		1218	2946	1761		59			11166		67.5	67.6
龙洋乡	合计	合计	208730	194904	179177	174419	45195	129224	4758			1134	9743		4547	303		13826	146	86.4	86.5
		重点	29466	29466	28789	28750	6110	22640	39				431		246					97.7	97.7
		一般	24	24	24	24		24												100	100
		商品林	179240	165414	150364	145645	39085	106560	4719			1134	9312		4301	303		13826	146	84.5	84.6
	国有	重点	3	3											3						
	集体	合计	208727	194901	179177	174419	45195	129224	4758			1134	9743		4544	303		13826	146	86.4	86.5
		重点	29463	29463	28789	28750	6110	22640	39				431		243					97.7	97.7
		一般	24	24	24	24		24												100	100
		商品林	179240	165414	150364	145645	39085	106560	4719			1134	9312		4301	303		13826	146	84.5	84.6
牛头山场	合计	合计	44013	42591	39750	39123	36702	2421	627			1386	993	26	416	20		1422		93.2	93.5
		重点	21941	21941	20879	20787	19096	1691	92			243	819							95.8	96.3
		商品林	22072	20650	18871	18336	17606	730	535			1143	174	26	416	20		1422		90.7	90.7
	国有	合计	42771	42563	39722	39095	36702	2393	627			1386	993	26	416	20		208		95.9	96.1
		重点	21941	21941	20879	20787	19096	1691	92			243	819							95.8	96.3
		商品林	20830	20622	18843	18308	17606	702	535			1143	174	26	416	20		208		95.9	95.9
	集体	商品林	1242	28	28	28		28										1214		2.3	2.3
湖山林场	合计	合计	62798	52324	47909	47713	38903	8810	196		73	2785	1048	78	409	22		10474		76.5	80.7
		重点	42274	42274	38542	38472	31170	7302	70		73	2654	665	15	325					91.2	97.4
		一般	112	112	112	112	112													100	100
		商品林	20412	9938	9255	9129	7621	1508	126			131	383	63	84	22		10474		45.9	46
	国有	合计	52324	52324	47909	47713	38903	8810	196		73	2785	1048	78	409	22				91.8	96.9
		重点	42274	42274	38542	38472	31170	7302	70		73	2654	665	15	325					91.2	97.4

（续）

统计单位	林地所有权	森林类别	土地总面积	林业用地														非林地		森林覆盖率（%）	林木绿化率（%）
				合计	有林地						疏林地	灌木林地	未成林造林地	苗圃地	无立木林地	宜林地	辅助生产林地	计	其中：四旁占地		
					小计	乔木林地			竹林	红树林											
						小计	纯林	混交林													
1	2	3	4	5	6	7	8	9	10	11	12	13	14	15	16	17	18	19	20	21	22
		一般	112	112	112	112	112													100	100
		商品林	9938	9938	9255	9129	7621	1508	126			131	383	63	84	22				94.3	94.4
	集体	商品林	10474															10474			
白马山场	国有	合计	12204	11852	11020	10694	9807	887	326			111	590		100		31	352		90.7	91.2
		一般	7952	7952	7595	7368	6624	744	227			42	315							95.8	96
		商品林	4252	3900	3425	3326	3183	143	99			69	275		100		31	352		81.1	82.2
桂洋林场	合计	合计	12368	11844	11342	10090	6392	3698	1252			5	286		211			524		91.7	91.7
		重点	127	127	98	98	98								29					77.2	77.2
		一般	7320	7320	7167	7122	4202	2920	45				153							97.9	97.9
		商品林	4921	4397	4077	2870	2092	778	1207			5	133		182			524		83	83
	国有	合计	10274	10185	9688	9458	6219	3239	230			5	286		206			89		94.3	94.3
		重点	127	127	98	98	98								29					77.2	77.2
		一般	7320	7320	7167	7122	4202	2920	45				153							97.9	97.9
		商品林	2827	2738	2423	2238	1919	319	185			5	133		177			89		85.9	85.9
	集体	商品林	2094	1659	1654	632	173	459	1022						5			435		79	79
保护区	合计	合计	83148	83016	82450	82136	20312	61824	314			11		21	411	123		132		99.2	99.2
		重点	82761	82761	82206	81892	20233	61659	314					21	411	123				99.3	99.3
		一般	244	244	244	244	79	165												100	100
		商品林	143	11								11						132		7.7	7.7
	国有	重点	18456	18456	18368	18304	1183	17121	64					21	34	33				99.5	99.5
	集体	合计	64692	64560	64082	63832	19129	44703	250			11			377	90		132		99.1	99.1
		重点	64305	64305	63838	63588	19050	44538	250						377	90				99.3	99.3
		一般	244	244	244	244	79	165												100	100
		商品林	143	11								11						132		7.7	7.7

附表 1　土地面积统计表（2）

按范围统计

单位名称：遂昌县　　（2005 年）　　单位：亩

统计单位	林地所有权	森林类别	灌木林地				未成林地			无立木林地				宜林地			
			小计	国家特别规定灌木林		其它灌木林	小计	未成林造林地	未成林封育地	小计	采伐迹地	火烧迹地	其它无立木林地	小计	宜林荒山荒地	宜林沙荒地	其它宜林地
				计	其中灌木经济林												
1	2	3	4	5	6	7	8	9	10	11	12	13	14	15	16	17	18
合计	合计	合计	176641	146686	144935	29955	83902	83902		35593	24124	6973	4496	6578	2537		4041
		重点	13834	1615		12219	10414	10414		3503	639	1164	1700	403	156		247
		一般	312	111		201	1004	1004		55			55	1			1
		商品林	162495	144960	144935	17535	72484	72484		32035	23485	5809	2741	6174	2381		3793
	国有	合计	4294	1464	1294	2830	3235	3235		1176	1103	31	42	75			75
		重点	2897	145		2752	1484	1484		391	323	31	37	33			33
		一般	42	25		17	496	496									
		商品林	1355	1294	1294	61	1255	1255		785	780		5	42			42
	集体	合计	172347	145222	143641	27125	80667	80667		34417	23021	6942	4454	6503	2537		3966
		重点	10937	1470		9467	8930	8930		3112	316	1133	1663	370	156		214
		一般	270	86		184	508	508		55			55	1			1
		商品林	161140	143666	143641	17474	71229	71229		31250	22705	5809	2736	6132	2381		3751
大柘镇	合计	合计	21361	21300	21300	61	1435	1435		1648	441	964	243	3	3		
		重点	45			45	3	3		26			26				
		一般								45			45				
		商品林	21316	21300	21300	16	1432	1432		1577	441	964	172	3	3		
	国有	商品林	5	5	5												
	集体	合计	21356	21295	21295	61	1435	1435		1648	441	964	243	3	3		
		重点	45			45	3	3		26			26				
		一般								45			45				
		商品林	21311	21295	21295	16	1432	1432		1577	441	964	172	3	3		
石练镇	集体	合计	11300	10970	10970	330	3935	3935		1174	1129	20	25	23	23		
		重点	73			73	93	93		30		20	10				
		一般															
		商品林	11227	10970	10970	257	3842	3842		1144	1129		15	23	23		

（续）

统计单位	林地所有权	森林类别	灌木林地				未成林地			无立木林地				宜林地			
			小计	国家特别规定灌木林		其它灌木林	小计	未成林造林地	未成林封育地	小计	采伐迹地	火烧迹地	其它无立木林地	小计	宜林荒山荒地	宜林沙荒地	其它宜林地
				计	其中灌木经济林												
1	2	3	4	5	6	7	8	9	10	11	12	13	14	15	16	17	18
安口乡	集体	合计	1917	1124	1124	793	11678	11678		1853	1779	65	9	170			170
		重点	505			505	35	35		10		3	7				
		一般															
		商品林	1412	1124	1124	288	11643	11643		1843	1779	62	2	170			170
妙高镇	合计	合计	16359	16051	16051	308	2208	2208		5397	2268	3033	96	1340	566		774
		重点	8			8	151	151		617		613	4	109	90		19
		商品林	16351	16051	16051	300	2057	2057		4780	2268	2420	92	1231	476		755
	国有	重点															
	集体	合计	16359	16051	16051	308	2208	2208		5397	2268	3033	96	1340	566		774
		重点	8			8	151	151		617		613	4	109	90		19
		商品林	16351	16051	16051	300	2057	2057		4780	2268	2420	92	1231	476		755
云峰镇	合计	合计	4724	4689	4689	35	10068	10068		2818	1419	202	1197	1168	807		361
		重点					2670	2670		47			47	38	13		25
		一般								10			10				
		商品林	4724	4689	4689	35	7398	7398		2761	1419	202	1140	1130	794		336
	国有	商品林															
	集体	合计	4724	4689	4689	35	10068	10068		2818	1419	202	1197	1168	807		361
		重点					2670	2670		47			47	38	13		25
		一般								10			10				
		商品林	4724	4689	4689	35	7398	7398		2761	1419	202	1140	1130	794		336
三仁乡	集体	合计	4982	4850	4850	132	2651	2651		1679	1025	64	590	25	25		
		重点	60			60	142	142		390			390				
		商品林	4922	4850	4850	72	2509	2509		1289	1025	64	200	25	25		
濂竹乡	合计	合计	7245	1131	1131	6114	2888	2888		990	681	243	66	24	16		8
		重点	69			69											
		一般	164			164	267	267						1			1

（续）

统计单位	林地所有权	森林类别	灌木林地				未成林地			无立木林地				宜林地			
			小计	国家特别规定灌木林		其它灌木林	小计	未成林造林地	未成林封育地	小计	采伐迹地	火烧迹地	其它无立木林地	小计	宜林荒山荒地	宜林沙荒地	其它宜林地
				计	其中灌木经济林												
1	2	3	4	5	6	7	8	9	10	11	12	13	14	15	16	17	18
		商品林	7012	1131	1131	5881	2621	2621		990	681	243	66	23	16		7
	国有	合计					165	165									
		一般					28	28									
		商品林					137	137									
	集体	合计	7245	1131	1131	6114	2723	2723		990	681	243	66	24	16		8
		重点	69			69											
		一般	164			164	239	239						1			1
		商品林	7012	1131	1131	5881	2484	2484		990	681	243	66	23	16		7
北界镇	合计	合计	6264	5128	5128	1136	1025	1025		326	285	10	31				
		重点	471			471	161	161		18		7	11				
		一般	20			20											
		商品林	5773	5128	5128	645	864	864		308	285	3	20				
	国有	商品林															
	集体	合计	6264	5128	5128	1136	1025	1025		326	285	10	31				
		重点	471			471	161	161		18		7	11				
		一般	20			20											
		商品林	5773	5128	5128	645	864	864		308	285	3	20				
新路湾镇	合计	合计	9162	5803	5803	3359	4376	4376		911	854	13	44	1190	8		1182
		重点	919			919	1285	1285		27			27				
		商品林	8243	5803	5803	2440	3091	3091		884	854	13	17	1190	8		1182
	国有	商品林															
	集体	合计	9162	5803	5803	3359	4376	4376		911	854	13	44	1190	8		1182
		重点	919			919	1285	1285		27			27				
		商品林	8243	5803	5803	2440	3091	3091		884	854	13	17	1190	8		1182
应村乡	集体	合计	7235	6988	6988	247	1151	1151		205	78	33	94	7	7		
		重点	120			120	398	398		99		24	75	2	2		

（续）

统计单位	林地所有权	森林类别	灌木林地				未成林地			无立木林地				宜林地			
			小计	国家特别规定灌木林		其它灌木林	小计	未成林造林地	未成林封育地	小计	采伐迹地	火烧迹地	其它无立木林地	小计	宜林荒山荒地	宜林沙荒地	其它宜林地
				计	其中灌木经济林												
1	2	3	4	5	6	7	8	9	10	11	12	13	14	15	16	17	18
		一般					256	256									
		商品林	7115	6988	6988	127	497	497		106	78	9	19	5	5		
高坪乡	集体	合计	4577	4513	4513	64	245	245		455	374	5	76	3			3
		重点	58			58				44		5	39				
		一般															
		商品林	4519	4513	4513	6	245	245		411	374		37	3			3
金竹镇	集体	合计	29164	27511	27481	1653	2428	2428		2036	1311	718	7	637	276		361
		重点	207	30		177	198	198		14	7	6	1	2			2
		一般															
		商品林	28957	27481	27481	1476	2230	2230		2022	1304	712	6	635	276		359
湖山乡	集体	合计	19450	10908	10908	8542	7237	7237		1519	1269	240	10	679	61		618
		重点	6087			6087	1476	1476		263	126	134	3	81	51		30
		一般															
		商品林	13363	10908	10908	2455	5761	5761		1256	1143	106	7	598	10		588
黄沙腰镇	合计	合计	5299	4934	4934	365	3010	3010		1245	717	446	82	89	25		64
		重点	53			53	332	332		366	141	212	13	3			3
		商品林	5246	4934	4934	312	2678	2678		879	576	234	69	86	25		61
	国有	合计															
		重点															
		商品林															
	集体	合计	5299	4934	4934	365	3010	3010		1245	717	446	82	89	25		64
		重点	53			53	332	332		366	141	212	13	3			3
		商品林	5246	4934	4934	312	2678	2678		879	576	234	69	86	25		61
柘岱口乡	合计	合计	6675	4840	4840	1835	4417	4417		3120	2781	238	101	119	119		
		重点	765			765	50	50		50		48	2				
		一般															

（续）

统计单位	林地所有权	森林类别	灌木林地				未成林地			无立木林地				宜林地			
			小计	国家特别规定灌木林		其它灌木林	小计	未成林造林地	未成林封育地	小计	采伐迹地	火烧迹地	其它无立木林地	小计	宜林荒山荒地	宜林沙荒地	其它宜林地
				计	其中灌木经济林												
1	2	3	4	5	6	7	8	9	10	11	12	13	14	15	16	17	18
		商品林	5910	4840	4840	1070	4367	4367		3070	2781	190	99	119	119		
	国有	合计								8	8						
		重点															
		商品林								8	8						
	集体	合计	6675	4840	4840	1835	4417	4417		3112	2773	238	101	119	119		
		重点	765			765	50	50		50		48	2				
		一般															
		商品林	5910	4840	4840	1070	4367	4367		3062	2773	190	99	119	119		
西畈乡	集体	合计	4107	2091	1537	2016	1156	1156		1252	364	407	481				
		重点	568	521		47	174	174		210		43	167				
		一般	8	8													
		商品林	3531	1562	1537	1969	982	982		1042	364	364	314				
王村口镇	合计	合计	4748	4738	4738	10	6280	6280		1923	1553	92	278	189			189
		重点	10			10	357	357		173	37	3	133	36			36
		商品林	4738	4738	4738		5923	5923		1750	1516	89	145	153			153
	国有	商品林	2	2	2		153	153									
	集体	合计	4746	4736	4736	10	6127	6127		1923	1553	92	278	189			189
		重点	10			10	357	357		173	37	3	133	36			36
		商品林	4736	4736	4736		5770	5770		1750	1516	89	145	153			153
蔡源乡	合计	合计	2697	2598	2598	99	2410	2410		825	658	133	34	441	381		60
		重点					104	104		44		15	29	6			6
		商品林	2697	2598	2598	99	2306	2306		781	658	118	5	435	381		54
	国有	商品林															
	集体	合计	2697	2598	2598	99	2410	2410		825	658	133	34	441	381		60
		重点					104	104		44		15	29	6			6
		商品林	2697	2598	2598	99	2306	2306		781	658	118	5	435	381		54

（续）

统计单位	林地所有权	森林类别	灌木林地				未成林地			无立木林地				宜林地			
			小计	国家特别规定灌木林		其它灌木林	小计	未成林造林地	未成林封育地	小计	采伐迹地	火烧迹地	其它无立木林地	小计	宜林荒山荒地	宜林沙荒地	其它宜林地
				计	其中灌木经济林												
1	2	3	4	5	6	7	8	9	10	11	12	13	14	15	16	17	18
焦滩乡	集体	合计	3943	3917	2920	26	2644	2644		123	41	12	70	3			3
		重点	919	919			870	870		64			64	3			3
		一般	78	78			13	13									
		商品林	2946	2920	2920	26	1761	1761		59	41	12	6				
龙洋乡	合计	合计	1134	1134	1134		9743	9743		4547	4002	4	541	303	220		83
		重点					431	431		246	5		241				
		一般															
		商品林	1134	1134	1134		9312	9312		4301	3997	4	300	303	220		83
	国有	重点								3			3				
	集体	合计	1134	1134	1134		9743	9743		4544	4002	4	538	303	220		83
		重点					431	431		243	5		238				
		一般															
		商品林	1134	1134	1134		9312	9312		4301	3997	4	300	303	220		83
牛头山场	合计	合计	1386	1288	1143	98	993	993		416	416			20			20
		重点	243	145		98	819	819									
		商品林	1143	1143	1143		174	174		416	416			20			20
	国有	合计	1386	1288	1143	98	993	993		416	416			20			20
		重点	243	145		98	819	819									
		商品林	1143	1143	1143		174	174		416	416			20			20
	集体	商品林															
湖山林场	合计	合计	2785	115	115	2670	1048	1048		409	373	31	5	22			22
		重点	2654			2654	665	665		325	294	31					
		一般															
		商品林	131	115	115	16	383	383		84	79		5	22			22
	国有	合计	2785	115	115	2670	1048	1048		409	373	31	5	22			22
		重点	2654			2654	665	665		325	294	31					

（续）

统计单位	林地所有权	森林类别	灌木林地				未成林地			无立木林地				宜林地			
			小计	国家特别规定灌木林		其它灌木林	小计	未成林造林地	未成林封育地	小计	采伐迹地	火烧迹地	其它无立木林地	小计	宜林荒山荒地	宜林沙荒地	其它宜林地
				计	其中灌木经济林												
1	2	3	4	5	6	7	8	9	10	11	12	13	14	15	16	17	18
		一般															
		商品林	131	115	115	16	383	383		84	79		5	22			22
	集体	商品林															
白马山场	国有	合计	111	49	24	62	590	590		100	100						
		一般	42	25		17	315	315									
		商品林	69	24	24	45	275	275		100	100						
桂洋林场	合计	合计	5	5	5		286	286		211	206		5				
		重点								29	29						
		一般					153	153									
		商品林	5	5	5		133	133		182	177		5				
	国有	合计	5	5	5		286	286		206	206						
		重点								29	29						
		一般					153	153									
		商品林	5	5	5		133	133		177	177						
	集体	商品林								5			5				
保护区	合计	合计	11	11	11					411			411	123			123
		重点								411			411	123			123
		一般															
		商品林	11	11	11												
	国有	重点								34			34	33			33
	集体	合计	11	11	11					377			377	90			90
		重点								377			377	90			90
		一般															
		商品林	11	11	11												

附表 2　各类森林、林木面积蓄积统计表

按范围统计

单位名称：遂昌县　　　　（2005 年）　　　　单位：亩、立方米、百株

统计单位	林木使用权	活立木总蓄积量	有林地										疏林		四旁树		散生木	
			面积合计	乔木林地						红树林	竹林							
				小计		纯林		混交林										
				面积	蓄积	面积	蓄积	面积	蓄积	面积	面积	株数	面积	蓄积	株数	蓄积	株数	蓄积
1	2	3	4	5	6	7	8	9	10	11	12	13	14	15	16	17	18	19
合计	合计	7296198	2994419	2730871	7225748	1157859	2875539	1573012	4350209		263548	356650	22697	3654	302	17114	936	49682
	国有	606024	133220	131644	605993	95729	328823	35915	277170		1576	1449	73				1	31
	集体	2261231	1045693	960750	2236615	435553	1025927	525197	1210688		84943	114859	5451	1398	291	16171	391	7047
	合作	26974	9651	9473	26961	5891	18393	3582	8568		178	198					1	13
	个人	4401969	1805855	1629004	4356179	620686	1502396	1008318	2853783		176851	240144	17173	2256	11	943	543	42591
大柘镇	合计	222810	122176	108836	221730	26206	52124	82630	169606		13340	18402	2213	558			23	522
	国有	2	35	2		2					33	48						2
	集体	164281	92510	83160	163813	18174	35909	64986	127904		9350	13053	984	233			8	235
	合作	983	377	377	983	377	983											
	个人	57544	29254	25297	56934	7653	15232	17644	41702		3957	5301	1229	325			15	285
石练镇	合计	296742	125323	117107	295536	59980	155437	57127	140099		8216	11416				32	43	1174
	集体	282049	119885	111688	280857	56620	145483	55068	135374		8197	11391				32	42	1160
	合作	14230	5116	5108	14218	3132	9865	1976	4353		8	10					1	12
	个人	463	322	311	461	228	89	83	372		11	15						2
安口乡	合计	630282	203428	169889	594654	41806	96965	128083	497689		33539	52168	3067	507	42	3874	40	31247
	集体	107963	26586	26003	104181	8415	31586	17588	72595		583	801	114		40	3693	1	89
	个人	522319	176842	143886	490473	33391	65379	110495	425094		32956	51367	2953	507	2	181	39	31158
妙高镇	合计	398874	205354	179674	396379	89733	220176	89941	176203		25680	31309	197		27	1226	79	1269
	国有	647	273	250	647	245	601	5	46		23							
	集体	71161	30885	29572	69514	13530	33035	16042	36479		1313	1208			27	1224	5	423
	合作	468	513	380	468	249	462	131	6		133	148						
	个人	326598	173683	149472	325750	75709	186078	73763	139672		24211	29953	197			2	74	846
云峰镇	合计	338513	208712	197834	335825	135577	230878	62257	104947		10878	12300	5185	19	7	1371	26	1298
	国有	519	268	265	519	265	519				3	4						
	集体	59029	33251	32512	57674	21270	37566	11242	20108		739	778	5	9	7	1305	1	41

（续）

统计单位	林木使用权	活立木总蓄积量	有林地										疏林		四旁树		散生木	
			面积合计	乔木林地						红树林	竹林							
				小计		纯林		混交林										
				面积	蓄积	面积	蓄积	面积	蓄积	面积	面积	株数	面积	蓄积	株数	蓄积	株数	蓄积
1	2	3	4	5	6	7	8	9	10	11	12	13	14	15	16	17	18	19
	合作	295	169	164	295	8	14	156	281		5	4						
	个人	278670	175024	164893	277337	114034	192779	50859	84558		10131	11514	5180	10		66	25	1257
三仁乡	合计	129673	77905	51919	127323	22053	73414	29866	53909		25986	32648				139	117	2211
	集体	6931	3630	3445	6671	939	3899	2506	2772		185	214					5	260
	合作	418	144	144	418	144	418											
	个人	122324	74131	48330	120234	20970	69097	27360	51137		25801	32434				139	112	1951
濂竹乡	合计	133667	65412	59547	132153	30275	81543	29272	50610		5865	10890	71	21	26	987	19	506
	国有	7775	2560	2501	7774	1892	6102	609	1672		59	94						1
	集体	96061	46710	45301	94911	20431	55322	24870	39589		1409	1809	71	21	26	923	7	206
	个人	29831	16142	11745	29468	7952	20119	3793	9349		4397	8987				64	12	299
北界镇	合计	195724	108230	92619	192783	53249	129775	39370	63008		15611	24256			19	759	82	2182
	集体	10566	2854	2787	9847	654	2684	2133	7163		67	64			19	719		
	个人	185158	105376	89832	182936	52595	127091	37237	55845		15544	24192				40	82	2182
新路湾镇	合计	382330	163710	148852	379450	93710	264400	55142	115050		14858	20115	12	5	4	847	67	2028
	国有		117	117		117												
	集体	381304	163447	148589	378924	93447	263874	55142	115050		14858	20115	12	5	4	847	67	2028
	个人	526	146	146	526	146	526											
应村乡	合计	122542	90317	49855	119840	30597	82259	19258	37581		40462	57218			4	886	224	1816
	集体	122538	90311	49852	119836	30597	82259	19255	37577		40459	57215			4	886	224	1816
	个人	4	6	3	4			3	4		3	3						
高坪乡	合计	98890	52006	33512	96188	19479	58000	14033	38188		18494	24485			7	1943	18	759
	国有	1997	309	309	1997	22	103	287	1894									
	集体	3610	364	349	1821	46	223	303	1598		15	9			3	1789		
	个人	93283	51333	32854	92370	19411	57674	13443	34696		18479	24476			4	154	18	759
金竹镇	合计	199612	134480	122950	198485	54109	91866	68841	106619		11530	13203	26	8	12	836	20	283
	集体	9194	5071	4774	8371	1649	4233	3125	4138		297	375			12	815	1	8

（续）

统计单位	林木使用权	活立木总蓄积量	有林地										疏林		四旁树		散生木	
			面积合计	乔木林地						红树林	竹林							
				小计		纯林		混交林										
				面积	蓄积	面积	蓄积	面积	蓄积	面积	面积	株数	面积	蓄积	株数	蓄积	株数	蓄积
1	2	3	4	5	6	7	8	9	10	11	12	13	14	15	16	17	18	19
	个人	190418	129409	118176	190114	52460	87633	65716	102481		11233	12828	26	8		21	19	275
湖山乡	合计	265952	161971	158267	265742	82491	132384	75776	133358		3704	4359	30	9			18	201
	集体	264916	161008	157317	264721	81541	131363	75776	133358		3691	4346	30	9			15	186
	个人	1036	963	950	1021	950	1021				13	13					3	15
黄沙腰镇	合计	343149	167797	164582	342045	46138	92246	118444	249799		3215	2924	2085	625	16	343	11	136
	国有	593	246	246	593	31	71	215	522									
	集体	213316	106980	105128	212255	33088	64150	72040	148105		1852	1583	2085	625	16	340	8	96
	合作	998	595	595	998	352	804	243	194									
	个人	128242	59976	58613	128199	12667	27221	45946	100978		1363	1341				3	3	40
柘岱口乡	合计	624915	203597	199747	622425	66414	163776	133333	458649		3850	5110	1979	873	2	498	23	1119
	国有	589	137	137	589			137	589									
	集体	76810	26700	26564	76354	13410	30053	13154	46301		136	212	80	41	2	389		26
	个人	547516	176760	173046	545482	53004	133723	120042	411759		3714	4898	1899	832		109	23	1093
西畈乡	合计	315382	177601	174266	312809	49553	97675	124713	215134		3335	5068	6541	694	16	718	25	1161
	集体	30589	17176	16987	29576	6169	11896	10818	17680		189	151	1838	348	15	596		69
	合作	64	92	92	64			92	64									
	个人	284729	160333	157187	283169	43384	85779	113803	197390		3146	4917	4703	346	1	122	25	1092
王村口镇	合计	687774	198516	187074	686528	47328	171686	139746	514842		11442	15179			25	525	41	721
	国有	1921	188	184	1921			184	1921		4	5						
	集体	77688	22353	22018	76999	5176	21617	16842	55382		335	382			24	501	1	188
	个人	608165	175975	164872	607608	42152	150069	122720	457539		11103	14792			1	24	40	533
蔡源乡	合计	131281	62675	59121	130735	24447	57092	34674	73643		3554	2564			14	265	27	281
	国有	189	246	236	189	236	189				10	5						
	集体	33988	17860	17465	33650	9020	15902	8445	17748		395	312			11	247	3	91
	合作	1264	756	756	1264	756	1264											

（续）

统计单位	林木使用权	活立木总蓄积量	有林地										疏林		四旁树		散生木	
			面积合计	乔木林地						红树林	竹林							
				小计		纯林		混交林										
				面积	蓄积	面积	蓄积	面积	蓄积	面积	面积	株数	面积	蓄积	株数	蓄积	株数	蓄积
1	2	3	4	5	6	7	8	9	10	11	12	13	14	15	16	17	18	19
	个人	95840	43813	40664	95632	14435	39737	26229	55895		3149	2247			3	18	24	190
焦滩乡	合计	262973	93561	91045	262156	27403	85670	63642	176486		2516	2429	1218	335			6	482
	国有	13	1								1	1						13
	集体	42439	18558	18263	42222	3982	11464	14281	30758		295	134	232	107			2	110
	合作	8254	1827	1824	8253	840	4583	984	3670		3	4						1
	个人	212267	73175	70958	211681	22581	69623	48377	142058		2217	2290	986	228			4	358
龙洋乡	合计	678228	179177	174419	676092	45195	172548	129224	503544		4758	7778			81	1865	26	271
	国有	4817	2130	2130	4817	102	380	2028	4437									
	集体	104020	34672	34612	102140	8385	22875	26227	79265		60	81			81	1865	1	15
	合作		33	33		33												
	个人	569391	142342	137644	569135	36675	149293	100969	419842		4698	7697					25	256
牛头山场	合计	105476	39750	39123	105461	36702	101104	2421	4357		627	615					1	15
	国有	105389	39722	39095	105374	36702	101104	2393	4270		627	615					1	15
	集体	87	28	28	87			28	87									
湖山林场	国有	137781	47909	47713	137781	38903	103710	8810	34071		196	186	73					
白马山场	国有	65928	11020	10694	65928	9807	64315	887	1613		326	148						
桂洋林场	合计	53777	11342	10090	53777	6392	37329	3698	16448		1252	1450						
	国有	50093	9691	9461	50093	6222	36551	3239	13542		230	246						
	集体	52	392	8	52	5	26	3	26		384	461						
	合作		29								29	32						
	个人	3632	1230	621	3632	165	752	456	2880		609	711						
保护区	合计	473923	82450	82136	473923	20312	59167	61824	414756		314	430						
	国有	227771	18368	18304	227771	1183	15178	17121	212593		64	97						
	集体	102139	24462	24328	102139	9005	20508	15323	81631		134	165						
	个人	144013	39620	39504	144013	10124	23481	29380	120532		116	168						

附表 3　林种统计表

按范围统计

单位名称：遂昌县　　　　（2005 年）　　　　单位：亩、立方米、百株

统计单位	林种	亚林种	活立木总蓄积量	有林地																疏林		灌木林		
				小计	乔木林												红树林	竹林				小计	特灌林	其它
					小计		幼龄林		中龄林		近熟林		成熟林		过熟林									
				面积	面积	蓄积	面积	蓄积	面积	蓄积	面积	蓄积	面积	蓄积	面积	蓄积	面积	面积	株数	面积	蓄积	面积	面积	面积
1	2	3	4	5	6	7	8	9	10	11	12	13	14	15	16	17	18	19	20	21	22	23	24	25
合计	合计	合计	7229402	2994419	2730871	7225748	1065534	1307621	915840	2397627	412719	1641662	299068	1588241	37710	290597		263548	356650	22697	3654	176641	146686	29955
	防护林	合计	1748343	736788	723318	1748307	301709	362156	234586	574958	110275	418958	69259	343184	7489	49051		13470	15844	862	36	14204	1726	12478
		水涵林	1052779	493657	486570	1052743	212327	242062	160562	364415	71785	259438	37518	161785	4378	25043		7087	8982	679	36	12051	1726	10325
		水保林	668611	231585	225342	668611	85334	114638	69984	199135	35778	151708	31174	179547	3072	23583		6243	6676	183		2153		2153
		护路林	26953	11546	11406	26953	4048	5456	4040	11408	2712	7812	567	1852	39	425		140	186					
	特用林	合计	487703	85638	85324	487703	22939	66560	27073	130877	13948	99982	14471	99321	6893	90963		314	430					
		母树林	9975	2319	2319	9975	1557	5741	546	2556	216	1678												
		风景林	3805	869	869	3805	4	61	754	2570	6	47	62	555	43	572								
		自保林	473923	82450	82136	473923	21378	60758	25773	125751	13726	98257	14409	98766	6850	90391		314	430					
	用材林	合计	4975447	2084521	1863444	4971829	682150	861093	654135	1691709	288496	1122722	215338	1145736	23325	150569		221077	308658	21835	3618	223	25	198
		短工林	241	345	345	241	226	99					119	142										
		速丰林	5469	1213	1213	5469	84		1014	4575	115	894												
		用材林	4969737	2082963	1861886	4966119	681840	860994	653121	1687134	288381	1121828	215219	1145594	23325	150569		221077	308658	21835	3618	223	25	198
	薪炭林	薪炭林	130	283	283	130	237	47	46	83												17279		17279
	经济林	合计	17779	87189	58502	17779	58499	17765							3	14		28687	31718			144935	144935	
		果树林	15321	53938	53938	15321	53938	15321														4767	4767	
		食用林	139	787	787	139	784	125							3	14						137049	137049	
		林化林	7	3	3	7	3	7														646	646	
		药用林	2079	3186	3186	2079	3186	2079														4	4	
		其它经	233	29275	588	233	588	233										28687	31718			2469	2469	
大柘镇	合计	合计	222288	122176	108836	221730	69052	109056	31772	78043	6485	27299	1523	7189	4	143		13340	18402	2213	558	21361	21300	61
	防护林	合计	24304	11747	11708	24304	6902	12535	3745	8943	898	2362	163	464				39	46			45		45
		水涵林	8116	3996	3957	8116	2286	3907	1418	3195	220	836	33	178				39	46					
		水保林	16188	7751	7751	16188	4616	8628	2327	5748	678	1526	130	286								45		45
	用材林	合计	197558	106834	93553	197000	58575	96095	28027	69100	5587	24937	1360	6725	4	143		13281	18356	2213	558			
		短工林	86	39	39	86							39	86										
		用材林	197472	106795	93514	196914	58575	96095	28027	69100	5587	24937	1321	6639	4	143		13281	18356	2213	558			
	薪炭林	薪炭林	3	5	5	3	5	3														16		16
	经济林	合计	423	3590	3570	423	3570	423										20				21300	21300	

（续）

统计单位	林种	亚林种	活立木总蓄积量	有林地																疏林		灌木林		
				小计	乔木林												红树林	竹林				小计	特灌林	其它
					小计		幼龄林		中龄林		近熟林		成熟林		过熟林									
				面积	面积	蓄积	面积	蓄积	面积	蓄积	面积	蓄积	面积	蓄积	面积	蓄积	面积	面积	株数	面积	蓄积	面积	面积	面积
1	2	3	4	5	6	7	8	9	10	11	12	13	14	15	16	17	18	19	20	21	22	23	24	25
		果树林	423	3098	3098	423	3098	423														10	10	
		食用林		64	64		64															21290	21290	
		药用林		408	408		408																	
		其它经		20														20						
石练镇	合计	合计	295536	125323	117107	295536	52067	69160	38685	108063	16712	71004	9643	47309				8216	11416			11300	10970	330
	防护林	合计	53654	27001	26973	53654	16603	21870	6764	15914	2846	11519	760	4351				28	37			121		121
		水涵林	52131	25862	25834	52131	15824	21051	6404	15210	2846	11519	760	4351				28	37			121		121
		水保林	1523	1139	1139	1523	779	819	360	704														
	用材林	用材林	239779	88954	86047	239779	31377	45187	31921	92149	13866	59485	8883	42958				2907	3973					
	薪炭林	薪炭林																				209		209
	经济林	合计	2103	9368	4087	2103	4087	2103										5281	7406			10970	10970	
		果树林	1875	3991	3991	1875	3991	1875														18	18	
		食用林																				10924	10924	
		药用林	2	1	1	2	1	2																
		其它经	226	5376	95	226	95	226										5281	7406			28	28	
安口乡	合计	合计	595161	203428	169889	594654	67219	89726	43370	145396	17557	82084	39154	259956	2589	17492		33539	52168	3067	507	1917	1124	793
	防护林	水保林	150776	35138	34952	150776	9234	16914	13037	52091	3715	21292	8634	58726	332	1753		186	241			505		505
	用材林	用材林	444017	168027	134702	443510	57750	72444	30333	93305	13842	60792	30520	201230	2257	15739		33325	51927	3067	507	17		17
	薪炭林	薪炭林																				271		271
	经济林	合计	368	263	235	368	235	368										28				1124	1124	
		果树林	361	229	229	361	229	361																
		食用林																				512	512	
		林化林	5	2	2	5	2	5														612	612	
		药用林	2	4	4	2	4	2																
		其它经		28														28						
妙高镇	合计	合计	396379	205354	179674	396379	81464	99578	51800	138453	38891	127365	7293	29706	226	1277		25680	31309	197		16359	16051	308
	防护林	合计	135062	53589	53186	135062	24453	43208	13272	35690	12524	44480	2729	10522	208	1162		403	421			8		8
		水涵林	56352	19887	19776	56352	14153	33266	2155	7544	3265	14790	203	752				111	101					

（续）

统计单位	林种	亚林种	活立木总蓄积量	有林地																	疏林		灌木林		
				小计	乔木林													红树林	竹林				小计	特灌林	其它
					小计		幼龄林		中龄林		近熟林		成熟林		过熟林									
				面积	面积	蓄积	面积	蓄积	面积	蓄积	面积	蓄积	面积	蓄积	面积	蓄积	面积	面积	株数	面积	蓄积	面积	面积	面积
1	2	3	4	5	6	7	8	9	10	11	12	13	14	15	16	17	18	19	20	21	22	23	24	25
		水保林	51757	22156	22004	51757	6252	4486	7077	16738	6547	21878	1959	7918	169	737		152	134			8		8
		护路林	26953	11546	11406	26953	4048	5456	4040	11408	2712	7812	567	1852	39	425		140	186					
	用材林	合计	258784	128320	121682	258784	52205	53837	38528	102763	26367	82885	4564	19184	18	115		6638	8267	197				
		速丰林	1590	466	466	1590			466	1590														
		用材林	257194	127854	121216	257194	52205	53837	38062	101173	26367	82885	4564	19184	18	115		6638	8267	197				
	薪炭林	薪炭林																				300		300
	经济林	合计	2533	23445	4806	2533	4806	2533										18639	22621			16051	16051	
		果树林	2490	4715	4715	2490	4715	2490														2472	2472	
		食用林	3	6	6	3	6	3														13523	13523	
		药用林	40	85	85	40	85	40																
		其它经		18639														18639	22621			56	56	
云峰镇	合计	合计	335844	208712	197834	335825	108597	118945	65123	138220	18081	54760	5474	21171	559	2729		10878	12300	5185	19	4724	4689	35
	防护林	合计	32226	18430	18131	32226	8637	10868	7382	15032	1850	5095	262	1231				299	195	183				
		水涵林	12295	7165	7160	12295	3522	4003	2219	4518	1419	3774						5	6					
		水保林	19931	11265	10971	19931	5115	6865	5163	10514	431	1321	262	1231				294	189	183				
	用材林	合计	303355	187023	177628	303336	97888	107828	57741	123188	16231	49665	5212	19940	556	2715		9395	12098	5002	19			
		短工林	99	197	197	99	197	99																
		用材林	303256	186826	177431	303237	97691	107729	57741	123188	16231	49665	5212	19940	556	2715		9395	12098	5002	19			
	薪炭林	薪炭林																				35		35
	经济林	合计	263	3259	2075	263	2072	249							3	14		1184	7			4689	4689	
		果树林	249	2071	2071	249	2071	249														196	196	
		食用林	14	3	3	14									3	14						4486	4486	
		药用林		1	1		1																	
		其它经		1184														1184	7			7	7	
三仁乡	合计	合计	127323	77905	51919	127323	27534	35444	13297	38136	9556	45718	1532	8025				25986	32648			4982	4850	132
	防护林	水涵林	13671	15282	15271	13671	13558	10417	1607	2872	106	382						11	14			60		60
	用材林	用材林	113590	62208	36325	113590	13653	24965	11690	35264	9450	45336	1532	8025				25883	32628					
	薪炭林	薪炭林																				72		72

（续）

统计单位	林种	亚林种	活立木总蓄积量	有林地																疏林		灌木林		
				小计	乔木林													红树林	竹林				小计	特灌林	其它
					小计		幼龄林		中龄林		近熟林		成熟林		过熟林									
				面积	面积	蓄积	面积	蓄积	面积	蓄积	面积	蓄积	面积	蓄积	面积	蓄积	面积	面积	株数	面积	蓄积	面积	面积	面积
1	2	3	4	5	6	7	8	9	10	11	12	13	14	15	16	17	18	19	20	21	22	23	24	25
	经济林	合计	62	415	323	62	323	62										92	6			4850	4850	
		果树林	62	323	323	62	323	62														20	20	
		食用林																				4765	4765	
		其它经		92														92	6			65	65	
濂竹乡	合计	合计	132174	65412	59547	132153	26327	26967	22451	62668	7468	27731	3051	13783	250	1004		5865	10890	71	21	7245	1131	6114
	防护林	合计	18046	8734	8414	18029	5026	4594	1338	3900	976	4455	1074	5080				320	494	58	17	233		233
		水涵林	17890	8410	8090	17873	4702	4438	1338	3900	976	4455	1074	5080				320	494	58	17	171		171
		水保林	156	324	324	156	324	156														62		62
	特用林	风景林	906	80	80	906					6	47	31	287	43	572								
	用材林	用材林	112964	54661	49151	112960	19399	22115	21113	58768	6486	23229	1946	8416	207	432		5510	10396	13	4			
	薪炭林	薪炭林																				5881		5881
	经济林	合计	258	1937	1902	258	1902	258										35				1131	1131	
		果树林	258	1902	1902	258	1902	258														1	1	
		食用林																				1076	1076	
		其它经		35														35				54	54	
北界镇	合计	合计	192783	108230	92619	192783	45234	57318	40673	106976	4091	15245	2621	13244				15611	24256			6264	5128	1136
	防护林	合计	85157	49982	48583	85157	33488	47106	14001	33666	766	2871	328	1514				1399	1634			491		491
		水涵林	85155	49979	48580	85155	33485	47104	14001	33666	766	2871	328	1514				1399	1634			491		491
		水保林	2	3	3	2	3	2																
	用材林	用材林	107297	56542	42915	107297	10625	9883	26672	73310	3325	12374	2293	11730				13627	22622					
	薪炭林	薪炭林																				645		645
	经济林	合计	329	1706	1121	329	1121	329										585				5128	5128	
		果树林	329	1115	1115	329	1115	329														25	25	
		食用林		6	6		6															5098	5098	
		其它经		585														585				5	5	
新路湾镇	合计	合计	379455	163710	148852	379450	38827	29706	59181	138249	37617	146777	11959	57817	1268	6901		14858	20115	12	5	9162	5803	3359
	防护林	水涵林	103078	47163	46356	103078	16322	12513	18130	40453	8729	33253	2584	13231	591	3628		807	1036			919		919
	用材林	合计	275019	113802	100140	275014	20149	15835	41051	97796	28888	113524	9375	44586	677	3273		13662	19079	12	5			

（续）

统计单位	林种	亚林种	活立木总蓄积量	有林地																疏林		灌木林		
				小计	乔木林												红树林	竹林				小计	特灌林	其它
					小计		幼龄林		中龄林		近熟林		成熟林		过熟林									
				面积	面积	蓄积	面积	蓄积	面积	蓄积	面积	蓄积	面积	蓄积	面积	蓄积	面积	面积	株数	面积	蓄积	面积	面积	面积
1	2	3	4	5	6	7	8	9	10	11	12	13	14	15	16	17	18	19	20	21	22	23	24	25
		短工林		29	29		29																	
		用材林	275019	113773	100111	275014	20120	15835	41051	97796	28888	113524	9375	44586	677	3273		13662	19079	12	5			
	薪炭林	薪炭林																				2440		2440
	经济林	合计	1358	2745	2356	1358	2356	1358										389				5803	5803	
		果树林	170	1021	1021	170	1021	170														1	1	
		食用林	22	98	98	22	98	22														5781	5781	
		林化林																				17	17	
		药用林	1166	1236	1236	1166	1236	1166														4	4	
		其它经		390	1		1											389						
应村乡	合计	合计	119840	90317	49855	119840	20023	28401	25313	74347	3364	12834	1151	4232	4	26		40462	57218			7235	6988	247
	防护林	合计	88218	42235	37361	88218	16520	25447	17297	48571	2403	9982	1137	4192	4	26		4874	5174			120		120
		水涵林	2231	782	696	2231	15		596	2035			85	196				86	139					
		水保林	85987	41453	36665	85987	16505	25447	16701	46536	2403	9982	1052	3996	4	26		4788	5035			120		120
	用材林	合计	30840	46851	11283	30840	2292	2172	8016	25776	961	2852	14	40				35568	52044					
		速丰林		64	64		64																	
		用材林	30840	46787	11219	30840	2228	2172	8016	25776	961	2852	14	40				35568	52044					
	薪炭林	薪炭林																				127		127
	经济林	合计	782	1231	1211	782	1211	782										20				6988	6988	
		果树林		328	328		328																	
		食用林		279	279		279															6611	6611	
		药用林	782	589	589	782	589	782																
		其它经		35	15		15											20				377	377	
高坪乡	合计	合计	96188	52006	33512	96188	3640	1556	10469	22454	12404	43720	6999	28458				18494	24485			4577	4513	64
	防护林	水涵林	51803	19546	18156	51803	2470	1340	4829	8413	6954	26044	3903	16006				1390	1593			58		58
	用材林	用材林	44376	32440	15342	44376	1156	207	5640	14041	5450	17676	3096	12452				17098	22892					
	薪炭林	薪炭林																				6		6
	经济林	合计	9	20	14	9	14	9										6				4513	4513	
		果树林	9	14	14	9	14	9																

（续）

统计单位	林种	亚林种	活立木总蓄积量	有林地																疏林		灌木林		
				小计	乔木林												红树林	竹林				小计	特灌林	其它
					小计		幼龄林		中龄林		近熟林		成熟林		过熟林									
				面积	面积	蓄积	面积	蓄积	面积	蓄积	面积	蓄积	面积	蓄积	面积	蓄积	面积	面积	株数	面积	蓄积	面积	面积	面积
1	2	3	4	5	6	7	8	9	10	11	12	13	14	15	16	17	18	19	20	21	22	23	24	25
		食用林																				3124	3124	
		其它经		6														6				1389	1389	
金竹镇	合计	合计	198493	134480	122950	198485	85204	88658	36473	104209	1178	5494	86	92	9	32		11530	13203	26	8	29164	27511	1653
	防护林	合计	32714	15957	15863	32714	13046	23492	2643	8030	174	1192						94	82			217	30	187
		水涵林	10128	5058	5011	10128	2748	2804	2200	7053	63	271						47	30			217	30	187
		水保林	22586	10899	10852	22586	10298	20688	443	977	111	921						47	52					
	用材林	合计	163562	105640	94257	163554	59328	62949	33830	96179	1004	4302	86	92	9	32		11383	13121	26	8			
		短工林	56	80	80	56							80	56										
		用材林	163506	105560	94177	163498	59328	62949	33830	96179	1004	4302	6	36	9	32		11383	13121	26	8			
	薪炭林	薪炭林																				1466		1466
	经济林	合计	2217	12883	12830	2217	12830	2217										53				27481	27481	
		果树林	2106	12432	12432	2106	12432	2106														342	342	
		食用林	97	221	221	97	221	97														26798	26798	
		林化林	2	1	1	2	1	2														5	5	
		药用林	5	171	171	5	171	5																
		其它经	7	58	5	7	5	7										53				336	336	
湖山乡	合计	合计	265751	161971	158267	265742	87040	86142	55019	132499	12659	34533	3495	12335	54	233		3704	4359	30	9	19450	10908	8542
	防护林	水涵林	113203	70059	69566	113203	33022	28555	27234	57808	7699	20880	1611	5960				493	859			6087		6087
	特用林	风景林	2570	754	754	2570			754	2570														
	用材林	用材林	146374	74127	71347	146365	37464	54066	26985	72038	4960	13653	1884	6375	54	233		2780	3493	30	9	155		155
	薪炭林	薪炭林	127	272	272	127	226	44	46	83												2300		2300
	经济林	合计	3477	16759	16328	3477	16328	3477										431	7			10908	10908	
		果树林	3477	15856	15856	3477	15856	3477														1086	1086	
		食用林																				9822	9822	
		其它经		903	472		472											431	7					
黄沙腰镇	合计	合计	342670	167797	164582	342045	60563	102712	42019	78341	38530	92657	22805	66468	665	1867		3215	2924	2085	625	5299	4934	365
	防护林	水保林	41156	20713	20527	41156	3928	3016	6039	9963	7471	18772	3089	9405				186	139			53		53
	用材林	用材林	301232	145686	142670	300607	55250	99414	35980	68378	31059	73885	19716	57063	665	1867		3016	2785	2085	625	4		4

（续）

统计单位	林种	亚林种	活立木总蓄积量	有林地																疏林		灌木林		
				小计	乔木林												红树林	竹林				小计	特灌林	其它
					小计		幼龄林		中龄林		近熟林		成熟林		过熟林									
				面积	面积	蓄积	面积	蓄积	面积	蓄积	面积	蓄积	面积	蓄积	面积	蓄积	面积	面积	株数	面积	蓄积	面积	面积	面积
1	2	3	4	5	6	7	8	9	10	11	12	13	14	15	16	17	18	19	20	21	22	23	24	25
	薪炭林	薪炭林		6	6		6															308		308
	经济林	合计	282	1392	1379	282	1379	282										13				4934	4934	
		果树林	279	1369	1369	279	1369	279														52	52	
		食用林	3	10	10	3	10	3														4882	4882	
		其它经		13														13						
柘岱口乡	合计	合计	623298	203597	199747	622425	30652	36815	76630	187938	38689	144564	46697	215488	7079	37620		3850	5110	1979	873	6675	4840	1835
	防护林	水保林	30565	8673	8585	30565	547	135	2931	6786	2851	11992	2194	11075	62	577		88	437			765		765
	特用林	风景林	66	3	3	66							3	66										
	用材林	用材林	592379	193898	190173	591506	29119	36392	73699	181152	35838	132572	44500	204347	7017	37043		3725	4646	1979	873			
	薪炭林	薪炭林																				1070		1070
	经济林	合计	288	1023	986	288	986	288										37	27			4840	4840	
		果树林	207	884	884	207	884	207																
		食用林		18	18		18															4840	4840	
		药用林	81	84	84	81	84	81																
		其它经		37														37	27					
西畈乡	合计	合计	313503	177601	174266	312809	26602	16865	89021	137686	32803	77257	23847	74073	1993	6928		3335	5068	6541	694	4107	2091	2016
	防护林	合计	112226	58271	56905	112207	9015	3855	25616	41431	11073	28542	10522	35463	679	2916		1366	2325	548	19	576	529	47
		水涵林	112199	57958	56592	112180	8732	3855	25586	41404	11073	28542	10522	35463	679	2916		1366	2325	548	19	576	529	47
		水保林	27	313	313	27	283		30	27														
	用材林	用材林	200863	118725	116762	200188	16988	12596	63405	96255	21730	48715	13325	38610	1314	4012		1963	2743	5993	675	25	25	
	薪炭林	薪炭林																				1969		1969
	经济林	合计	414	605	599	414	599	414										6				1537	1537	
		果树林	414	556	556	414	556	414																
		食用林		43	43		43															1537	1537	
		其它经		6														6						
王村口镇	合计	合计	686528	198516	187074	686528	56605	60935	60350	183831	36604	210526	29621	206481	3894	24755		11442	15179			4748	4738	10
	防护林	合计	144179	35720	35434	144179	10146	10334	7810	22648	8859	54761	7511	50637	1108	5799		286	337			10		10
		水涵林	73706	22150	21985	73706	9063	9131	4484	12342	4509	28378	2987	18918	942	4937		165	190					

（续）

统计单位	林种	亚林种	活立木总蓄积量	有林地																	疏林		灌木林		
				小计	乔木林												红树林	竹林				小计	特灌林	其它
					小计		幼龄林		中龄林		近熟林		成熟林		过熟林									
				面积	面积	蓄积	面积	蓄积	面积	蓄积	面积	蓄积	面积	蓄积	面积	蓄积	面积	面积	株数	面积	蓄积	面积	面积	面积
1	2	3	4	5	6	7	8	9	10	11	12	13	14	15	16	17	18	19	20	21	22	23	24	25
		水保林	70473	13570	13449	70473	1083	1203	3326	10306	4350	26383	4524	31719	166	862		121	147			10		10
	用材林	用材林	541840	161527	150494	541840	45313	50092	52540	161183	27745	155765	22110	155844	2786	18956		11033	14752					
	经济林	合计	509	1269	1146	509	1146	509										123	90			4738	4738	
		果树林	508	1107	1107	508	1107	508														235	235	
		食用林		38	38		38															4370	4370	
		药用林	1	1	1	1	1	1																
		其它经		123														123	90			133	133	
蔡源乡	合计	合计	130735	62675	59121	130735	18200	12594	24898	54250	6191	20382	8880	39705	952	3804		3554	2564			2697	2598	99
	防护林	水涵林	55067	28673	28377	55067	7705	4982	13718	25076	3078	9510	3248	13433	628	2066		296	140					
	特用林	风景林	61	4	4	61	4	61																
	用材林	用材林	75416	32956	29806	75416	9557	7360	11180	29174	3113	10872	5632	26272	324	1738		3150	2424					
	薪炭林	薪炭林																				99		99
	经济林	合计	191	1042	934	191	934	191										108				2598	2598	
		果树林	191	895	895	191	895	191																
		食用林		1	1		1															2598	2598	
		药用林		38	38		38																	
		其它经		108														108						
焦滩乡	合计	合计	262491	93561	91045	262156	32845	48710	29583	86524	15543	59261	12771	66239	303	1422		2516	2429	1218	335	3943	3917	26
	防护林	水涵林	171333	67725	67348	171333	25055	37609	22231	58075	13220	48676	6624	26072	218	901		377	111			997	997	
	用材林	用材林	90719	24699	22708	90384	6801	10662	7352	28449	2323	10585	6147	40167	85	521		1991	2313	1218	335	15		15
	薪炭林	薪炭林																				11		11
	经济林	合计	439	1137	989	439	989	439										148	5			2920	2920	
		果树林	439	989	989	439	989	439														3	3	
		食用林																				2898	2898	
		其它经		148														148	5			19	19	
龙洋乡	合计	合计	676092	179177	174419	676092	60275	74991	47801	158276	27369	153875	32196	230866	6778	58084		4758	7778			1134	1134	
	防护林	合计	107410	30076	29982	107410	8771	11728	8770	24462	5664	28805	6282	38224	495	4191		94	128					
		水涵林	937	132	132	937									132	937								

（续）

统计单位	林种	亚林种	活立木总蓄积量	有林地																疏林		灌木林		
				小计	乔木林												红树林	竹林				小计	特灌林	其它
					小计		幼龄林		中龄林		近熟林		成熟林		过熟林									
				面积	面积	蓄积	面积	蓄积	面积	蓄积	面积	蓄积	面积	蓄积	面积	蓄积	面积	面积	株数	面积	蓄积	面积	面积	面积
1	2	3	4	5	6	7	8	9	10	11	12	13	14	15	16	17	18	19	20	21	22	23	24	25
		水保林	106473	29944	29850	106473	8771	11728	8770	24462	5664	28805	6282	38224	363	3254		94	128					
	特用林	风景林	202	28	28	202							28	202										
	用材林	用材林	568280	148301	143637	568280	50732	63063	39031	133814	21705	125070	25886	192440	6283	53893		4664	7650					
	经济林	合计	200	772	772	200	772	200														1134	1134	
		果树林	200	204	204	200	204	200														20	20	
		食用林																				1102	1102	
		林化林																				12	12	
		药用林		568	568		568																	
牛头山场	合计	合计	105461	39750	39123	105461	21046	29892	10079	33779	4735	20561	3251	21171	12	58		627	615			1386	1288	98
	防护林	合计	32489	20879	20787	32489	14979	17665	4056	9717	1363	3259	389	1848				92	166			243	145	98
		水涵林	16450	11984	11907	16450	7620	7009	2655	4916	1294	2915	338	1610				77	131			213	145	68
		水保林	16039	8895	8880	16039	7359	10656	1401	4801	69	344	51	238				15	35			30		30
	用材林	合计	72799	18446	18167	72799	5898	12054	6023	24062	3372	17302	2862	19323	12	58		279	249					
		速丰林	3879	683	683	3879	20		548	2985	115	894												
		用材林	68920	17763	17484	68920	5878	12054	5475	21077	3257	16408	2862	19323	12	58		279	249					
	经济林	合计	173	425	169	173	169	173										256	200			1143	1143	
		果树林	173	169	169	173	169	173														176	176	
		食用林																				967	967	
		其它经		256														256	200					
湖山林场	合计	合计	137781	47909	47713	137781	22352	19036	12894	49330	9555	53830	2912	15585				196	186	73		2785	115	2670
	防护林	合计	75848	37097	37027	75848	19836	11174	9776	34877	5398	21506	2017	8291				70	96	73		2654		2654
		水涵林	72105	27423	27353	72105	11136	9676	9362	33568	5268	21129	1587	7732				70	96	73		2116		2116
		水保林	3743	9674	9674	3743	8700	1498	414	1309	130	377	430	559								538		538
	特用林	母树林	5741	1557	1557	5741	1557	5741																
	用材林	用材林	55127	8497	8492	55127	322	1056	3118	14453	4157	32324	895	7294				5	5			7		7
	薪炭林	薪炭林																				9		9

（续）

统计单位	林种	亚林种	活立木总蓄积量	有林地																疏林		灌木林		
				小计	乔木林												红树林	竹林				小计	特灌林	其它
					小计		幼龄林		中龄林		近熟林		成熟林		过熟林									
				面积	面积	蓄积	面积	蓄积	面积	蓄积	面积	蓄积	面积	蓄积	面积	蓄积	面积	面积	株数	面积	蓄积	面积	面积	面积
1	2	3	4	5	6	7	8	9	10	11	12	13	14	15	16	17	18	19	20	21	22	23	24	25
	经济林	合计	1065	758	637	1065	637	1065										121	85			115	115	
		果树林	1065	637	637	1065	637	1065														110	110	
		食用林																				5	5	
		其它经		121														121	85					
白马山场	合计	合计	65928	11020	10694	65928	1283	1616	1091	5690	1591	6827	4082	26364	2647	25431		326	148			111	49	62
	防护林	合计	44350	7595	7368	44350	1095	1427	1049	5482	979	4361	2647	17342	1598	15738		227	85			42	25	17
		水涵林	13497	1914	1914	13497	180	180	286	1819	234	814	586	4614	628	6070						25	25	
		水保林	30853	5681	5454	30853	915	1247	763	3663	745	3547	2061	12728	970	9668		227	85			17		17
	用材林	用材林	21578	3357	3326	21578	188	189	42	208	612	2466	1435	9022	1049	9693		31						
	薪炭林	薪炭林																				45		45
	经济林	合计		68														68	63			24	24	
		食用林																				24	24	
		其它经		68														68	63					
桂洋林场	合计	合计	53777	11342	10090	53777	1505	2040	2075	8518	1320	9101	3616	23718	1574	10400		1252	1450			5	5	
	防护林	合计	31808	6503	6458	31808	1351	1372	1311	5058	679	4967	1551	10117	1566	10294		45	54					
		水涵林	11432	2509	2509	11432	729	222	109	548	66	399	1045	6675	560	3588								
		水保林	20376	3994	3949	20376	622	1150	1202	4510	613	4568	506	3442	1006	6706		45	54					
	特用林	母树林	4234	762	762	4234			546	2556	216	1678												
	用材林	用材林	17699	3000	2837	17699	121	632	218	904	425	2456	2065	13601	8	106		163	195					
	经济林	合计	36	1077	33	36	33	36										1044	1201			5	5	
		果树林	36	33	33	36	33	36																
		食用林																				5	5	
		其它经		1044														1044	1201					
保护区	合计	合计	473923	82450	82136	473923	21378	60758	25773	125751	13726	98257	14409	98766	6850	90391		314	430			11	11	
	特用林	自保林	473923	82450	82136	473923	21378	60758	25773	125751	13726	98257	14409	98766	6850	90391		314	430					
	经济林	食用林																				11	11	

附表 4　乔木林面积蓄积按龄组统计表

按范围统计

单位名称：遂昌县　　　　（2005 年）　　　　单位：亩、立方米

统计单位	起源	优势树种	乔木林	小计		幼龄林		中龄林		近熟林		成熟林		过熟林	
				面积	蓄积	面积	蓄积	面积	蓄积	面积	蓄积	面积	蓄积	面积	蓄积
1	2	3	4	5	6	7	8	9	10	11	12	13	14	15	16
合计	合计	合计	合计	2730871	7225748	1065534	1307621	915840	2397627	412719	1641662	299068	1588241	37710	290597
			纯林	1157859	2875539	367638	298654	476047	1204717	194547	735347	110092	562192	9535	74629
			混交林	1573012	4350209	697896	1008967	439793	1192910	218172	906315	188976	1026049	28175	215968
		马尾松	合计	492284	1573918	134714	145124	156075	418957	119301	511005	76642	441491	5552	57341
			纯林	209159	571706	64079	63384	78929	213296	47731	192657	17063	88453	1357	13916
			混交林	283125	1002212	70635	81740	77146	205661	71570	318348	59579	353038	4195	43425
		湿地松	合计	309	871	154	270	82	148			73	453		
			纯林	236	418	154	270	82	148						
			混交林	73	453							73	453		
		杉木	合计	1257961	3781081	179459	102121	577880	1413958	256853	957082	214431	1100495	29338	207425
			纯林	753070	2079136	126707	73899	380998	944053	145535	536757	91919	465410	7911	59017
			混交林	504891	1701945	52752	28222	196882	469905	111318	420325	122512	635085	21427	148408
		柳杉	合计	7008	49276	333	254	2718	11488	1039	7079	1451	10635	1467	19820
			纯林	2445	14590	10	12	1039	4634	552	2801	723	5920	121	1223
			混交林	4563	34686	323	242	1679	6854	487	4278	728	4715	1346	18597
		柏木	合计	1465	7149	529	1904	936	5245						
			纯林	902	4511	345	1039	557	3472						
			混交林	563	2638	184	865	379	1773						
		硬阔类	合计	909875	1791407	689622	1039133	177877	547803	35427	166300	6024	33135	925	5036
			纯林	132182	185723	117056	142077	14262	39086	707	3081	149	1381	8	98
			混交林	777693	1605684	572566	897056	163615	508717	34720	163219	5875	31754	917	4938
		软阔类	合计	2501	3699	1258	482	272	28	99	196	447	2032	425	961
			纯林	1015	1584	440	116	180	28	22	51	238	1028	135	361
			混交林	1486	2115	818	366	92		77	145	209	1004	290	600
		板栗	合计	47654	14790	47654	14790								
			纯林	47365	14789	47365	14789								
			混交林	289	1	289	1								
		香榧	纯林	28	14	25								3	14

（续）

统计单位	起源	优势树种	乔木林	小计		幼龄林		中龄林		近熟林		成熟林		过熟林	
				面积	蓄积	面积	蓄积	面积	蓄积	面积	蓄积	面积	蓄积	面积	蓄积
1	2	3	4	5	6	7	8	9	10	11	12	13	14	15	16
		山核桃	纯林	10		10									
		银杏	纯林	59		59									
		杨梅	合计	1069	122	1069	122								
			纯林	1067	122	1067	122								
			混交林	2		2									
		枇杷	纯林	173		173									
		李	合计	838	70	838	70								
			纯林	833	70	833	70								
			混交林	5		5									
		梨	合计	2554	344	2554	344								
			纯林	2483	344	2483	344								
			混交林	71		71									
		桃	合计	820	40	820	40								
			纯林	794	40	794	40								
			混交林	26		26									
		胡柚	纯林	190		190									
		椪柑	纯林	357	9	357	9								
		枣	纯林	112		112									
		柿	纯林	73	1	73	1								
		青梅	纯林	1186	35	1186	35								
		漆树	纯林	1	2	1	2								
		千年桐	纯林	2	5	2	5								
		厚朴	合计	3773	2873	3773	2873								
			纯林	3548	2398	3548	2398								
			混交林	225	475	225	475								
		杜仲	纯林	423	29	423	29								
		桂花	纯林	143		143									
		锥栗	纯林	3	13	3	13								
	天然	合计	合计	1259198	2773672	784725	1175945	333891	940579	93724	398107	40793	201545	6065	57496
			纯林	300751	604633	171523	207275	95511	254580	24020	94130	8587	36809	1110	11839

（续）

统计单位	起源	优势树种	乔木林	小计		幼龄林		中龄林		近熟林		成熟林		过熟林	
				面积	蓄积	面积	蓄积	面积	蓄积	面积	蓄积	面积	蓄积	面积	蓄积
1	2	3	4	5	6	7	8	9	10	11	12	13	14	15	16
			混交林	958447	2169039	613202	968670	238380	685999	69704	303977	32206	164736	4955	45657
		马尾松	合计	243183	741175	92850	134568	94345	280133	34672	165762	17390	112530	3926	48182
			纯林	112131	306216	44894	58740	48242	147445	14825	71903	3209	17299	961	10829
			混交林	131052	434959	47956	75828	46103	132688	19847	93859	14181	95231	2965	37353
		杉木	合计	141290	299030	19768	10534	71310	137083	28250	77672	20378	67283	1584	6458
			纯林	59638	115407	12188	7212	33585	69915	8496	19149	5224	18170	145	961
			混交林	81652	183623	7580	3322	37725	67168	19754	58523	15154	49113	1439	5497
		柳杉	合计	130	106	110		14	38	2	19			4	49
			纯林	6	68					2	19			4	49
			混交林	124	38	110		14	38						
		硬阔类	合计	874185	1732916	671921	1030827	168158	523325	30800	154654	2986	21708	320	2402
			纯林	128872	182919	114365	141307	13671	37220	697	3059	139	1333		
			混交林	745313	1549997	557556	889520	154487	486105	30103	151595	2847	20375	320	2402
		软阔类	合计	337	429	3		64				39	24	231	405
			纯林	31	7	3		13				15	7		
			混交林	306	422			51				24	17	231	405
		板栗	纯林	35	16	35	16								
		厚朴	纯林	38		38									
	人工	合计	合计	1471673	4452076	280809	131676	581949	1457048	318995	1243555	258275	1386696	31645	233101
			纯林	857108	2270906	196115	91379	380536	950137	170527	641217	101505	525383	8425	62790
			混交林	614565	2181170	84694	40297	201413	506911	148468	602338	156770	861313	23220	170311
		马尾松	合计	249101	832743	41864	10556	61730	138824	84629	345243	59252	328961	1626	9159
			纯林	97028	265490	19185	4644	30687	65851	32906	120754	13854	71154	396	3087
			混交林	152073	567253	22679	5912	31043	72973	51723	224489	45398	257807	1230	6072
		湿地松	合计	309	871	154	270	82	148			73	453		
			纯林	236	418	154	270	82	148						
			混交林	73	453							73	453		
		杉木	合计	1116671	3482051	159691	91587	506570	1276875	228603	879410	194053	1033212	27754	200967
			纯林	693432	1963729	114519	66687	347413	874138	137039	517608	86695	447240	7766	58056
			混交林	423239	1518322	45172	24900	159157	402737	91564	361802	107358	585972	19988	142911

（续）

统计单位	起源	优势树种	乔木林	小计		幼龄林		中龄林		近熟林		成熟林		过熟林	
				面积	蓄积	面积	蓄积	面积	蓄积	面积	蓄积	面积	蓄积	面积	蓄积
1	2	3	4	5	6	7	8	9	10	11	12	13	14	15	16
		柳杉	合计	6878	49170	223	254	2704	11450	1037	7060	1451	10635	1463	19771
			纯林	2439	14522	10	12	1039	4634	550	2782	723	5920	117	1174
			混交林	4439	34648	213	242	1665	6816	487	4278	728	4715	1346	18597
		柏木	合计	1465	7149	529	1904	936	5245						
			纯林	902	4511	345	1039	557	3472						
			混交林	563	2638	184	865	379	1773						
		硬阔类	合计	35690	58491	17701	8306	9719	24478	4627	11646	3038	11427	605	2634
			纯林	3310	2804	2691	770	591	1866	10	22	10	48	8	98
			混交林	32380	55687	15010	7536	9128	22612	4617	11624	3028	11379	597	2536
		软阔类	合计	2164	3270	1255	482	208	28	99	196	408	2008	194	556
			纯林	984	1577	437	116	167	28	22	51	223	1021	135	361
			混交林	1180	1693	818	366	41		77	145	185	987	59	195
		板栗	合计	47619	14774	47619	14774								
			纯林	47330	14773	47330	14773								
			混交林	289	1	289	1								
		香榧	纯林	28	14	25								3	14
		山核桃	纯林	10		10									
		银杏	纯林	59		59									
		杨梅	合计	1069	122	1069	122								
			纯林	1067	122	1067	122								
			混交林	2		2									
		枇杷	纯林	173		173									
		李	合计	838	70	838	70								
			纯林	833	70	833	70								
			混交林	5		5									
		梨	合计	2554	344	2554	344								
			纯林	2483	344	2483	344								
			混交林	71		71									
		桃	合计	820	40	820	40								
			纯林	794	40	794	40								

（续）

统计单位	起源	优势树种	乔木林	小计		幼龄林		中龄林		近熟林		成熟林		过熟林	
				面积	蓄积	面积	蓄积	面积	蓄积	面积	蓄积	面积	蓄积	面积	蓄积
1	2	3	4	5	6	7	8	9	10	11	12	13	14	15	16
			混交林	26		26									
		胡柚	纯林	190		190									
		椪柑	纯林	357	9	357	9								
		枣	纯林	112		112									
		柿	纯林	73	1	73	1								
		青梅	纯林	1186	35	1186	35								
		漆树	纯林	1	2	1	2								
		千年桐	纯林	2	5	2	5								
		厚朴	合计	3735	2873	3735	2873								
			纯林	3510	2398	3510	2398								
			混交林	225	475	225	475								
		杜仲	纯林	423	29	423	29								
		桂花	纯林	143		143									
		锥栗	纯林	3	13	3	13								
大柘镇	合计	合计	合计	108836	221730	69052	109056	31772	78043	6485	27299	1523	7189	4	143
			纯林	26206	52124	11434	11479	12986	32425	1311	5519	475	2701		
			混交林	82630	169606	57618	97577	18786	45618	5174	21780	1048	4488	4	143
		马尾松	合计	17216	48523	6359	11371	8064	21952	2789	15057			4	143
			纯林	3458	8842	1481	2183	1576	4762	401	1897				
			混交林	13758	39681	4878	9188	6488	17190	2388	13160			4	143
		杉木	合计	33764	78346	5132	3794	23421	55195	3691	12204	1520	7153		
			纯林	15267	36069	2475	2097	11407	27649	910	3622	475	2701		
			混交林	18497	42277	2657	1697	12014	27546	2781	8582	1045	4452		
		硬阔类	合计	54143	94038	53848	93068	287	896	5	38	3	36		
			纯林	3911	6790	3908	6776	3	14						
			混交林	50232	87248	49940	86292	284	882	5	38	3	36		
		板栗	纯林	3120	423	3120	423								
		杨梅	纯林	5		5									
		枇杷	纯林	4		4									
		梨	纯林	5		5									

（续）

统计单位	起源	优势树种	乔木林	小计		幼龄林		中龄林		近熟林		成熟林		过熟林	
				面积	蓄积	面积	蓄积	面积	蓄积	面积	蓄积	面积	蓄积	面积	蓄积
1	2	3	4	5	6	7	8	9	10	11	12	13	14	15	16
		桃	纯林	28		28									
		厚朴	混交林	143	400	143	400								
		杜仲	纯林	408		408									
	天然	合计	合计	72471	145169	58834	103383	10213	24738	2678	13673	742	3232	4	143
			纯林	6987	12557	5602	9289	1302	3023	82	238	1	7		
			混交林	65484	132612	53232	94094	8911	21715	2596	13435	741	3225	4	143
		马尾松	合计	12125	36663	5630	11325	5189	15193	1302	10002			4	143
			纯林	1957	4227	1311	2146	646	2081						
			混交林	10168	32436	4319	9179	4543	13112	1302	10002			4	143
		杉木	合计	7273	15860	424	378	4739	8653	1371	3633	739	3196		
			纯林	1121	1544	383	367	655	932	82	238	1	7		
			混交林	6152	14316	41	11	4084	7721	1289	3395	738	3189		
		硬阔类	合计	53073	92646	52780	91680	285	892	5	38	3	36		
			纯林	3909	6786	3908	6776	1	10						
			混交林	49164	85860	48872	84904	284	882	5	38	3	36		
	人工	合计	合计	36365	76561	10218	5673	21559	53305	3807	13626	781	3957		
			纯林	19219	39567	5832	2190	11684	29402	1229	5281	474	2694		
			混交林	17146	36994	4386	3483	9875	23903	2578	8345	307	1263		
		马尾松	合计	5091	11860	729	46	2875	6759	1487	5055				
			纯林	1501	4615	170	37	930	2681	401	1897				
			混交林	3590	7245	559	9	1945	4078	1086	3158				
		杉木	合计	26491	62486	4708	3416	18682	46542	2320	8571	781	3957		
			纯林	14146	34525	2092	1730	10752	26717	828	3384	474	2694		
			混交林	12345	27961	2616	1686	7930	19825	1492	5187	307	1263		
		硬阔类	合计	1070	1392	1068	1388	2	4						
			纯林	2	4			2	4						
			混交林	1068	1388	1068	1388								
		板栗	纯林	3120	423	3120	423								
		杨梅	纯林	5		5									
		枇杷	纯林	4		4									

（续）

统计单位	起源	优势树种	乔木林	小计		幼龄林		中龄林		近熟林		成熟林		过熟林	
				面积	蓄积	面积	蓄积	面积	蓄积	面积	蓄积	面积	蓄积	面积	蓄积
1	2	3	4	5	6	7	8	9	10	11	12	13	14	15	16
		梨	纯林	5		5									
		桃	纯林	28		28									
		厚朴	混交林	143	400	143	400								
		杜仲	纯林	408		408									
石练镇	合计	合计	合计	117107	295536	52067	69160	38685	108063	16712	71004	9643	47309		
			纯林	59980	155437	20522	17119	24649	71427	9332	40991	5477	25900		
			混交林	57127	140099	31545	52041	14036	36636	7380	30013	4166	21409		
		马尾松	合计	12549	34945	3624	3471	4571	11670	3454	14441	900	5363		
			纯林	2839	9919	756	1033	1170	4183	787	3745	126	958		
			混交林	9710	25026	2868	2438	3401	7487	2667	10696	774	4405		
		杉木	合计	73660	208851	18758	17605	32963	93210	13258	56563	8681	41473		
			纯林	52402	142034	15060	12919	23478	67241	8545	37246	5319	24628		
			混交林	21258	66817	3698	4686	9485	25969	4713	19317	3362	16845		
		硬阔类	合计	26326	49112	25143	45615	1151	3183			32	314		
			纯林	652	1381	619	1064	1	3			32	314		
			混交林	25674	47731	24524	44551	1150	3180						
		软阔类	混交林	485	525	455	366					30	159		
		板栗	纯林	3684	1849	3684	1849								
		杨梅	纯林	19	19	19	19								
		李	纯林	5	7	5	7								
		桃	纯林	149		149									
		胡柚	纯林	4		4									
		椪柑	纯林	2		2									
		柿	纯林	2		2									
		青梅	纯林	126		126									
		厚朴	纯林	96	228	96	228								
	天然	合计	合计	38354	71156	30445	51372	5870	11910	1663	6030	376	1844		
			纯林	6593	12867	3459	4546	2325	4764	774	3227	35	330		
			混交林	31761	58289	26986	46826	3545	7146	889	2803	341	1514		
		马尾松	合计	5674	11605	2700	3083	2078	5091	896	3431				

（续）

统计单位	起源	优势树种	乔木林	小计		幼龄林		中龄林		近熟林		成熟林		过熟林	
				面积	蓄积	面积	蓄积	面积	蓄积	面积	蓄积	面积	蓄积	面积	蓄积
1	2	3	4	5	6	7	8	9	10	11	12	13	14	15	16
			纯林	1294	3874	715	1024	264	1117	315	1733				
			混交林	4380	7731	1985	2059	1814	3974	581	1698				
		杉木	合计	8410	14635	3554	3802	3745	6704	767	2599	344	1530		
			纯林	4648	7615	2125	2458	2061	3647	459	1494	3	16		
			混交林	3762	7020	1429	1344	1684	3057	308	1105	341	1514		
		硬阔类	合计	24270	44916	24191	44487	47	115			32	314		
			纯林	651	1378	619	1064					32	314		
			混交林	23619	43538	23572	43423	47	115						
	人工	合计	合计	78753	224380	21622	17788	32815	96153	15049	64974	9267	45465		
			纯林	53387	142570	17063	12573	22324	66663	8558	37764	5442	25570		
			混交林	25366	81810	4559	5215	10491	29490	6491	27210	3825	19895		
		马尾松	合计	6875	23340	924	388	2493	6579	2558	11010	900	5363		
			纯林	1545	6045	41	9	906	3066	472	2012	126	958		
			混交林	5330	17295	883	379	1587	3513	2086	8998	774	4405		
		杉木	合计	65250	194216	15204	13803	29218	86506	12491	53964	8337	39943		
			纯林	47754	134419	12935	10461	21417	63594	8086	35752	5316	24612		
			混交林	17496	59797	2269	3342	7801	22912	4405	18212	3021	15331		
		硬阔类	合计	2056	4196	952	1128	1104	3068						
			纯林	1	3			1	3						
			混交林	2055	4193	952	1128	1103	3065						
		软阔类	混交林	485	525	455	366					30	159		
		板栗	纯林	3684	1849	3684	1849								
		杨梅	纯林	19	19	19	19								
		李	纯林	5	7	5	7								
		桃	纯林	149		149									
		胡柚	纯林	4		4									
		椪柑	纯林	2		2									
		柿	纯林	2		2									
		青梅	纯林	126		126									
		厚朴	纯林	96	228	96	228								

（续）

统计单位	起源	优势树种	乔木林	小计		幼龄林		中龄林		近熟林		成熟林		过熟林	
				面积	蓄积	面积	蓄积	面积	蓄积	面积	蓄积	面积	蓄积	面积	蓄积
1	2	3	4	5	6	7	8	9	10	11	12	13	14	15	16
安口乡	合计	合计	合计	169889	594654	67219	89726	43370	145396	17557	82084	39154	259956	2589	17492
			纯林	41806	96965	18339	3981	12041	28004	3960	16587	7034	45945	432	2448
			混交林	128083	497689	48880	85745	31329	117392	13597	65497	32120	214011	2157	15044
		马尾松	合计	26236	163778	1026	1479	1279	3255	4664	27063	18863	129503	404	2478
			纯林	1158	6317	119	6	92	214	103	362	833	5641	11	94
			混交林	25078	157461	907	1473	1187	3041	4561	26701	18030	123862	393	2384
		杉木	合计	77133	240136	21520	886	22194	49556	11678	49325	19771	126903	1970	13466
			纯林	36560	79488	15830	690	10654	22344	3598	14971	6101	39418	377	2065
			混交林	40573	160648	5690	196	11540	27212	8080	34354	13670	87485	1593	11401
		柳杉	合计	1013	6642			194	834	158	869	458	3449	203	1490
			纯林	257	1730			88	377	45	293	92	829	32	231
			混交林	756	4912			106	457	113	576	366	2620	171	1259
		柏木	纯林	5	28			5	28						
		硬阔类	合计	65066	183560	44284	86986	19695	91720	1057	4827	30	27		
			纯林	3525	8909	2112	2910	1199	5038	214	961				
			混交林	61541	174651	42172	84076	18496	86682	843	3866	30	27		
		软阔类	合计	201	142	154	7	3	3			32	74	12	58
			纯林	66	125	43	7	3	3			8	57	12	58
			混交林	135	17	111						24	17		
		板栗	纯林	226	348	226	348								
		千年桐	纯林	2	5	2	5								
		厚朴	纯林	4	2	4	2								
		锥栗	纯林	3	13	3	13								
	天然	合计	合计	77979	259542	44552	87944	21950	95971	4467	26876	6757	47023	253	1728
			纯林	3889	10542	2126	2910	1363	5302	219	986	181	1344		
			混交林	74090	249000	42426	85034	20587	90669	4248	25890	6576	45679	253	1728
		马尾松	合计	10736	68873	337	1003	1021	2597	3118	20843	6126	43388	134	1042
			纯林	273	1565			92	214	5	25	176	1326		
			混交林	10463	67308	337	1003	929	2383	3113	20818	5950	42062	134	1042
		杉木	合计	2616	8149	29		1584	2611	307	1261	577	3591	119	686

（续）

统计单位	起源	优势树种	乔木林	小计		幼龄林		中龄林		近熟林		成熟林		过熟林	
				面积	蓄积	面积	蓄积	面积	蓄积	面积	蓄积	面积	蓄积	面积	蓄积
1	2	3	4	5	6	7	8	9	10	11	12	13	14	15	16
			纯林	91	68	14		72	50			5	18		
			混交林	2525	8081	15		1512	2561	307	1261	572	3573	119	686
		硬阔类	合计	64603	182503	44186	86941	19345	90763	1042	4772	30	27		
			纯林	3525	8909	2112	2910	1199	5038	214	961				
			混交林	61078	173594	42074	84031	18146	85725	828	3811	30	27		
		软阔类	混交林	24	17							24	17		
	人工	合计	合计	91910	335112	22667	1782	21420	49425	13090	55208	32397	212933	2336	15764
			纯林	37917	86423	16213	1071	10678	22702	3741	15601	6853	44601	432	2448
			混交林	53993	248689	6454	711	10742	26723	9349	39607	25544	168332	1904	13316
		马尾松	合计	15500	94905	689	476	258	658	1546	6220	12737	86115	270	1436
			纯林	885	4752	119	6			98	337	657	4315	11	94
			混交林	14615	90153	570	470	258	658	1448	5883	12080	81800	259	1342
		杉木	合计	74517	231987	21491	886	20610	46945	11371	48064	19194	123312	1851	12780
			纯林	36469	79420	15816	690	10582	22294	3598	14971	6096	39400	377	2065
			混交林	38048	152567	5675	196	10028	24651	7773	33093	13098	83912	1474	10715
		柳杉	合计	1013	6642			194	834	158	869	458	3449	203	1490
			纯林	257	1730			88	377	45	293	92	829	32	231
			混交林	756	4912			106	457	113	576	366	2620	171	1259
		柏木	纯林	5	28			5	28						
		硬阔类	混交林	463	1057	98	45	350	957	15	55				
		软阔类	合计	177	125	154	7	3	3			8	57	12	58
			纯林	66	125	43	7	3	3			8	57	12	58
			混交林	111		111									
		板栗	纯林	226	348	226	348								
		千年桐	纯林	2	5	2	5								
		厚朴	纯林	4	2	4	2								
		锥栗	纯林	3	13	3	13								
妙高镇	合计	合计	合计	179674	396379	81464	99578	51800	138453	38891	127365	7293	29706	226	1277
			纯林	89733	220176	28233	31878	30303	80522	25883	86729	5134	20259	180	788
			混交林	89941	176203	53231	67700	21497	57931	13008	40636	2159	9447	46	489

（续）

统计单位	起源	优势树种	乔木林	小计		幼龄林		中龄林		近熟林		成熟林		过熟林	
				面积	蓄积	面积	蓄积	面积	蓄积	面积	蓄积	面积	蓄积	面积	蓄积
1	2	3	4	5	6	7	8	9	10	11	12	13	14	15	16
		马尾松	合计	67111	190007	9338	8831	31212	91089	23202	76094	3210	13336	149	657
			纯林	41415	121227	5591	5734	15866	45867	17203	58570	2606	10399	149	657
			混交林	25696	68780	3747	3097	15346	45222	5999	17524	604	2937		
		杉木	合计	45032	113246	5521	848	19811	45251	15602	50748	4070	16295	28	104
			纯林	29491	72817	3921	584	14411	34543	8613	27774	2518	9812	28	104
			混交林	15541	40429	1600	264	5400	10708	6989	22974	1552	6483		
		柳杉	纯林	1	5			1	5						
		柏木	纯林	101		101									
		硬阔类	合计	62589	90579	61673	87363	776	2108	78	517	13	75	49	516
			纯林	13885	23585	13789	23024	25	107	58	379	10	48	3	27
			混交林	48704	66994	47884	64339	751	2001	20	138	3	27	46	489
		软阔类	纯林	24	9	15	3			9	6				
		板栗	纯林	2750	2406	2750	2406								
		杨梅	纯林	455	1	455	1								
		枇杷	纯林	131		131									
		李	纯林	470		470									
		梨	纯林	296	63	296	63								
		桃	纯林	234	23	234	23								
		胡柚	纯林	93		93									
		枣	纯林	53		53									
		柿	纯林	6		6									
		青梅	纯林	233		233									
		厚朴	纯林	90	25	90	25								
		杜仲	纯林	5	15	5	15								
	天然	合计	合计	97958	220716	61910	95392	26987	86139	8481	36474	541	2286	39	425
			纯林	36558	96377	17616	28573	13337	42471	5355	24364	250	969		
			混交林	61400	124339	44294	66819	13650	43668	3126	12110	291	1317	39	425
		马尾松	合计	38438	122523	5753	8449	26027	83418	6643	30523	15	133		
			纯林	21503	70628	3484	5547	12905	41289	5102	23679	12	113		
			混交林	16935	51895	2269	2902	13122	42129	1541	6844	3	20		

（续）

统计单位	起源	优势树种	乔木林	小计		幼龄林		中龄林		近熟林		成熟林		过熟林	
				面积	蓄积	面积	蓄积	面积	蓄积	面积	蓄积	面积	蓄积	面积	蓄积
1	2	3	4	5	6	7	8	9	10	11	12	13	14	15	16
		杉木	合计	3585	9069	639		660	1482	1760	5434	526	2153		
			纯林	1260	2258	417		410	1096	195	306	238	856		
			混交林	2325	6811	222		250	386	1565	5128	288	1297		
		硬阔类	合计	55933	89122	55516	86941	300	1239	78	517			39	425
			纯林	13793	23489	13713	23024	22	86	58	379				
			混交林	42140	65633	41803	63917	278	1153	20	138			39	425
		板栗	纯林	2	2	2	2								
	人工	合计	合计	81716	175663	19554	4186	24813	52314	30410	90891	6752	27420	187	852
			纯林	53175	123799	10617	3305	16966	38051	20528	62365	4884	19290	180	788
			混交林	28541	51864	8937	881	7847	14263	9882	28526	1868	8130	7	64
		马尾松	合计	28673	67484	3585	382	5185	7671	16559	45571	3195	13203	149	657
			纯林	19912	50599	2107	187	2961	4578	12101	34891	2594	10286	149	657
			混交林	8761	16885	1478	195	2224	3093	4458	10680	601	2917		
		杉木	合计	41447	104177	4882	848	19151	43769	13842	45314	3544	14142	28	104
			纯林	28231	70559	3504	584	14001	33447	8418	27468	2280	8956	28	104
			混交林	13216	33618	1378	264	5150	10322	5424	17846	1264	5186		
		柳杉	纯林	1	5			1	5						
		柏木	纯林	101		101									
		硬阔类	合计	6656	1457	6157	422	476	869			13	75	10	91
			纯林	92	96	76		3	21			10	48	3	27
			混交林	6564	1361	6081	422	473	848			3	27	7	64
		软阔类	纯林	24	9	15	3			9	6				
		板栗	纯林	2748	2404	2748	2404								
		杨梅	纯林	455	1	455	1								
		枇杷	纯林	131		131									
		李	纯林	470		470									
		梨	纯林	296	63	296	63								
		桃	纯林	234	23	234	23								
		胡柚	纯林	93		93									
		枣	纯林	53		53									

（续）

统计单位	起源	优势树种	乔木林	小计		幼龄林		中龄林		近熟林		成熟林		过熟林	
				面积	蓄积	面积	蓄积	面积	蓄积	面积	蓄积	面积	蓄积	面积	蓄积
1	2	3	4	5	6	7	8	9	10	11	12	13	14	15	16
		柿	纯林	6		6									
		青梅	纯林	233		233									
		厚朴	纯林	90	25	90	25								
		杜仲	纯林	5	15	5	15								
云峰镇	合计	合计	合计	197834	335825	108597	118945	65123	138220	18081	54760	5474	21171	559	2729
			纯林	135577	230878	73150	76604	44503	94325	13785	42167	3849	15827	290	1955
			混交林	62257	104947	35447	42341	20620	43895	4296	12593	1625	5344	269	774
		马尾松	合计	46754	85081	18037	18688	22931	47301	5227	16555	559	2537		
			纯林	31192	55729	12482	13342	14945	30126	3623	11482	142	779		
			混交林	15562	29352	5555	5346	7986	17175	1604	5073	417	1758		
		杉木	合计	51528	118330	6988	3672	26800	56589	12414	36912	4897	18620	429	2537
			纯林	41167	95948	6241	3612	21104	45716	9846	29645	3689	15034	287	1941
			混交林	10361	22382	747	60	5696	10873	2568	7267	1208	3586	142	596
		柳杉	合计	128	537			21	92	107	445				
			纯林	119	496			14	58	105	438				
			混交林	9	41			7	34	2	7				
		硬阔类	合计	96948	131316	81249	96237	15366	34231	333	848				
			纯林	60750	78322	52104	59302	8435	18418	211	602				
			混交林	36198	52994	29145	36935	6931	15813	122	246				
		软阔类	合计	401	298	251	99	5	7			18	14	127	178
			纯林	274	120	251	99	5	7			18	14		
			混交林	127	178									127	178
		板栗	纯林	644	125	644	125								
		香榧	纯林	3	14									3	14
		杨梅	纯林	28		28									
		枇杷	纯林	2		2									
		李	纯林	213	38	213	38								
		梨	纯林	343	44	343	44								
		桃	纯林	203	7	203	7								
		胡柚	纯林	85		85									

（续）

统计单位	起源	优势树种	乔木林	小计		幼龄林		中龄林		近熟林		成熟林		过熟林	
				面积	蓄积	面积	蓄积	面积	蓄积	面积	蓄积	面积	蓄积	面积	蓄积
1	2	3	4	5	6	7	8	9	10	11	12	13	14	15	16
		椪柑	纯林	40		40									
		青梅	纯林	513	35	513	35								
		杜仲	纯林	1		1									
	天然	合计	合计	137925	198527	99346	114388	33565	70878	3167	8063	1578	4424	269	774
			纯林	85009	113608	65426	72435	17790	36818	1202	2779	591	1576		
			混交林	52916	84919	33920	41953	15775	34060	1965	5284	987	2848	269	774
		马尾松	合计	29325	51816	15139	17608	12834	29391	1090	3586	262	1231		
			纯林	17099	27354	10662	12590	6248	14420	189	344				
			混交林	12226	24462	4477	5018	6586	14971	901	3242	262	1231		
		杉木	合计	12766	16149	3749	736	5708	7756	1866	3875	1301	3186	142	596
			纯林	8171	8517	3415	736	3378	4379	802	1833	576	1569		
			混交林	4595	7632	334		2330	3377	1064	2042	725	1617	142	596
		硬阔类	合计	95692	130377	80458	96044	15023	33731	211	602				
			纯林	59724	77730	51349	59109	8164	18019	211	602				
			混交林	35968	52647	29109	36935	6859	15712						
		软阔类	合计	142	185							15	7	127	178
			纯林	15	7							15	7		
			混交林	127	178									127	178
	人工	合计	合计	59909	137298	9251	4557	31558	67342	14914	46697	3896	16747	290	1955
			纯林	50568	117270	7724	4169	26713	57507	12583	39388	3258	14251	290	1955
			混交林	9341	20028	1527	388	4845	9835	2331	7309	638	2496		
		马尾松	合计	17429	33265	2898	1080	10097	17910	4137	12969	297	1306		
			纯林	14093	28375	1820	752	8697	15706	3434	11138	142	779		
			混交林	3336	4890	1078	328	1400	2204	703	1831	155	527		
		杉木	合计	38762	102181	3239	2936	21092	48833	10548	33037	3596	15434	287	1941
			纯林	32996	87431	2826	2876	17726	41337	9044	27812	3113	13465	287	1941
			混交林	5766	14750	413	60	3366	7496	1504	5225	483	1969		
		柳杉	合计	128	537			21	92	107	445				
			纯林	119	496			14	58	105	438				
			混交林	9	41			7	34	2	7				

（续）

统计单位	起源	优势树种	乔木林	小计		幼龄林		中龄林		近熟林		成熟林		过熟林	
				面积	蓄积	面积	蓄积	面积	蓄积	面积	蓄积	面积	蓄积	面积	蓄积
1	2	3	4	5	6	7	8	9	10	11	12	13	14	15	16
		硬阔类	合计	1256	939	791	193	343	500	122	246				
			纯林	1026	592	755	193	271	399						
			混交林	230	347	36		72	101	122	246				
		软阔类	纯林	259	113	251	99	5	7			3	7		
		板栗	纯林	644	125	644	125								
		香榧	纯林	3	14									3	14
		杨梅	纯林	28		28									
		枇杷	纯林	2		2									
		李	纯林	213	38	213	38								
		梨	纯林	343	44	343	44								
		桃	纯林	203	7	203	7								
		胡柚	纯林	85		85									
		椪柑	纯林	40		40									
		青梅	纯林	513	35	513	35								
		杜仲	纯林	1		1									
三仁乡	合计	合计	合计	51919	127323	27534	35444	13297	38136	9556	45718	1532	8025		
			纯林	22053	73414	2852	1812	10753	30534	7205	34932	1243	6136		
			混交林	29866	53909	24682	33632	2544	7602	2351	10786	289	1889		
		马尾松	合计	4763	18208	344	194	1875	6330	2386	10638	158	1046		
			纯林	2361	9348	344	194	710	2289	1149	5819	158	1046		
			混交林	2402	8860			1165	4041	1237	4819				
		湿地松	纯林	4		4									
		杉木	合计	21400	73142	1923	643	10933	30440	7170	35080	1374	6979		
			纯林	18742	63091	1558	643	10043	28245	6056	29113	1085	5090		
			混交林	2658	10051	365		890	2195	1114	5967	289	1889		
		硬阔类	合计	25428	35911	24939	34545	489	1366						
			纯林	622	913	622	913								
			混交林	24806	34998	24317	33632	489	1366						
		软阔类	纯林	1		1									
		板栗	纯林	302	56	302	56								

（续）

统计单位	起源	优势树种	乔木林	小计		幼龄林		中龄林		近熟林		成熟林		过熟林	
				面积	蓄积	面积	蓄积	面积	蓄积	面积	蓄积	面积	蓄积	面积	蓄积
1	2	3	4	5	6	7	8	9	10	11	12	13	14	15	16
		杨梅	纯林	16	6	16	6								
		李	纯林	3		3									
		胡柚	纯林	2		2									
	天然	合计	合计	27443	41443	25256	34600	1579	4241	542	2197	66	405		
			纯林	1195	1444	829	968	366	476						
			混交林	26248	39999	24427	33632	1213	3765	542	2197	66	405		
		马尾松	合计	1192	3304	195	35	613	2210	384	1059				
			纯林	195	35	195	35								
			混交林	997	3269			613	2210	384	1059				
		杉木	合计	1138	2759	125	20	789	1196	158	1138	66	405		
			纯林	381	496	15	20	366	476						
			混交林	757	2263	110		423	720	158	1138	66	405		
		硬阔类	合计	25113	35380	24936	34545	177	835						
			纯林	619	913	619	913								
			混交林	24494	34467	24317	33632	177	835						
	人工	合计	合计	24476	85880	2278	844	11718	33895	9014	43521	1466	7620		
			纯林	20858	71970	2023	844	10387	30058	7205	34932	1243	6136		
			混交林	3618	13910	255		1331	3837	1809	8589	223	1484		
		马尾松	合计	3571	14904	149	159	1262	4120	2002	9579	158	1046		
			纯林	2166	9313	149	159	710	2289	1149	5819	158	1046		
			混交林	1405	5591			552	1831	853	3760				
		湿地松	纯林	4		4									
		杉木	合计	20262	70383	1798	623	10144	29244	7012	33942	1308	6574		
			纯林	18361	62595	1543	623	9677	27769	6056	29113	1085	5090		
			混交林	1901	7788	255		467	1475	956	4829	223	1484		
		硬阔类	合计	315	531	3		312	531						
			纯林	3		3									
			混交林	312	531			312	531						
		软阔类	纯林	1		1									
		板栗	纯林	302	56	302	56								

（续）

统计单位	起源	优势树种	乔木林	小计		幼龄林		中龄林		近熟林		成熟林		过熟林	
				面积	蓄积	面积	蓄积	面积	蓄积	面积	蓄积	面积	蓄积	面积	蓄积
1	2	3	4	5	6	7	8	9	10	11	12	13	14	15	16
		杨梅	纯林	16	6	16	6								
		李	纯林	3		3									
		胡柚	纯林	2		2									
濂竹乡	合计	合计	合计	59547	132153	26327	26967	22451	62668	7468	27731	3051	13783	250	1004
			纯林	30275	81543	9094	9159	14131	42794	4580	17770	2424	11208	46	612
			混交林	29272	50610	17233	17808	8320	19874	2888	9961	627	2575	204	392
		马尾松	合计	23405	61587	8496	11709	8156	24006	5705	21175	1002	4085	46	612
			纯林	13394	38488	4846	7522	5047	16362	2949	11892	506	2100	46	612
			混交林	10011	23099	3650	4187	3109	7644	2756	9283	496	1985		
		杉木	合计	21134	54297	3582	1864	13711	37083	1711	6385	1940	8699	190	266
			纯林	14883	41747	2394	1379	9039	26250	1631	5878	1819	8240		
			混交林	6251	12550	1188	485	4672	10833	80	507	121	459	190	266
		柳杉	纯林	32	174			24	127			8	47		
		硬阔类	合计	13062	15837	12335	13136	560	1452	52	171	101	952	14	126
			纯林	125	876	13		21	55			91	821		
			混交林	12937	14961	12322	13136	539	1397	52	171	10	131	14	126
		软阔类	纯林	12		12									
		板栗	合计	1668	258	1668	258								
			纯林	1629	258	1629	258								
			混交林	39		39									
		李	纯林	50		50									
		梨	合计	174		174									
			纯林	140		140									
			混交林	34		34									
		桃	纯林	5		5									
		青梅	纯林	5		5									
	天然	合计	合计	18939	36631	15087	21603	2864	10690	488	2176	264	1284	236	878
			纯林	3439	12706	2055	5607	1239	5627			99	860	46	612
			混交林	15500	23925	13032	15996	1625	5063	488	2176	165	424	190	266
		马尾松	合计	6270	20513	3492	8589	2140	9003	436	2005	156	304	46	612

（续）

统计单位	起源	优势树种	乔木林	小计		幼龄林		中龄林		近熟林		成熟林		过熟林	
				面积	蓄积	面积	蓄积	面积	蓄积	面积	蓄积	面积	蓄积	面积	蓄积
1	2	3	4	5	6	7	8	9	10	11	12	13	14	15	16
			纯林	3296	11756	2042	5607	1207	5526			1	11	46	612
			混交林	2974	8757	1450	2982	933	3477	436	2005	155	293		
		杉木	合计	380	541			183	247			7	28	190	266
			纯林	33	75			26	47			7	28		
			混交林	347	466			157	200					190	266
		硬阔类	合计	12289	15577	11595	13014	541	1440	52	171	101	952		
			纯林	110	875	13		6	54			91	821		
			混交林	12179	14702	11582	13014	535	1386	52	171	10	131		
	人工	合计	合计	40608	95522	11240	5364	19587	51978	6980	25555	2787	12499	14	126
			纯林	26836	68837	7039	3552	12892	37167	4580	17770	2325	10348		
			混交林	13772	26685	4201	1812	6695	14811	2400	7785	462	2151	14	126
		马尾松	合计	17135	41074	5004	3120	6016	15003	5269	19170	846	3781		
			纯林	10098	26732	2804	1915	3840	10836	2949	11892	505	2089		
			混交林	7037	14342	2200	1205	2176	4167	2320	7278	341	1692		
		杉木	合计	20754	53756	3582	1864	13528	36836	1711	6385	1933	8671		
			纯林	14850	41672	2394	1379	9013	26203	1631	5878	1812	8212		
			混交林	5904	12084	1188	485	4515	10633	80	507	121	459		
		柳杉	纯林	32	174			24	127			8	47		
		硬阔类	合计	773	260	740	122	19	12					14	126
			纯林	15	1			15	1						
			混交林	758	259	740	122	4	11					14	126
		软阔类	纯林	12		12									
		板栗	合计	1668	258	1668	258								
			纯林	1629	258	1629	258								
			混交林	39		39									
		李	纯林	50		50									
		梨	合计	174		174									
			纯林	140		140									
			混交林	34		34									
		桃	纯林	5		5									

（续）

统计单位	起源	优势树种	乔木林	小计		幼龄林		中龄林		近熟林		成熟林		过熟林	
				面积	蓄积	面积	蓄积	面积	蓄积	面积	蓄积	面积	蓄积	面积	蓄积
1	2	3	4	5	6	7	8	9	10	11	12	13	14	15	16
		青梅	纯林	5		5									
北界镇	合计	合计	合计	92619	192783	45234	57318	40673	106976	4091	15245	2621	13244		
			纯林	53249	129775	14331	17402	32262	84191	4051	15008	2605	13174		
			混交林	39370	63008	30903	39916	8411	22785	40	237	16	70		
		马尾松	合计	3984	12536	733	1490	2378	7822	863	3169	10	55		
			纯林	2780	9007	385	821	1539	5040	846	3091	10	55		
			混交林	1204	3529	348	669	839	2782	17	78				
		杉木	合计	56959	140325	13084	16450	38043	98683	3223	12010	2609	13182		
			纯林	48910	120189	12390	16014	30720	79139	3205	11917	2595	13119		
			混交林	8049	20136	694	436	7323	19544	18	93	14	63		
		柳杉	纯林	3	12			3	12						
		硬阔类	合计	30467	39567	30213	39042	249	459	5	66				
			纯林	352	231	352	231								
			混交林	30115	39336	29861	38811	249	459	5	66				
		软阔类	合计	85	14	83	7					2	7		
			纯林	83	7	83	7								
			混交林	2	7							2	7		
		板栗	纯林	978	328	978	328								
		杨梅	纯林	56		56									
		李	纯林	25	1	25	1								
		桃	纯林	3		3									
		枣	纯林	59		59									
	天然	合计	合计	34139	44469	30882	39788	3153	4159	18	144	86	378		
			纯林	2196	1986	620	415	1490	1193			86	378		
			混交林	31943	42483	30262	39373	1663	2966	18	144				
		马尾松	合计	356	748	328	563	28	185						
			纯林	69	90	69	90								
			混交林	287	658	259	473	28	185						
		杉木	合计	3778	4643	678	397	3001	3790	13	78	86	378		
			纯林	1774	1665	198	94	1490	1193			86	378		

（续）

统计单位	起源	优势树种	乔木林	小计		幼龄林		中龄林		近熟林		成熟林		过熟林	
				面积	蓄积	面积	蓄积	面积	蓄积	面积	蓄积	面积	蓄积	面积	蓄积
1	2	3	4	5	6	7	8	9	10	11	12	13	14	15	16
			混交林	2004	2978	480	303	1511	2597	13	78				
		硬阔类	合计	30004	39078	29875	38828	124	184	5	66				
			纯林	352	231	352	231								
			混交林	29652	38847	29523	38597	124	184	5	66				
		板栗	纯林	1		1									
	人工	合计	合计	58480	148314	14352	17530	37520	102817	4073	15101	2535	12866		
			纯林	51053	127789	13711	16987	30772	82998	4051	15008	2519	12796		
			混交林	7427	20525	641	543	6748	19819	22	93	16	70		
		马尾松	合计	3628	11788	405	927	2350	7637	863	3169	10	55		
			纯林	2711	8917	316	731	1539	5040	846	3091	10	55		
			混交林	917	2871	89	196	811	2597	17	78				
		杉木	合计	53181	135682	12406	16053	35042	94893	3210	11932	2523	12804		
			纯林	47136	118524	12192	15920	29230	77946	3205	11917	2509	12741		
			混交林	6045	17158	214	133	5812	16947	5	15	14	63		
		柳杉	纯林	3	12			3	12						
		硬阔类	混交林	463	489	338	214	125	275						
		软阔类	合计	85	14	83	7					2	7		
			纯林	83	7	83	7								
			混交林	2	7							2	7		
		板栗	纯林	977	328	977	328								
		杨梅	纯林	56		56									
		李	纯林	25	1	25	1								
		桃	纯林	3		3									
		枣	纯林	59		59									
新路湾镇	合计	合计	合计	148852	379450	38827	29706	59181	138249	37617	146777	11959	57817	1268	6901
			纯林	93710	264400	15596	9231	39929	97152	27964	109534	9519	45238	702	3245
			混交林	55142	115050	23231	20475	19252	41097	9653	37243	2440	12579	566	3656
		马尾松	合计	19793	37493	7772	5143	8326	15441	2400	9609	1253	6911	42	389
			纯林	7384	13299	3120	1188	2897	5644	909	3933	456	2517	2	17
			混交林	12409	24194	4652	3955	5429	9797	1491	5676	797	4394	40	372

（续）

统计单位	起源	优势树种	乔木林	小计		幼龄林		中龄林		近熟林		成熟林		过熟林	
				面积	蓄积	面积	蓄积	面积	蓄积	面积	蓄积	面积	蓄积	面积	蓄积
1	2	3	4	5	6	7	8	9	10	11	12	13	14	15	16
		杉木	合计	104535	303248	12324	7572	48131	115143	32621	126794	10552	49421	907	4318
			纯林	83186	248620	9507	6372	36924	91159	27031	105441	9028	42469	696	3179
			混交林	21349	54628	2817	1200	11207	23984	5590	21353	1524	6952	211	1139
		柳杉	合计	117	731	2	2	52	268	24	160	35	252	4	49
			纯林	115	723	2	2	50	260	24	160	35	252	4	49
			混交林	2	8			2	8						
		硬阔类	合计	21704	36502	16098	15540	2605	7379	2572	10214	119	1233	310	2136
			纯林	639	300	607	229	32	71						
			混交林	21065	36202	15491	15311	2573	7308	2572	10214	119	1233	310	2136
		软阔类	合计	262	27	190		67	18					5	9
			纯林	55	18	29		26	18						
			混交林	207	9	161		41						5	9
		板栗	合计	825	160	825	160								
			纯林	766	160	766	160								
			混交林	59		59									
		香榧	纯林	4		4									
		杨梅	合计	50	5	50	5								
			纯林	48	5	48	5								
			混交林	2		2									
		李	合计	20	2	20	2								
			纯林	15	2	15	2								
			混交林	5		5									
		梨	合计	71	2	71	2								
			纯林	69	2	69	2								
			混交林	2		2									
		桃	合计	90		90									
			纯林	64		64									
			混交林	26		26									
		柿	纯林	5	1	5	1								
		青梅	纯林	3		3									

（续）

统计单位	起源	优势树种	乔木林	小计		幼龄林		中龄林		近熟林		成熟林		过熟林	
				面积	蓄积	面积	蓄积	面积	蓄积	面积	蓄积	面积	蓄积	面积	蓄积
1	2	3	4	5	6	7	8	9	10	11	12	13	14	15	16
		厚朴	合计	1371	1273	1371	1273								
			纯林	1355	1264	1355	1264								
			混交林	16	9	16	9								
		杜仲	纯林	2	6	2	6								
	天然	合计	合计	31944	52075	21601	19928	6688	15302	2998	12181	325	2240	332	2424
			纯林	5290	6578	2902	1503	2200	4175	182	834			6	66
			混交林	26654	45497	18699	18425	4488	11127	2816	11347	325	2240	326	2358
		马尾松	合计	7477	12888	4887	4469	1964	5238	408	1920	176	872	42	389
			纯林	2666	4020	1684	954	818	2276	162	773			2	17
			混交林	4811	8868	3203	3515	1146	2962	246	1147	176	872	40	372
		杉木	合计	3908	4435	1304	569	2554	3670	20	61	30	135		
			纯林	1976	2209	619	320	1337	1828	20	61				
			混交林	1932	2226	685	249	1217	1842			30	135		
		柳杉	纯林	4	49									4	49
		硬阔类	合计	20533	34694	15406	14890	2157	6394	2570	10200	119	1233	281	1977
			纯林	627	300	595	229	32	71						
			混交林	19906	34394	14811	14661	2125	6323	2570	10200	119	1233	281	1977
		软阔类	合计	18	9			13						5	9
			纯林	13				13							
			混交林	5	9									5	9
		板栗	纯林	4		4									
	人工	合计	合计	116908	327375	17226	9778	52493	122947	34619	134596	11634	55577	936	4477
			纯林	88420	257822	12694	7728	37729	92977	27782	108700	9519	45238	696	3179
			混交林	28488	69553	4532	2050	14764	29970	6837	25896	2115	10339	240	1298
		马尾松	合计	12316	24605	2885	674	6362	10203	1992	7689	1077	6039		
			纯林	4718	9279	1436	234	2079	3368	747	3160	456	2517		
			混交林	7598	15326	1449	440	4283	6835	1245	4529	621	3522		
		杉木	合计	100627	298813	11020	7003	45577	111473	32601	126733	10522	49286	907	4318
			纯林	81210	246411	8888	6052	35587	89331	27011	105380	9028	42469	696	3179
			混交林	19417	52402	2132	951	9990	22142	5590	21353	1494	6817	211	1139

（续）

统计单位	起源	优势树种	乔木林	小计		幼龄林		中龄林		近熟林		成熟林		过熟林	
				面积	蓄积	面积	蓄积	面积	蓄积	面积	蓄积	面积	蓄积	面积	蓄积
1	2	3	4	5	6	7	8	9	10	11	12	13	14	15	16
		柳杉	合计	113	682	2	2	52	268	24	160	35	252		
			纯林	111	674	2	2	50	260	24	160	35	252		
			混交林	2	8			2	8						
		硬阔类	合计	1171	1808	692	650	448	985	2	14			29	159
			纯林	12		12									
			混交林	1159	1808	680	650	448	985	2	14			29	159
		软阔类	合计	244	18	190		54	18						
			纯林	42	18	29		13	18						
			混交林	202		161		41							
		板栗	合计	821	160	821	160								
			纯林	762	160	762	160								
			混交林	59		59									
		香榧	纯林	4		4									
		杨梅	合计	50	5	50	5								
			纯林	48	5	48	5								
			混交林	2		2									
		李	合计	20	2	20	2								
			纯林	15	2	15	2								
			混交林	5		5									
		梨	合计	71	2	71	2								
			纯林	69	2	69	2								
			混交林	2		2									
		桃	合计	90		90									
			纯林	64		64									
			混交林	26		26									
		柿	纯林	5	1	5	1								
		青梅	纯林	3		3									
		厚朴	合计	1371	1273	1371	1273								
			纯林	1355	1264	1355	1264								
			混交林	16	9	16	9								

（续）

统计单位	起源	优势树种	乔木林	小计		幼龄林		中龄林		近熟林		成熟林		过熟林	
				面积	蓄积	面积	蓄积	面积	蓄积	面积	蓄积	面积	蓄积	面积	蓄积
1	2	3	4	5	6	7	8	9	10	11	12	13	14	15	16
		杜仲	纯林	2	6	2	6								
应村乡	合计	合计	合计	49855	119840	20023	28401	25313	74347	3364	12834	1151	4232	4	26
			纯林	30597	82259	5576	6392	21339	61696	3037	11493	641	2652	4	26
			混交林	19258	37581	14447	22009	3974	12651	327	1341	510	1580		
		马尾松	合计	5351	13560	2611	4982	1921	5305	791	3116	28	157		
			纯林	3802	9871	1396	2398	1787	4860	591	2456	28	157		
			混交林	1549	3689	1215	2584	134	445	200	660				
		杉木	合计	28506	79233	2827	2837	22075	63292	2494	9144	1106	3934	4	26
			纯林	25237	70840	2669	2715	19544	56826	2424	8919	596	2354	4	26
			混交林	3269	8393	158	122	2531	6466	70	225	510	1580		
		柳杉	纯林	29	223			3	10	13	91	13	122		
		柏木	合计	428	1684	119	417	309	1267						
			纯林	119	417	119	417								
			混交林	309	1267			309	1267						
		硬阔类	合计	14302	24301	13245	19372	1000	4473	57	456				
			纯林	171	69	171	69								
			混交林	14131	24232	13074	19303	1000	4473	57	456				
		软阔类	纯林	21	46	3		5		9	27	4	19		
		板栗	纯林	496		496									
		银杏	纯林	58		58									
		杨梅	纯林	106		106									
		桃	纯林	10		10									
		青梅	纯林	5		5									
		厚朴	纯林	543	793	543	793								
	天然	合计	合计	39357	89739	17800	26649	18865	53397	1681	6040	1011	3653		
			纯林	20699	54201	3359	4640	15400	42593	1354	4699	586	2269		
			混交林	18658	35538	14441	22009	3465	10804	327	1341	425	1384		
		马尾松	合计	4285	10430	2596	4966	904	2359	777	3046	8	59		
			纯林	2736	6741	1381	2382	770	1914	577	2386	8	59		
			混交林	1549	3689	1215	2584	134	445	200	660				

（续）

统计单位	起源	优势树种	乔木林	小计		幼龄林		中龄林		近熟林		成熟林		过熟林	
				面积	蓄积	面积	蓄积	面积	蓄积	面积	蓄积	面积	蓄积	面积	蓄积
1	2	3	4	5	6	7	8	9	10	11	12	13	14	15	16
		杉木	合计	20735	55008	1924	2311	16961	46565	847	2538	1003	3594		
			纯林	17751	47391	1766	2189	14630	40679	777	2313	578	2210		
			混交林	2984	7617	158	122	2331	5886	70	225	425	1384		
		硬阔类	合计	14296	24301	13239	19372	1000	4473	57	456				
			纯林	171	69	171	69								
			混交林	14125	24232	13068	19303	1000	4473	57	456				
		软阔类	纯林	3		3									
		厚朴	纯林	38		38									
	人工	合计	合计	10498	30101	2223	1752	6448	20950	1683	6794	140	579	4	26
			纯林	9898	28058	2217	1752	5939	19103	1683	6794	55	383	4	26
			混交林	600	2043	6		509	1847			85	196		
		马尾松	纯林	1066	3130	15	16	1017	2946	14	70	20	98		
		杉木	合计	7771	24225	903	526	5114	16727	1647	6606	103	340	4	26
			纯林	7486	23449	903	526	4914	16147	1647	6606	18	144	4	26
			混交林	285	776			200	580			85	196		
		柳杉	纯林	29	223			3	10	13	91	13	122		
		柏木	合计	428	1684	119	417	309	1267						
			纯林	119	417	119	417								
			混交林	309	1267			309	1267						
		硬阔类	混交林	6		6									
		软阔类	纯林	18	46			5		9	27	4	19		
		板栗	纯林	496		496									
		银杏	纯林	58		58									
		杨梅	纯林	106		106									
		桃	纯林	10		10									
		青梅	纯林	5		5									
		厚朴	纯林	505	793	505	793								
高坪乡	合计	合计	合计	33512	96188	3640	1556	10469	22454	12404	43720	6999	28458		
			纯林	19479	58000	1655	676	6117	13482	6937	23700	4770	20142		
			混交林	14033	38188	1985	880	4352	8972	5467	20020	2229	8316		

（续）

统计单位	起源	优势树种	乔木林	小计		幼龄林		中龄林		近熟林		成熟林		过熟林	
				面积	蓄积	面积	蓄积	面积	蓄积	面积	蓄积	面积	蓄积	面积	蓄积
1	2	3	4	5	6	7	8	9	10	11	12	13	14	15	16
		马尾松	合计	11395	32525	1314	562	4737	7333	3619	16191	1725	8439		
			纯林	6293	16656	1139	444	2855	4537	1152	5700	1147	5975		
			混交林	5102	15869	175	118	1882	2796	2467	10491	578	2464		
		杉木	合计	20563	63273	831	712	5710	15093	8777	27527	5245	19941		
			纯林	13038	41227	427	223	3240	8917	5777	17998	3594	14089		
			混交林	7525	22046	404	489	2470	6176	3000	9529	1651	5852		
		柳杉	纯林	52	108			22	28	1	2	29	78		
		硬阔类	合计	1488	273	1481	273			7					
			纯林	82		75				7					
			混交林	1406	273	1406	273								
		板栗	纯林	11	8	11	8								
		李	纯林	1		1									
		梨	纯林	1	1	1	1								
		桃	纯林	1		1									
	天然	合计	合计	3918	4731	1533	850	1601	1942	278	528	506	1411		
			纯林	1112	1460	298	248	563	711	141	295	110	206		
			混交林	2806	3271	1235	602	1038	1231	137	233	396	1205		
		马尾松	合计	1565	1724	260	248	1302	1463			3	13		
			纯林	515	538	223	248	289	277			3	13		
			混交林	1050	1186	37		1013	1186						
		杉木	合计	1255	2734	175	329	299	479	278	528	503	1398		
			纯林	522	922			274	434	141	295	107	193		
			混交林	733	1812	175	329	25	45	137	233	396	1205		
		硬阔类	合计	1098	273	1098	273								
			纯林	75		75									
			混交林	1023	273	1023	273								
	人工	合计	合计	29594	91457	2107	706	8868	20512	12126	43192	6493	27047		
			纯林	18367	56540	1357	428	5554	12771	6796	23405	4660	19936		
			混交林	11227	34917	750	278	3314	7741	5330	19787	1833	7111		
		马尾松	合计	9830	30801	1054	314	3435	5870	3619	16191	1722	8426		

（续）

统计单位	起源	优势树种	乔木林	小计		幼龄林		中龄林		近熟林		成熟林		过熟林	
				面积	蓄积	面积	蓄积	面积	蓄积	面积	蓄积	面积	蓄积	面积	蓄积
1	2	3	4	5	6	7	8	9	10	11	12	13	14	15	16
			纯林	5778	16118	916	196	2566	4260	1152	5700	1144	5962		
			混交林	4052	14683	138	118	869	1610	2467	10491	578	2464		
		杉木	合计	19308	60539	656	383	5411	14614	8499	26999	4742	18543		
			纯林	12516	40305	427	223	2966	8483	5636	17703	3487	13896		
			混交林	6792	20234	229	160	2445	6131	2863	9296	1255	4647		
		柳杉	纯林	52	108			22	28	1	2	29	78		
		硬阔类	合计	390		383				7					
			纯林	7						7					
			混交林	383		383									
		板栗	纯林	11	8	11	8								
		李	纯林	1		1									
		梨	纯林	1	1	1	1								
		桃	纯林	1		1									
金竹镇	合计	合计	合计	122950	198485	85204	88658	36473	104209	1178	5494	86	92	9	32
			纯林	54109	91866	29558	17575	24321	73337	217	907	4	15	9	32
			混交林	68841	106619	55646	71083	12152	30872	961	4587	82	77		
		马尾松	合计	43527	64400	37534	45710	5904	18375	74	247	6	36	9	32
			纯林	16656	24154	12925	11629	3716	12468	2	10	4	15	9	32
			混交林	26871	40246	24609	34081	2188	5907	72	237	2	21		
		杉木	合计	37874	92424	6495	2938	30208	84281	1091	5149	80	56		
			纯林	22980	62821	2204	1400	20561	60524	215	897				
			混交林	14894	29603	4291	1538	9647	23757	876	4252	80	56		
		柳杉	合计	157	279	110		47	279						
			纯林	30	231			30	231						
			混交林	127	48	110		17	48						
		硬阔类	合计	28528	39165	28201	37793	314	1274	13	98				
			纯林	1579	2443	1565	2329	14	114						
			混交林	26949	36722	26636	35464	300	1160	13	98				
		板栗	纯林	12176	2199	12176	2199								
		杨梅	纯林	61		61									

（续）

统计单位	起源	优势树种	乔木林	小计		幼龄林		中龄林		近熟林		成熟林		过熟林	
				面积	蓄积	面积	蓄积	面积	蓄积	面积	蓄积	面积	蓄积	面积	蓄积
1	2	3	4	5	6	7	8	9	10	11	12	13	14	15	16
		李	纯林	7		7									
		梨	纯林	56	1	56	1								
		桃	纯林	8	3	8	3								
		柿	纯林	54		54									
		青梅	纯林	291		291									
		漆树	纯林	1	2	1	2								
		厚朴	纯林	173	5	173	5								
		杜仲	纯林	3	7	3	7								
		桂花	纯林	34		34									
	天然	合计	合计	72361	110870	62726	83409	8937	24110	603	3227	86	92	9	32
			纯林	17832	27216	13491	13505	4328	13664			4	15	9	32
			混交林	54529	83654	49235	69904	4609	10446	603	3227	82	77		
		马尾松	合计	35543	59965	31648	45401	3870	14439	10	57	6	36	9	32
			纯林	14701	23448	11385	11538	3303	11863			4	15	9	32
			混交林	20842	36517	20263	33863	567	2576	10	57	2	21		
		杉木	合计	8974	12354	3499	596	4815	8630	580	3072	80	56		
			纯林	1893	1706	882	19	1011	1687						
			混交林	7081	10648	2617	577	3804	6943	580	3072	80	56		
		柳杉	混交林	124	38	110		14	38						
		硬阔类	合计	27720	38513	27469	37412	238	1003	13	98				
			纯林	1238	2062	1224	1948	14	114						
			混交林	26482	36451	26245	35464	224	889	13	98				
	人工	合计	合计	50589	87615	22478	5249	27536	80099	575	2267				
			纯林	36277	64650	16067	4070	19993	59673	217	907				
			混交林	14312	22965	6411	1179	7543	20426	358	1360				
		马尾松	合计	7984	4435	5886	309	2034	3936	64	190				
			纯林	1955	706	1540	91	413	605	2	10				
			混交林	6029	3729	4346	218	1621	3331	62	180				
		杉木	合计	28900	80070	2996	2342	25393	75651	511	2077				
			纯林	21087	61115	1322	1381	19550	58837	215	897				

（续）

统计单位	起源	优势树种	乔木林	小计		幼龄林		中龄林		近熟林		成熟林		过熟林	
				面积	蓄积	面积	蓄积	面积	蓄积	面积	蓄积	面积	蓄积	面积	蓄积
1	2	3	4	5	6	7	8	9	10	11	12	13	14	15	16
			混交林	7813	18955	1674	961	5843	16814	296	1180				
		柳杉	合计	33	241			33	241						
			纯林	30	231			30	231						
			混交林	3	10			3	10						
		硬阔类	合计	808	652	732	381	76	271						
			纯林	341	381	341	381								
			混交林	467	271	391		76	271						
		板栗	纯林	12176	2199	12176	2199								
		杨梅	纯林	61		61									
		李	纯林	7		7									
		梨	纯林	56	1	56	1								
		桃	纯林	8	3	8	3								
		柿	纯林	54		54									
		青梅	纯林	291		291									
		漆树	纯林	1	2	1	2								
		厚朴	纯林	173	5	173	5								
		杜仲	纯林	3	7	3	7								
		桂花	纯林	34		34									
湖山乡	合计	合计	合计	158267	265742	87040	86142	55019	132499	12659	34533	3495	12335	54	233
			纯林	82491	132384	38945	21688	34353	82633	7525	22026	1646	5918	22	119
			混交林	75776	133358	48095	64454	20666	49866	5134	12507	1849	6417	32	114
		马尾松	合计	50464	84523	25307	20611	21860	51208	2964	11434	333	1270		
			纯林	30582	55386	13926	13559	13813	30710	2510	9847	333	1270		
			混交林	19882	29137	11381	7052	8047	20498	454	1587				
		杉木	合计	45785	106380	3399	2054	29488	70024	9682	23004	3162	11065	54	233
			纯林	29302	70010	2505	1393	20447	51671	5015	12179	1313	4648	22	119
			混交林	16483	36370	894	661	9041	18353	4667	10825	1849	6417	32	114
		硬阔类	合计	45283	71362	41599	60000	3671	11267	13	95				
			纯林	5872	3511	5779	3259	93	252						
			混交林	39411	67851	35820	56741	3578	11015	13	95				

（续）

统计单位	起源	优势树种	乔木林	小计		幼龄林		中龄林		近熟林		成熟林		过熟林	
				面积	蓄积	面积	蓄积	面积	蓄积	面积	蓄积	面积	蓄积	面积	蓄积
1	2	3	4	5	6	7	8	9	10	11	12	13	14	15	16
		板栗	纯林	15917	3477	15917	3477								
		杨梅	纯林	146		146									
		枇杷	纯林	35		35									
		梨	纯林	69		69									
		桃	纯林	47		47									
		柿	纯林	5		5									
		厚朴	纯林	407		407									
		桂花	纯林	109		109									
	天然	合计	合计	90944	169063	54469	80245	27022	62412	7959	21533	1464	4765、	30	108
			纯林	36269	67160	15253	16795	15191	33480	5026	14539	799	2346		
			混交林	54675	101903	39216	63450	11831	28932	2933	6994	665	2419	30	108
		马尾松	合计	34840	77776	13295	20320	18628	46099	2597	10123	320	1234		
			纯林	23986	53170	8673	13319	12593	29130	2400	9487	320	1234		
			混交林	10854	24606	4622	7001	6035	16969	197	636				
		杉木	合计	13872	26180	773	203	6576	11023	5349	11315	1144	3531	30	108
			纯林	6383	10465	773	203	2505	4098	2626	5052	479	1112		
			混交林	7489	15715			4071	6925	2723	6263	665	2419	30	108
		硬阔类	合计	42204	65093	40373	59708	1818	5290	13	95				
			纯林	5872	3511	5779	3259	93	252						
			混交林	36332	61582	34594	56449	1725	5038	13	95				
		板栗	纯林	28	14	28	14								
	人工	合计	合计	67323	96679	32571	5897	27997	70087	4700	13000	2031	7570	24	125
			纯林	46222	65224	23692	4893	19162	49153	2499	7487	847	3572	22	119
			混交林	21101	31455	8879	1004	8835	20934	2201	5513	1184	3998	2	6
		马尾松	合计	15624	6747	12012	291	3232	5109	367	1311	13	36		
			纯林	6596	2216	5253	240	1220	1580	110	360	13	36		
			混交林	9028	4531	6759	51	2012	3529	257	951				
		杉木	合计	31913	80200	2626	1851	22912	59001	4333	11689	2018	7534	24	125
			纯林	22919	59545	1732	1190	17942	47573	2389	7127	834	3536	22	119
			混交林	8994	20655	894	661	4970	11428	1944	4562	1184	3998	2	6

（续）

统计单位	起源	优势树种	乔木林	小计		幼龄林		中龄林		近熟林		成熟林		过熟林	
				面积	蓄积	面积	蓄积	面积	蓄积	面积	蓄积	面积	蓄积	面积	蓄积
1	2	3	4	5	6	7	8	9	10	11	12	13	14	15	16
		硬阔类	混交林	3079	6269	1226	292	1853	5977						
		板栗	纯林	15889	3463	15889	3463								
		杨梅	纯林	146		146									
		枇杷	纯林	35		35									
		梨	纯林	69		69									
		桃	纯林	47		47									
		柿	纯林	5		5									
		厚朴	纯林	407		407									
		桂花	纯林	109		109									
黄沙腰镇	合计	合计	合计	164582	342045	60563	102712	42019	78341	38530	92657	22805	66468	665	1867
			纯林	46138	92246	4623	1255	18758	34145	16594	38413	6131	18363	32	70
			混交林	118444	249799	55940	101457	23261	44196	21936	54244	16674	48105	633	1797
		马尾松	合计	21380	58158	2680	2761	4791	9893	10720	32367	3189	13137		
			纯林	3956	9874	758	450	945	1945	1616	4881	637	2598		
			混交林	17424	48284	1922	2311	3846	7948	9104	27486	2552	10539		
		杉木	合计	86119	177580	4059	630	34118	62016	27760	59954	19616	53331	566	1649
			纯林	40727	81960	2434	524	17805	32173	14962	33428	5494	15765	32	70
			混交林	45392	95620	1625	106	16313	29843	12798	26526	14122	37566	534	1579
		柳杉	纯林	24	131			8	27	16	104				
		硬阔类	合计	55581	105676	52445	99039	3102	6405	34	232				
			纯林	53		53									
			混交林	55528	105676	52392	99039	3102	6405	34	232				
		软阔类	混交林	99	218									99	218
		板栗	合计	459	181	459	181								
			纯林	458	180	458	180								
			混交林	1	1	1	1								
		梨	纯林	886	101	886	101								
		桃	纯林	10		10									
		椪柑	纯林	14		14									
		青梅	纯林	10		10									

（续）

统计单位	起源	优势树种	乔木林	小计		幼龄林		中龄林		近熟林		成熟林		过熟林	
				面积	蓄积	面积	蓄积	面积	蓄积	面积	蓄积	面积	蓄积	面积	蓄积
1	2	3	4	5	6	7	8	9	10	11	12	13	14	15	16
	天然	合计	合计	79395	152904	54032	101356	13379	24441	6596	14849	5101	11531	287	727
			纯林	5237	8204	889	577	2857	4635	1199	2302	292	690		
			混交林	74158	144700	53143	100779	10522	19806	5397	12547	4809	10841	287	727
		马尾松	合计	6229	14257	1448	2407	2484	4943	2191	6267	106	640		
			纯林	883	1193	433	450	427	598	22	129	1	16		
			混交林	5346	13064	1015	1957	2057	4345	2169	6138	105	624		
		杉木	合计	18553	34573	437	127	8562	14696	4371	8350	4995	10891	188	509
			纯林	4325	7011	427	127	2430	4037	1177	2173	291	674		
			混交林	14228	27562	10		6132	10659	3194	6177	4704	10217	188	509
		硬阔类	合计	54514	103856	52147	98822	2333	4802	34	232				
			纯林	29		29									
			混交林	54485	103856	52118	98822	2333	4802	34	232				
		软阔类	混交林	99	218									99	218
	人工	合计	合计	85187	189141	6531	1356	28640	53900	31934	77808	17704	54937	378	1140
			纯林	40901	84042	3734	678	15901	29510	15395	36111	5839	17673	32	70
			混交林	44286	105099	2797	678	12739	24390	16539	41697	11865	37264	346	1070
		马尾松	合计	15151	43901	1232	354	2307	4950	8529	26100	3083	12497		
			纯林	3073	8681	325		518	1347	1594	4752	636	2582		
			混交林	12078	35220	907	354	1789	3603	6935	21348	2447	9915		
		杉木	合计	67566	143007	3622	503	25556	47320	23389	51604	14621	42440	378	1140
			纯林	36402	74949	2007	397	15375	28136	13785	31255	5203	15091	32	70
			混交林	31164	68058	1615	106	10181	19184	9604	20349	9418	27349	346	1070
		柳杉	纯林	24	131			8	27	16	104				
		硬阔类	合计	1067	1820	298	217	769	1603						
			纯林	24		24									
			混交林	1043	1820	274	217	769	1603						
		板栗	合计	459	181	459	181								
			纯林	458	180	458	180								
			混交林	1	1	1	1								
		梨	纯林	886	101	886	101								

（续）

统计单位	起源	优势树种	乔木林	小计		幼龄林		中龄林		近熟林		成熟林		过熟林	
				面积	蓄积	面积	蓄积	面积	蓄积	面积	蓄积	面积	蓄积	面积	蓄积
1	2	3	4	5	6	7	8	9	10	11	12	13	14	15	16
		桃	纯林	10		10									
		椪柑	纯林	14		14									
		青梅	纯林	10		10									
柘岱口乡	合计	合计	合计	199747	622425	30652	36815	76630	187938	38689	144564	46697	215488	7079	37620
			纯林	66414	163776	11642	2786	31639	70167	11963	41410	10753	46477	417	2936
			混交林	133333	458649	19010	34029	44991	117771	26726	103154	35944	169011	6662	34684
		马尾松	合计	28525	121916	2099	524	2582	6283	9914	42571	13572	70117	358	2421
			纯林	4081	14667	912	149	429	979	622	2405	2056	10557	62	577
			混交林	24444	107249	1187	375	2153	5304	9292	40166	11516	59560	296	1844
		湿地松	纯林	82	148			82	148						
		杉木	合计	122178	369863	12126	2968	46805	103639	24637	87424	32255	141928	6355	33904
			纯林	61320	148448	9931	2339	31008	68866	11329	38964	8697	35920	355	2359
			混交林	60858	221415	2195	629	15797	34773	13308	48460	23558	106008	6000	31545
		柳杉	纯林	51	173	3	10	36	122	12	41				
		柏木	纯林	7	52			7	52						
		硬阔类	混交林	47653	129798	15372	32959	26990	77694	4055	14407	870	3443	366	1295
		软阔类	合计	199	121			128		71	121				
			纯林	77				77							
			混交林	122	121			51		71	121				
		板栗	合计	578	207	578	207								
			纯林	388	207	388	207								
			混交林	190		190									
		梨	纯林	324		324									
		厚朴	合计	147	147	147	147								
			纯林	81	81	81	81								
			混交林	66	66	66	66								
		杜仲	纯林	3		3									
	天然	合计	合计	49909	135508	16342	32817	27423	76762	4689	19754	1398	5879	57	296
			纯林	1457	2852	310	145	520	655	225	898	402	1154		
			混交林	48452	132656	16032	32672	26903	76107	4464	18856	996	4725	57	296

（续）

统计单位	起源	优势树种	乔木林	小计		幼龄林		中龄林		近熟林		成熟林		过熟林	
				面积	蓄积	面积	蓄积	面积	蓄积	面积	蓄积	面积	蓄积	面积	蓄积
1	2	3	4	5	6	7	8	9	10	11	12	13	14	15	16
		马尾松	合计	4165	17380	351	288	89	230	2771	12364	954	4498		
			纯林	599	1500	126	145	78	211	59	168	336	976		
			混交林	3566	15880	225	143	11	19	2712	12196	618	3522		
		杉木	合计	3642	4212	1081	5	1608	1525	486	1266	410	1120	57	296
			纯林	858	1352	184		442	444	166	730	66	178		
			混交林	2784	2860	897	5	1166	1081	320	536	344	942	57	296
		硬阔类	混交林	42051	113916	14910	32524	25675	75007	1432	6124	34	261		
		软阔类	混交林	51				51							
	人工	合计	合计	149838	486917	14310	3998	49207	111176	34000	124810	45299	209609	7022	37324
			纯林	64957	160924	11332	2641	31119	69512	11738	40512	10351	45323	417	2936
			混交林	84881	325993	2978	1357	18088	41664	22262	84298	34948	164286	6605	34388
		马尾松	合计	24360	104536	1748	236	2493	6053	7143	30207	12618	65619	358	2421
			纯林	3482	13167	786	4	351	768	563	2237	1720	9581	62	577
			混交林	20878	91369	962	232	2142	5285	6580	27970	10898	56038	296	1844
		湿地松	纯林	82	148			82	148						
		杉木	合计	118536	365651	11045	2963	45197	102114	24151	86158	31845	140808	6298	33608
			纯林	60462	147096	9747	2339	30566	68422	11163	38234	8631	35742	355	2359
			混交林	58074	218555	1298	624	14631	33692	12988	47924	23214	105066	5943	31249
		柳杉	纯林	51	173	3	10	36	122	12	41				
		柏木	纯林	7	52			7	52						
		硬阔类	混交林	5602	15882	462	435	1315	2687	2623	8283	836	3182	366	1295
		软阔类	合计	148	121			77		71	121				
			纯林	77				77							
			混交林	71	121					71	121				
		板栗	合计	578	207	578	207								
			纯林	388	207	388	207								
			混交林	190		190									
		梨	纯林	324		324									
		厚朴	合计	147	147	147	147								
			纯林	81	81	81	81								

（续）

统计单位	起源	优势树种	乔木林	小计		幼龄林		中龄林		近熟林		成熟林		过熟林	
				面积	蓄积	面积	蓄积	面积	蓄积	面积	蓄积	面积	蓄积	面积	蓄积
1	2	3	4	5	6	7	8	9	10	11	12	13	14	15	16
			混交林	66	66	66	66								
		杜仲	纯林	3		3									
西畈乡	合计	合计	合计	174266	312809	26602	16865	89021	137686	32803	77257	23847	74073	1993	6928
			纯林	49553	97675	3015	2537	29926	46730	9709	25441	6450	21399	453	1568
			混交林	124713	215134	23587	14328	59095	90956	23094	51816	17397	52674	1540	5360
		马尾松	合计	17739	56538	107	106	2056	5032	4974	15145	9944	33526	658	2729
			纯林	3944	12562	93	87	641	1617	1370	4096	1678	5934	162	828
			混交林	13795	43976	14	19	1415	3415	3604	11049	8266	27592	496	1901
		杉木	合计	75495	152412	2400	2137	44126	68319	14963	39452	12841	38745	1165	3759
			纯林	44666	84044	2224	1991	29272	45036	8221	21071	4769	15451	180	495
			混交林	30829	68368	176	146	14854	23283	6742	18381	8072	23294	985	3264
		柳杉	纯林	73	253	5		13	77	52	162	3	14		
		硬阔类	合计	80169	102752	23470	14208	42826	64258	12814	22498	1059	1788		
			纯林	139	157	73	45			66	112				
			混交林	80030	102595	23397	14163	42826	64258	12748	22386	1059	1788		
		软阔类	合计	170	440									170	440
			纯林	111	245									111	245
			混交林	59	195									59	195
		板栗	纯林	458	410	458	410								
		香榧	纯林	21		21									
		山核桃	纯林	10		10									
		杨梅	纯林	8	4	8	4								
		枇杷	纯林	1		1									
		梨	纯林	10		10									
		桃	纯林	24		24									
		椪柑	纯林	87		87									
		柿	纯林	1		1									
	天然	合计	合计	85515	118984	23317	14150	45642	69623	13865	28395	2198	5138	493	1678
			纯林	1886	4378	26	20	945	1915	721	1885	116	238	78	320
			混交林	83629	114606	23291	14130	44697	67708	13144	26510	2082	4900	415	1358

（续）

统计单位	起源	优势树种	乔木林	小计		幼龄林		中龄林		近熟林		成熟林		过熟林	
				面积	蓄积	面积	蓄积	面积	蓄积	面积	蓄积	面积	蓄积	面积	蓄积
1	2	3	4	5	6	7	8	9	10	11	12	13	14	15	16
		马尾松	合计	3992	12506	40	39	1126	3225	1828	6134	920	2788	78	320
			纯林	1169	3489	26	20	379	1249	655	1773	31	127	78	320
			混交林	2823	9017	14	19	747	1976	1173	4361	889	2661		
		杉木	合计	4371	8094			2152	2647	694	2021	1110	2068	415	1358
			纯林	651	777			566	666			85	111		
			混交林	3720	7317			1586	1981	694	2021	1025	1957	415	1358
		硬阔类	合计	77152	98384	23277	14111	42364	63751	11343	20240	168	282		
			纯林	66	112					66	112				
			混交林	77086	98272	23277	14111	42364	63751	11277	20128	168	282		
	人工	合计	合计	88751	193825	3285	2715	43379	68063	18938	48862	21649	68935	1500	5250
			纯林	47667	93297	2989	2517	28981	44815	8988	23556	6334	21161	375	1248
			混交林	41084	100528	296	198	14398	23248	9950	25306	15315	47774	1125	4002
		马尾松	合计	13747	44032	67	67	930	1807	3146	9011	9024	30738	580	2409
			纯林	2775	9073	67	67	262	368	715	2323	1647	5807	84	508
			混交林	10972	34959			668	1439	2431	6688	7377	24931	496	1901
		杉木	合计	71124	144318	2400	2137	41974	65672	14269	37431	11731	36677	750	2401
			纯林	44015	83267	2224	1991	28706	44370	8221	21071	4684	15340	180	495
			混交林	27109	61051	176	146	13268	21302	6048	16360	7047	21337	570	1906
		柳杉	纯林	73	253	5		13	77	52	162	3	14		
		硬阔类	合计	3017	4368	193	97	462	507	1471	2258	891	1506		
			纯林	73	45	73	45								
			混交林	2944	4323	120	52	462	507	1471	2258	891	1506		
		软阔类	合计	170	440									170	440
			纯林	111	245									111	245
			混交林	59	195									59	195
		板栗	纯林	458	410	458	410								
		香榧	纯林	21		21									
		山核桃	纯林	10		10									
		杨梅	纯林	8	4	8	4								
		枇杷	纯林	1		1									

（续）

统计单位	起源	优势树种	乔木林	小计		幼龄林		中龄林		近熟林		成熟林		过熟林	
				面积	蓄积	面积	蓄积	面积	蓄积	面积	蓄积	面积	蓄积	面积	蓄积
1	2	3	4	5	6	7	8	9	10	11	12	13	14	15	16
		梨	纯林	10		10									
		桃	纯林	24		24									
		椪柑	纯林	87		87									
		柿	纯林	1		1									
王村口镇	合计	合计	合计	187074	686528	56605	60935	60350	183831	36604	210526	29621	206481	3894	24755
			纯林	47328	171686	11835	7963	18196	53972	8533	49845	7601	51634	1163	8272
			混交林	139746	514842	44770	52972	42154	129859	28071	160681	22020	154847	2731	16483
		马尾松	合计	26235	151912	538	747	5978	22230	15227	91869	4489	37010	3	56
			纯林	2822	15679	31	90	685	2304	1501	9055	602	4174	3	56
			混交林	23413	136233	507	657	5293	19926	13726	82814	3887	32836		
		杉木	合计	125364	476046	23814	15394	51392	149952	21232	117455	25043	168684	3883	24561
			纯林	41213	151344	8805	5042	17335	50864	7002	40547	6916	46746	1155	8145
			混交林	84151	324702	15009	10352	34057	99088	14230	76908	18127	121938	2728	16416
		柳杉	合计	1580	6345	213	242	1169	4461	128	1059	67	516	3	67
			纯林	242	1326			162	710	13	100	67	516		
			混交林	1338	5019	213	242	1007	3751	115	959			3	67
		硬阔类	合计	32749	51716	30894	44043	1811	7188	17	143	22	271	5	71
			纯林	1905	2828	1853	2322	14	94	17	143	16	198	5	71
			混交林	30844	48888	29041	41721	1797	7094			6	73		
		板栗	纯林	1065	476	1065	476								
		杨梅	纯林	36		36									
		梨	纯林	44	32	44	32								
		杜仲	纯林	1	1	1	1								
	天然	合计	合计	31605	51598	29479	42610	1721	6651	85	388	22	271	298	1678
			纯林	1823	2701	1775	2261	15	99	17	143	16	198		
			混交林	29782	48897	27704	40349	1706	6552	68	245	6	73	298	1678
		马尾松	合计	548	1569	240	515	308	1054						
			纯林	32	95	31	90	1	5						
			混交林	516	1474	209	425	307	1049						
		杉木	混交林	924	2590	200	124	358	543	68	245			298	1678

（续）

统计单位	起源	优势树种	乔木林	小计		幼龄林		中龄林		近熟林		成熟林		过熟林	
				面积	蓄积	面积	蓄积	面积	蓄积	面积	蓄积	面积	蓄积	面积	蓄积
1	2	3	4	5	6	7	8	9	10	11	12	13	14	15	16
		硬阔类	合计	30133	47439	29039	41971	1055	5054	17	143	22	271		
			纯林	1791	2606	1744	2171	14	94	17	143	16	198		
			混交林	28342	44833	27295	39800	1041	4960			6	73		
	人工	合计	合计	155469	634930	27126	18325	58629	177180	36519	210138	29599	206210	3596	23077
			纯林	45505	168985	10060	5702	18181	53873	8516	49702	7585	51436	1163	8272
			混交林	109964	465945	17066	12623	40448	123307	28003	160436	22014	154774	2433	14805
		马尾松	合计	25687	150343	298	232	5670	21176	15227	91869	4489	37010	3	56
			纯林	2790	15584			684	2299	1501	9055	602	4174	3	56
			混交林	22897	134759	298	232	4986	18877	13726	82814	3887	32836		
		杉木	合计	124440	473456	23614	15270	51034	149409	21164	117210	25043	168684	3585	22883
			纯林	41213	151344	8805	5042	17335	50864	7002	40547	6916	46746	1155	8145
			混交林	83227	322112	14809	10228	33699	98545	14162	76663	18127	121938	2430	14738
		柳杉	合计	1580	6345	213	242	1169	4461	128	1059	67	516	3	67
			纯林	242	1326			162	710	13	100	67	516		
			混交林	1338	5019	213	242	1007	3751	115	959			3	67
		硬阔类	合计	2616	4277	1855	2072	756	2134					5	71
			纯林	114	222	109	151							5	71
			混交林	2502	4055	1746	1921	756	2134						
		板栗	纯林	1065	476	1065	476								
		杨梅	纯林	36		36									
		梨	纯林	44	32	44	32								
		杜仲	纯林	1	1	1	1								
蔡源乡	合计	合计	合计	59121	130735	18200	12594	24898	54250	6191	20382	8880	39705	952	3804
			纯林	24447	57092	4250	1111	12995	25572	2598	8827	4254	20639	350	943
			混交林	34674	73643	13950	11483	11903	28678	3593	11555	4626	19066	602	2861
		马尾松	合计	7713	17834	1547	419	2698	4898	1799	5974	1669	6543		
			纯林	3108	5717	733	303	1792	3101	374	1388	209	925		
			混交林	4605	12117	814	116	906	1797	1425	4586	1460	5618		
		杉木	合计	27778	74426	3145	288	12553	24957	4209	13926	6919	31451	952	3804
			纯林	19037	48898	1781	43	10660	20905	2201	7293	4045	19714	350	943

（续）

统计单位	起源	优势树种	乔木林	小计		幼龄林		中龄林		近熟林		成熟林		过熟林	
				面积	蓄积	面积	蓄积	面积	蓄积	面积	蓄积	面积	蓄积	面积	蓄积
1	2	3	4	5	6	7	8	9	10	11	12	13	14	15	16
			混交林	8741	25528	1364	245	1893	4052	2008	6633	2874	11737	602	2861
		柳杉	合计	624	3236			328	1582	23	146	273	1508		
			纯林	75	578			52	432	23	146				
			混交林	549	2658			276	1150			273	1508		
		硬阔类	合计	21820	35048	12322	11696	9319	22813	160	336	19	203		
			纯林	1167	1708	676	574	491	1134						
			混交林	20653	33340	11646	11122	8828	21679	160	336	19	203		
		软阔类	混交林	91		91									
		板栗	纯林	799	188	799	188								
		梨	合计	97	3	97	3								
			纯林	62	3	62	3								
			混交林	35		35									
		厚朴	纯林	199		199									
	天然	合计	合计	24497	42090	12977	12099	10116	24813	998	3195	406	1983		
			纯林	2198	4715	937	877	851	2064	201	849	209	925		
			混交林	22299	37375	12040	11222	9265	22749	797	2346	197	1058		
		马尾松	合计	2557	6454	810	403	558	1516	838	2859	351	1676		
			纯林	988	2552	416	303	162	475	201	849	209	925		
			混交林	1569	3902	394	100	396	1041	637	2010	142	751		
		杉木	合计	275	588			239	484			36	104		
			纯林	198	455			198	455						
			混交林	77	133			41	29			36	104		
		硬阔类	合计	21665	35048	12167	11696	9319	22813	160	336	19	203		
			纯林	1012	1708	521	574	491	1134						
			混交林	20653	33340	11646	11122	8828	21679	160	336	19	203		
	人工	合计	合计	34624	88645	5223	495	14782	29437	5193	17187	8474	37722	952	3804
			纯林	22249	52377	3313	234	12144	23508	2397	7978	4045	19714	350	943
			混交林	12375	36268	1910	261	2638	5929	2796	9209	4429	18008	602	2861
		马尾松	合计	5156	11380	737	16	2140	3382	961	3115	1318	4867		
			纯林	2120	3165	317		1630	2626	173	539				

（续）

统计单位	起源	优势树种	乔木林	小计		幼龄林		中龄林		近熟林		成熟林		过熟林	
				面积	蓄积	面积	蓄积	面积	蓄积	面积	蓄积	面积	蓄积	面积	蓄积
1	2	3	4	5	6	7	8	9	10	11	12	13	14	15	16
			混交林	3036	8215	420	16	510	756	788	2576	1318	4867		
		杉木	合计	27503	73838	3145	288	12314	24473	4209	13926	6883	31347	952	3804
			纯林	18839	48443	1781	43	10462	20450	2201	7293	4045	19714	350	943
			混交林	8664	25395	1364	245	1852	4023	2008	6633	2838	11633	602	2861
		柳杉	合计	624	3236			328	1582	23	146	273	1508		
			纯林	75	578			52	432	23	146				
			混交林	549	2658			276	1150			273	1508		
		硬阔类	纯林	155		155									
		软阔类	混交林	91		91									
		板栗	纯林	799	188	799	188								
		梨	合计	97	3	97	3								
			纯林	62	3	62	3								
			混交林	35		35									
		厚朴	纯林	199		199									
焦滩乡	合计	合计	合计	91045	262156	32845	48710	29583	86524	15543	59261	12771	66239	303	1422
			纯林	27403	85670	4843	3713	13744	41482	5894	25368	2725	14183	197	924
			混交林	63642	176486	28002	44997	15839	45042	9649	33893	10046	52056	106	498
		马尾松	合计	11573	49702	2334	3544	2776	8191	2371	10003	3985	27466	107	498
			纯林	3358	12636	916	769	928	3345	440	1729	1073	6793	1	
			混交林	8215	37066	1418	2775	1848	4846	1931	8274	2912	20673	106	498
		杉木	合计	40476	136249	1749	1506	18015	50989	12038	45765	8478	37065	196	924
			纯林	20355	67845	1485	1037	11576	34923	5451	23617	1647	7344	196	924
			混交林	20121	68404	264	469	6439	16066	6587	22148	6831	29721		
		柳杉	合计	329	1836			235	1203			94	633		
			纯林	56	219			51	173			5	46		
			混交林	273	1617			184	1030			89	587		
		硬阔类	合计	37585	73520	27770	43221	8557	26141	1128	3469	130	689		
			纯林	2642	4531	1450	1468	1189	3041	3	22				
			混交林	34943	68989	26320	41753	7368	23100	1125	3447	130	689		
		软阔类	合计	93	410	3				6	24	84	386		

（续）

统计单位	起源	优势树种	乔木林	小计		幼龄林		中龄林		近熟林		成熟林		过熟林	
				面积	蓄积	面积	蓄积	面积	蓄积	面积	蓄积	面积	蓄积	面积	蓄积
1	2	3	4	5	6	7	8	9	10	11	12	13	14	15	16
			纯林	3		3									
			混交林	90	410					6	24	84	386		
		板栗	纯林	738	353	738	353								
		银杏	纯林	1		1									
		杨梅	纯林	8	7	8	7								
		李	纯林	44	22	44	22								
		梨	纯林	98	41	98	41								
		桃	纯林	8	7	8	7								
		椪柑	纯林	92	9	92	9								
	天然	合计	合计	61345	149538	29575	45380	15743	43261	8945	30191	6976	30208	106	498
			纯林	7702	19023	2188	2248	2918	7426	1159	3413	1437	5936		
			混交林	53643	130515	27387	43132	12825	35835	7786	26778	5539	24272	106	498
		马尾松	合计	8407	30693	1681	2093	2434	6742	2102	9037	2084	12323	106	498
			纯林	2580	8758	708	769	749	2398	372	1610	751	3981		
			混交林	5827	21935	973	1324	1685	4344	1730	7427	1333	8342	106	498
		杉木	合计	15356	45347	124	66	4752	10378	5718	17707	4762	17196		
			纯林	2483	5756	30	11	980	1987	787	1803	686	1955		
			混交林	12873	39591	94	55	3772	8391	4931	15904	4076	15241		
		硬阔类	合计	37582	73498	27770	43221	8557	26141	1125	3447	130	689		
			纯林	2639	4509	1450	1468	1189	3041						
			混交林	34943	68989	26320	41753	7368	23100	1125	3447	130	689		
	人工	合计	合计	29700	112618	3270	3330	13840	43263	6598	29070	5795	36031	197	924
			纯林	19701	66647	2655	1465	10826	34056	4735	21955	1288	8247	197	924
			混交林	9999	45971	615	1865	3014	9207	1863	7115	4507	27784		
		马尾松	合计	3166	19009	653	1451	342	1449	269	966	1901	15143	1	
			纯林	778	3878	208		179	947	68	119	322	2812	1	
			混交林	2388	15131	445	1451	163	502	201	847	1579	12331		
		杉木	合计	25120	90902	1625	1440	13263	40611	6320	28058	3716	19869	196	924

（续）

统计单位	起源	优势树种	乔木林	小计		幼龄林		中龄林		近熟林		成熟林		过熟林	
				面积	蓄积	面积	蓄积	面积	蓄积	面积	蓄积	面积	蓄积	面积	蓄积
1	2	3	4	5	6	7	8	9	10	11	12	13	14	15	16
			纯林	17872	62089	1455	1026	10596	32936	4664	21814	961	5389	196	924
			混交林	7248	28813	170	414	2667	7675	1656	6244	2755	14480		
		柳杉	合计	329	1836			235	1203			94	633		
			纯林	56	219			51	173			5	46		
			混交林	273	1617			184	1030			89	587		
		硬阔类	纯林	3	22					3	22				
		软阔类	合计	93	410	3				6	24	84	386		
			纯林	3		3									
			混交林	90	410					6	24	84	386		
		板栗	纯林	738	353	738	353								
		银杏	纯林	1		1									
		杨梅	纯林	8	7	8	7								
		李	纯林	44	22	44	22								
		梨	纯林	98	41	98	41								
		桃	纯林	8	7	8	7								
		椪柑	纯林	92	9	92	9								
龙洋乡	合计	合计	合计	174419	676092	60275	74991	47801	158276	27369	153875	32196	230866	6778	58084
			纯林	45195	172548	13483	6445	13580	47671	7240	38365	10091	72896	801	7171
			混交林	129224	503544	46792	68546	34221	110605	20129	115510	22105	157970	5977	50913
		马尾松	合计	11318	66187	683	627	1489	6524	5804	35386	3256	22455	86	1195
			纯林	823	5164			123	214	499	2934	115	821	86	1195
			混交林	10495	61023	683	627	1366	6310	5305	32452	3141	21634		
		湿地松	混交林	73	453							73	453		
		杉木	合计	90106	430715	16625	8043	25656	87880	15618	87842	25990	193960	6217	52990
			纯林	42101	160782	12336	5668	12797	44974	6551	34746	9765	70115	652	5279
			混交林	48005	269933	4289	2375	12859	42906	9067	53096	16225	123845	5565	47711
		柳杉	合计	1453	10355			562	2361	386	3027	211	1960	294	3007
			纯林	942	5309			482	1985	186	667	211	1960	63	697

（续）

统计单位	起源	优势树种	乔木林	小计		幼龄林		中龄林		近熟林		成熟林		过熟林	
				面积	蓄积	面积	蓄积	面积	蓄积	面积	蓄积	面积	蓄积	面积	蓄积
1	2	3	4	5	6	7	8	9	10	11	12	13	14	15	16
			混交林	511	5046			80	376	200	2360			231	2310
		硬阔类	合计	70661	168164	42163	66121	20094	61511	5557	27602	2666	12038	181	892
			纯林	521	1075	343	577	178	498						
			混交林	70140	167089	41820	65544	19916	61013	5557	27602	2666	12038	181	892
		软阔类	纯林	4	18					4	18				
		板栗	纯林	204	200	204	200								
		厚朴	纯林	600		600									
	天然	合计	合计	72248	176442	42500	66283	20714	62816	6586	35698	2448	11645		
			纯林	791	2045	307	577	305	878	42	357	137	233		
			混交林	71457	174397	42193	65706	20409	61938	6544	35341	2311	11412		
		马尾松	合计	2839	13259	585	609	354	1248	1408	8848	492	2554		
			纯林	85	374			35	3	42	357	8	14		
			混交林	2754	12885	585	609	319	1245	1366	8491	484	2540		
		杉木	合计	1399	2390	113	203	1027	1594	5	16	254	577		
			纯林	221	596			92	377			129	219		
			混交林	1178	1794	113	203	935	1217	5	16	125	358		
		硬阔类	合计	68010	160793	41802	65471	19333	59974	5173	26834	1702	8514		
			纯林	485	1075	307	577	178	498						
			混交林	67525	159718	41495	64894	19155	59476	5173	26834	1702	8514		
	人工	合计	合计	102171	499650	17775	8708	27087	95460	20783	118177	29748	219221	6778	58084
			纯林	44404	170503	13176	5868	13275	46793	7198	38008	9954	72663	801	7171
			混交林	57767	329147	4599	2840	13812	48667	13585	80169	19794	146558	5977	50913
		马尾松	合计	8479	52928	98	18	1135	5276	4396	26538	2764	19901	86	1195
			纯林	738	4790			88	211	457	2577	107	807	86	1195
			混交林	7741	48138	98	18	1047	5065	3939	23961	2657	19094		
		湿地松	混交林	73	453							73	453		
		杉木	合计	88707	428325	16512	7840	24629	86286	15613	87826	25736	193383	6217	52990
			纯林	41880	160186	12336	5668	12705	44597	6551	34746	9636	69896	652	5279

（续）

统计单位	起源	优势树种	乔木林	小计		幼龄林		中龄林		近熟林		成熟林		过熟林	
				面积	蓄积	面积	蓄积	面积	蓄积	面积	蓄积	面积	蓄积	面积	蓄积
1	2	3	4	5	6	7	8	9	10	11	12	13	14	15	16
			混交林	46827	268139	4176	2172	11924	41689	9062	53080	16100	123487	5565	47711
		柳杉	合计	1453	10355			562	2361	386	3027	211	1960	294	3007
			纯林	942	5309			482	1985	186	667	211	1960	63	697
			混交林	511	5046			80	376	200	2360			231	2310
		硬阔类	合计	2651	7371	361	650	761	1537	384	768	964	3524	181	892
			纯林	36		36									
			混交林	2615	7371	325	650	761	1537	384	768	964	3524	181	892
		软阔类	纯林	4	18					4	18				
		板栗	纯林	204	200	204	200								
		厚朴	纯林	600		600									
牛头山场	合计	合计	合计	39123	105461	21046	29892	10079	33779	4735	20561	3251	21171	12	58
			纯林	36702	101104	19099	27103	9678	32423	4662	20349	3251	21171	12	58
			混交林	2421	4357	1947	2789	401	1356	73	212				
		马尾松	合计	4591	11881	834	910	1418	4333	2117	5732	222	906		
			纯林	4313	11123	806	823	1241	3874	2044	5520	222	906		
			混交林	278	758	28	87	177	459	73	212				
		湿地松	纯林	150	270	150	270								
		杉木	合计	15629	57777	3342	723	6707	22420	2590	14557	2990	20077		
			纯林	15060	57428	2773	374	6707	22420	2590	14557	2990	20077		
			混交林	569	349	569	349								
		柳杉	纯林	30	290					28	272	2	18		
		柏木	纯林	127	602	82	410	45	192						
		硬阔类	合计	18378	34240	16469	27406	1909	6834						
			纯林	16804	30990	15119	25053	1685	5937						
			混交林	1574	3250	1350	2353	224	897						
		软阔类	纯林	49	228							37	170	12	58
		板栗	纯林	52	73	52	73								
		杨梅	纯林	67	80	67	80								

（续）

统计单位	起源	优势树种	乔木林	小计		幼龄林		中龄林		近熟林		成熟林		过熟林	
				面积	蓄积	面积	蓄积	面积	蓄积	面积	蓄积	面积	蓄积	面积	蓄积
1	2	3	4	5	6	7	8	9	10	11	12	13	14	15	16
		梨	纯林	50	20	50	20								
	天然	合计	合计	21457	43409	17240	28316	3308	10909	710	3147	199	1037		
			纯林	19678	39613	15862	25876	2907	9553	710	3147	199	1037		
			混交林	1779	3796	1378	2440	401	1356						
		马尾松	合计	3028	8860	791	910	1418	4333	710	3147	109	470		
			纯林	2823	8314	763	823	1241	3874	710	3147	109	470		
			混交林	205	546	28	87	177	459						
		杉木	纯林	197	1049			107	482			90	567		
		硬阔类	合计	18232	33500	16449	27406	1783	6094						
			纯林	16658	30250	15099	25053	1559	5197						
			混交林	1574	3250	1350	2353	224	897						
	人工	合计	合计	17666	62052	3806	1576	6771	22870	4025	17414	3052	20134	12	58
			纯林	17024	61491	3237	1227	6771	22870	3952	17202	3052	20134	12	58
			混交林	642	561	569	349			73	212				
		马尾松	合计	1563	3021	43				1407	2585	113	436		
			纯林	1490	2809	43				1334	2373	113	436		
			混交林	73	212					73	212				
		湿地松	纯林	150	270	150	270								
		杉木	合计	15432	56728	3342	723	6600	21938	2590	14557	2900	19510		
			纯林	14863	56379	2773	374	6600	21938	2590	14557	2900	19510		
			混交林	569	349	569	349								
		柳杉	纯林	30	290					28	272	2	18		
		柏木	纯林	127	602	82	410	45	192						
		硬阔类	纯林	146	740	20		126	740						
		软阔类	纯林	49	228							37	170	12	58
		板栗	纯林	52	73	52	73								
		杨梅	纯林	67	80	67	80								
		梨	纯林	50	20	50	20								

（续）

统计单位	起源	优势树种	乔木林	小计		幼龄林		中龄林		近熟林		成熟林		过熟林	
				面积	蓄积	面积	蓄积	面积	蓄积	面积	蓄积	面积	蓄积	面积	蓄积
1	2	3	4	5	6	7	8	9	10	11	12	13	14	15	16
湖山林场	合计	合计	合计	47713	137781	22352	19036	12894	49330	9555	53830	2912	15585		
			纯林	38903	103710	20286	14078	9445	35941	6507	39979	2665	13712		
			混交林	8810	34071	2066	4958	3449	13389	3048	13851	247	1873		
		马尾松	合计	16273	81498	1320	660	8730	39475	5753	37211	470	4152		
			纯林	12402	65508	1320	660	5789	27844	4908	33551	385	3453		
			混交林	3871	15990			2941	11631	845	3660	85	699		
		杉木	合计	12473	35954	2648	469	3812	8637	3790	16507	2223	10341		
			纯林	9773	24017	2580	469	3476	7630	1587	6316	2130	9602		
			混交林	2700	11937	68		336	1007	2203	10191	93	739		
		柳杉	纯林	12	112					12	112				
		硬阔类	合计	18035	18060	17747	16842	288	1218						
			纯林	15865	12351	15749	11884	116	467						
			混交林	2170	5709	1998	4958	172	751						
		软阔类	合计	283	1092			64				219	1092		
			纯林	214	657			64				150	657		
			混交林	69	435							69	435		
		板栗	纯林	501	1065	501	1065								
		杨梅	纯林	8		8									
		胡柚	纯林	6		6									
		椪柑	纯林	122		122									
	天然	合计	合计	36051	106767	17653	17502	9316	40556	6895	37262	2187	11447		
			纯林	27926	76312	15655	12544	6039	27918	4130	25102	2102	10748		
			混交林	8125	30455	1998	4958	3277	12638	2765	12160	85	699		
		马尾松	合计	13687	69779	567	660	8633	39145	4097	26606	390	3368		
			纯林	9816	53789	567	660	5692	27514	3252	22946	305	2669		
			混交林	3871	15990			2941	11631	845	3660	85	699		
		杉木	合计	5704	20146	426		683	1411	2798	10656	1797	8079		
			纯林	3448	10639	426		347	404	878	2156	1797	8079		

（续）

统计单位	起源	优势树种	乔木林	小计		幼龄林		中龄林		近熟林		成熟林		过熟林	
				面积	蓄积	面积	蓄积	面积	蓄积	面积	蓄积	面积	蓄积	面积	蓄积
1	2	3	4	5	6	7	8	9	10	11	12	13	14	15	16
			混交林	2256	9507			336	1007	1920	8500				
		硬阔类	合计	16660	16842	16660	16842								
			纯林	14662	11884	14662	11884								
			混交林	1998	4958	1998	4958								
	人工	合计	合计	11662	31014	4699	1534	3578	8774	2660	16568	725	4138		
			纯林	10977	27398	4631	1534	3406	8023	2377	14877	563	2964		
			混交林	685	3616	68		172	751	283	1691	162	1174		
		马尾松	纯林	2586	11719	753		97	330	1656	10605	80	784		
		杉木	合计	6769	15808	2222	469	3129	7226	992	5851	426	2262		
			纯林	6325	13378	2154	469	3129	7226	709	4160	333	1523		
			混交林	444	2430	68				283	1691	93	739		
		柳杉	纯林	12	112					12	112				
		硬阔类	合计	1375	1218	1087		288	1218						
			纯林	1203	467	1087		116	467						
			混交林	172	751			172	751						
		软阔类	合计	283	1092			64				219	1092		
			纯林	214	657			64				150	657		
			混交林	69	435							69	435		
		板栗	纯林	501	1065	501	1065								
		杨梅	纯林	8		8									
		胡柚	纯林	6		6									
		椪柑	纯林	122		122									
白马山场	合计	合计	合计	10694	65928	1283	1616	1091	5690	1591	6827	4082	26364	2647	25431
			纯林	9807	64315	619	836	896	5021	1563	6663	4082	26364	2647	25431
			混交林	887	1613	664	780	195	669	28	164				
		马尾松	合计	4264	22158			112	448	1397	5957	2755	15753		
			纯林	4236	21994			112	448	1369	5793	2755	15753		
			混交林	28	164					28	164				

（续）

统计单位	起源	优势树种	乔木林	小计		幼龄林		中龄林		近熟林		成熟林		过熟林	
				面积	蓄积	面积	蓄积	面积	蓄积	面积	蓄积	面积	蓄积	面积	蓄积
1	2	3	4	5	6	7	8	9	10	11	12	13	14	15	16
		杉木	合计	5485	37984	1142	1403	299	876	172	657	1239	9757	2633	25291
			纯林	4780	37041	562	623	174	713	172	657	1239	9757	2633	25291
			混交林	705	943	580	780	125	163						
		柳杉	纯林	103	1096					22	213	67	743	14	140
		柏木	合计	595	3818	33	165	562	3653						
			纯林	525	3312	33	165	492	3147						
			混交林	70	506			70	506						
		硬阔类	合计	226	761	108	48	118	713						
			纯林	142	761	24	48	118	713						
			混交林	84		84									
		软阔类	纯林	21	111							21	111		
	天然	合计	纯林	199	997	24	48	173	930	2	19				
		马尾松	纯林	112	448			112	448						
		柳杉	纯林	2	19					2	19				
		硬阔类	纯林	85	530	24	48	61	482						
	人工	合计	合计	10495	64931	1259	1568	918	4760	1589	6808	4082	26364	2647	25431
			纯林	9608	63318	595	788	723	4091	1561	6644	4082	26364	2647	25431
			混交林	887	1613	664	780	195	669	28	164				
		马尾松	合计	4152	21710					1397	5957	2755	15753		
			纯林	4124	21546					1369	5793	2755	15753		
			混交林	28	164					28	164				
		杉木	合计	5485	37984	1142	1403	299	876	172	657	1239	9757	2633	25291
			纯林	4780	37041	562	623	174	713	172	657	1239	9757	2633	25291
			混交林	705	943	580	780	125	163						
		柳杉	纯林	101	1077					20	194	67	743	14	140
		柏木	合计	595	3818	33	165	562	3653						
			纯林	525	3312	33	165	492	3147						
			混交林	70	506			70	506						

（续）

统计单位	起源	优势树种	乔木林	小计		幼龄林		中龄林		近熟林		成熟林		过熟林	
				面积	蓄积	面积	蓄积	面积	蓄积	面积	蓄积	面积	蓄积	面积	蓄积
1	2	3	4	5	6	7	8	9	10	11	12	13	14	15	16
		硬阔类	合计	141	231	84		57	231						
			纯林	57	231			57	231						
			混交林	84		84									
		软阔类	纯林	21	111							21	111		
桂洋林场	合计	合计	合计	10090	53777	1505	2040	2075	8518	1320	9101	3616	23718	1574	10400
			纯林	6392	37329	142	152	1737	6894	908	6091	2619	17539	986	6653
			混交林	3698	16448	1363	1888	338	1624	412	3010	997	6179	588	3747
		马尾松	合计	3018	18083	77	585	67	268	457	2499	1605	9674	812	5057
			纯林	1450	8651			67	268	406	2215	608	3495	369	2673
			混交林	1568	9432	77	585			51	284	997	6179	443	2384
		杉木	合计	5781	28478	1201	507	1298	4681	546	4235	1982	13818	754	5237
			纯林	4075	24218	99	69	1014	3443	371	3014	1982	13818	609	3874
			混交林	1706	4260	1102	438	284	1238	175	1221			145	1363
		柳杉	合计	94	708					57	376	29	226	8	106
			纯林	37	332							29	226	8	106
			混交林	57	376					57	376				
		柏木	合计	202	965	194	912	8	53						
			纯林	18	100	10	47	8	53						
			混交林	184	865	184	865								
		硬阔类	合计	962	5507			702	3516	260	1991				
			纯林	779	3992			648	3130	131	862				
			混交林	183	1515			54	386	129	1129				
		板栗	纯林	3		3									
		梨	纯林	30	36	30	36								
	天然	合计	合计	3977	23211	77	585	953	4270	696	4394	1473	8929	778	5033
			纯林	2510	13809			899	3884	536	3073	561	3218	514	3634
			混交林	1467	9402	77	585	54	386	160	1321	912	5711	264	1399
		马尾松	合计	2686	16257	77	585	67	268	436	2403	1473	8929	633	4072

（续）

统计单位	起源	优势树种	乔木林	小计		幼龄林		中龄林		近熟林		成熟林		过熟林	
				面积	蓄积	面积	蓄积	面积	蓄积	面积	蓄积	面积	蓄积	面积	蓄积
1	2	3	4	5	6	7	8	9	10	11	12	13	14	15	16
			纯林	1402	8370			67	268	405	2211	561	3218	369	2673
			混交林	1284	7887	77	585			31	192	912	5711	264	1399
		杉木	纯林	329	1447			184	486					145	961
		硬阔类	合计	962	5507			702	3516	260	1991				
			纯林	779	3992			648	3130	131	862				
			混交林	183	1515			54	386	129	1129				
	人工	合计	合计	6113	30566	1428	1455	1122	4248	624	4707	2143	14789	796	5367
			纯林	3882	23520	142	152	838	3010	372	3018	2058	14321	472	3019
			混交林	2231	7046	1286	1303	284	1238	252	1689	85	468	324	2348
		马尾松	合计	332	1826					21	96	132	745	179	985
			纯林	48	281					1	4	47	277		
			混交林	284	1545					20	92	85	468	179	985
		杉木	合计	5452	27031	1201	507	1114	4195	546	4235	1982	13818	609	4276
			纯林	3746	22771	99	69	830	2957	371	3014	1982	13818	464	2913
			混交林	1706	4260	1102	438	284	1238	175	1221			145	1363
		柳杉	合计	94	708					57	376	29	226	8	106
			纯林	37	332							29	226	8	106
			混交林	57	376					57	376				
		柏木	合计	202	965	194	912	8	53						
			纯林	18	100	10	47	8	53						
			混交林	184	865	184	865								
		板栗	纯林	3		3									
		梨	纯林	30	36	30	36								
保护区	合计	合计	合计	82136	473923	21378	60758	25773	125751	13726	98257	14409	98766	6850	90391
			纯林	20312	59167	4516	5679	7766	12177	2589	7233	4649	22700	792	11378
			混交林	61824	414756	16862	55079	18007	113574	11137	91024	9760	76066	6058	79013
		马尾松	合计	7107	70885			164	295	630	1502	3439	28014	2874	41074
			纯林	1352	9888			164	295	357	286	374	2132	457	7175

（续）

统计单位	起源	优势树种	乔木林	小计		幼龄林		中龄林		近熟林		成熟林		过熟林	
				面积	蓄积	面积	蓄积	面积	蓄积	面积	蓄积	面积	蓄积	面积	蓄积
1	2	3	4	5	6	7	8	9	10	11	12	13	14	15	16
			混交林	5755	60997					273	1216	3065	25882	2417	33899
		杉木	合计	33204	132366	4824	6178	9611	15752	5886	18463	9848	57617	3035	34356
			纯林	18798	48210	4516	5679	7602	11882	2232	6947	4113	19499	335	4203
			混交林	14406	84156	308	499	2009	3870	3654	11516	5735	38118	2700	30153
		柳杉	合计	1103	16030							162	1069	941	14961
			纯林	162	1069							162	1069		
			混交林	941	14961									941	14961
		硬阔类	混交林	40722	254642	16554	54580	15998	109704	7210	78292	960	12066		
	天然	合计	合计	49268	328093	17068	55248	16109	109658	8634	81673	4583	40440	2874	41074
			纯林	2276	11282	514	668	188	326	743	981	374	2132	457	7175
			混交林	46992	316811	16554	54580	15921	109332	7891	80692	4209	38308	2417	33899
		马尾松	合计	7107	70885			164	295	630	1502	3439	28014	2874	41074
			纯林	1352	9888			164	295	357	286	374	2132	457	7175
			混交林	5755	60997					273	1216	3065	25882	2417	33899
		杉木	合计	1850	6078	514	668	24	31	794	1879	518	3500		
			纯林	924	1394	514	668	24	31	386	695				
			混交林	926	4684					408	1184	518	3500		
		硬阔类	混交林	40311	251130	16554	54580	15921	109332	7210	78292	626	8926		
	人工	合计	合计	32868	145830	4310	5510	9664	16093	5092	16584	9826	58326	3976	49317
			纯林	18036	47885	4002	5011	7578	11851	1846	6252	4275	20568	335	4203
			混交林	14832	97945	308	499	2086	4242	3246	10332	5551	37758	3641	45114
		杉木	合计	31354	126288	4310	5510	9587	15721	5092	16584	9330	54117	3035	34356
			纯林	17874	46816	4002	5011	7578	11851	1846	6252	4113	19499	335	4203
			混交林	13480	79472	308	499	2009	3870	3246	10332	5217	34618	2700	30153
		柳杉	合计	1103	16030							162	1069	941	14961
			纯林	162	1069							162	1069		
			混交林	941	14961									941	14961
		硬阔类	混交林	411	3512			77	372			334	3140		

附表 5　生态公益林（地）统计表

按范围统计

单位名称：遂昌县　　　　（2005 年）　　　　单位：亩、立方米

统计单位	工程类别	事权等级	保护等级	合计	有林地						疏林地	灌木林地			未成林造林地			苗圃地	无立木林地				宜林地			
					小计	乔木林			红树林	竹林		小计	特灌林	其它灌木林	小计	未成造	未成封		小计	采伐迹地	火烧迹地	其它无林地	小计	宜林荒山荒地	宜林沙荒	其它宜林地
						小计	纯林	混交林																		
1	2	3	4	5	6	7	8	9	10	11	12	13	14	15	16	17	18	19	20	21	22	23	24	25	26	27
合计	合计	合计	合计	846815	816391	803572	334590	468982		12819	862	14146	1726	12420	11418	11418		36	3558	639		2919	404	156		248
			特殊	124	124	124	124																			
			重点	846545	816267	803448	334466	468982		12819	862	14146	1726	12420	11272	11272		36	3558	639		2919	404	156		248
			一般	146											146	146										
		国家	重点	458203	440182	437043	164640	272403		3139	621	10498	1470	9028	4467	4467		36	2145	639		1506	254	51		203
		省级	合计	357978	347005	338057	155319	182738		8948	183	3336	145	3191	5947	5947			1358			1358	149	105		44
			特殊	124	124	124	124																			
			重点	357708	346881	337933	155195	182738		8948	183	3336	145	3191	5801	5801			1358			1358	149	105		44
			一般	146											146	146										
		市级	重点	30634	29204	28472	14631	13841		732	58	312	111	201	1004	1004			55			55	1			1
	长防林	合计	合计	136458	126925	126264	77110	49154		661		6481	223	6258	2649	2649			322	155		167	81	51		30
			特殊	124	124	124	124																			
			重点	136334	126801	126140	76986	49154		661		6481	223	6258	2649	2649			322	155		167	81	51		30
		国家	重点	79537	71493	70997	38923	32074		496		6087		6087	1584	1584			292	155		137	81	51		30
		省级	合计	48766	47508	47388	33873	13515		120		316	145	171	912	912			30			30				
			特殊	124	124	124	124																			
			重点	48642	47384	47264	33749	13515		120		316	145	171	912	912			30			30				
		市级	重点	8155	7924	7879	4314	3565		45		78	78		153	153										
	太防林	国家	重点	767	762	762		762											5			5				
	动植保	合计	重点	82840	82285	81971	20312	61659		314								21	411			411	123			123
		国家	重点	82690	82135	81821	20233	61588		314								21	411			411	123			123
		省级	重点	71	71	71		71																		
		市级	重点	79	79	79	79																			
	速丰林	国家	重点	420	400	400	345	55				20	20													
	世贷	合计	重点	2824	2267	2245	1802	443		22					557	557										
		国家	重点	94	94	94		94																		

（续）

统计单位	工程类别	事权等级	保护等级	合计	有林地						疏林地	灌木林地			未成林造林地			苗圃地	无立木林地				宜林地			
					小计	乔木林			红树林	竹林		小计	特灌林	其它灌木林	小计	未成造	未成封		小计	采伐迹地	火烧迹地	其它无林地	小计	宜林荒山荒地	宜林沙荒	其它宜林地
						小计	纯林	混交林																		
1	2	3	4	5	6	7	8	9	10	11	12	13	14	15	16	17	18	19	20	21	22	23	24	25	26	27
		省级	重点	2730	2173	2151	1802	349		22					557	557										
	特色	国家	重点	35	35	35		35																		
	其它	合计	合计	623471	603717	591895	235021	356874		11822	862	7645	1483	6162	8212	8212		15	2820	484		2336	200	105		95
			重点	623325	603717	591895	235021	356874		11822	862	7645	1483	6162	8066	8066		15	2820	484		2336	200	105		95
			一般	146											146	146										
		国家	重点	294660	285263	282934	105139	177795		2329	621	4391	1450	2941	2883	2883		15	1437	484		953	50			50
		省级	合计	306411	297253	288447	119644	168803		8806	183	3020		3020	4478	4478			1328			1328	149	105		44
			重点	306265	297253	288447	119644	168803		8806	183	3020		3020	4332	4332			1328			1328	149	105		44
			一般	146											146	146										
		市级	重点	22400	21201	20514	10238	10276		687	58	234	33	201	851	851			55			55	1			1
大柘镇	其它	合计	重点	11680	11561	11522	2055	9467		39		45		45	3	3			71			71				
		省级	重点	6535	6461	6422	1683	4739		39		45		45	3	3			26			26				
		市级	重点	5145	5100	5100	372	4728											45			45				
石练镇	合计	合计	重点	27197	27001	26973	14867	12106		28		73		73	93	93			30			30				
		省级	重点	26831	26635	26607	14867	11740		28		73		73	93	93			30			30				
		市级	重点	366	366	366		366																		
	长防林	合计	重点	27043	26847	26819	14713	12106		28		73		73	93	93			30			30				
		省级	重点	26677	26481	26453	14713	11740		28		73		73	93	93			30			30				
		市级	重点	366	366	366		366																		
	世贷	省级	重点	152	152	152	152																			
	其它	省级	重点	2	2	2	2																			
安口乡	其它	合计	重点	35033	34483	34297	5003	29294		186		505		505	35	35			10			10				
		省级	重点	34885	34335	34154	5003	29151		181		505		505	35	35			10			10				
		市级	重点	148	148	143		143		5																
妙高镇	合计	省级	重点	54217	53332	52929	23749	29180		403		8		8	151	151			617			617	109	90		19
	世贷	省级	重点	326	326	326	326																			
	其它	省级	重点	53891	53006	52603	23423	29180		403		8		8	151	151			617			617	109	90		19
云峰镇	其它	合计	重点	21378	18430	18131	11652	6479		299	183				2670	2670			57			57	38	13		25
		省级	重点	21368	18430	18131	11652	6479		299	183				2670	2670			47			47	38	13		25

（续）

统计单位	工程类别	事权等级	保护等级	合计	有林地						疏林地	灌木林地			未成林造林地			苗圃地	无立木林地				宜林地			
					小计	乔木林			红树林	竹林		小计	特灌林	其它灌木林	小计	未成造	未成封		小计	采伐迹地	火烧迹地	其它无林地	小计	宜林荒山荒地	宜林沙荒	其它宜林地
						小计	纯林	混交林																		
1	2	3	4	5	6	7	8	9	10	11	12	13	14	15	16	17	18	19	20	21	22	23	24	25	26	27
		市级	重点	10															10			10				
三仁乡	其它	省级	重点	15874	15282	15271	1560	13711		11		60		60	142	142			390			390				
濂竹乡	其它	合计	重点	9293	8734	8414	3097	5317		320	58	233		233	267	267							1			1
		省级	重点	2087	2018	1995	192	1803		23		69		69												
		市级	重点	7206	6716	6419	2905	3514		297	58	164		164	267	267							1			1
北界镇	其它	合计	重点	50646	49976	48583	20934	27649		1393		491		491	161	161			18			18				
		省级	重点	50510	49860	48467	20934	27533		1393		471		471	161	161			18			18				
		市级	重点	136	116	116		116				20		20												
新路湾镇	合计	省级	重点	49060	46829	46022	21784	24238		807		919		919	1285	1285			27			27				
	世贷	省级	重点	2252	1695	1673	1324	349		22					557	557										
	其它	省级	重点	46808	45134	44349	20460	23889		785		919		919	728	728			27			27				
应村乡	其它	合计	重点	41883	41008	36680	18828	17852		4328		120		120	654	654			99			99	2	2		
		国家	重点	25	19	19	19								6	6										
		省级	重点	41039	40426	36143	18674	17469		4283		120		120	392	392			99			99	2	2		
		市级	重点	819	563	518	135	383		45					256	256										
高坪乡	其它	合计	重点	19648	19546	18156	8631	9525		1390		58		58					44			44				
		省级	重点	19239	19137	17860	8509	9351		1277		58		58					44			44				
		市级	重点	409	409	296	122	174		113																
金竹镇	其它	合计	重点	16376	15955	15863	3607	12256		92		207	30	177	198	198			14	7		7	2			2
		国家	重点	16012	15591	15499	3301	12198		92		207	30	177	198	198			14	7		7	2			2
		省级	重点	306	306	306	306																			
		市级	重点	58	58	58		58																		
湖山乡	合计	合计	重点	78630	70723	70230	38718	31512		493		6087		6087	1476	1476			263	126		137	81	51		30
		国家	重点	78456	70549	70056	38718	31338		493		6087		6087	1476	1476			263	126		137	81	51		30
		省级	重点	84	84	84		84																		
		市级	重点	90	90	90		90																		
	长防林	合计	重点	78455	70548	70055	38543	31512		493		6087		6087	1476	1476			263	126		137	81	51		30
		国家	重点	78281	70374	69881	38543	31338		493		6087		6087	1476	1476			263	126		137	81	51		30
		省级	重点	84	84	84		84																		

（续）

统计单位	工程类别	事权等级	保护等级	合计	有林地						疏林地	灌木林地			未成林造林地			苗圃地	无立木林地				宜林地			
					小计	乔木林			红树林	竹林		小计	特灌林	其它灌木林	小计	未成造	未成封		小计	采伐迹地	火烧迹地	其它无林地	小计	宜林荒山荒地	宜林沙荒	其它宜林地
						小计	纯林	混交林																		
1	2	3	4	5	6	7	8	9	10	11	12	13	14	15	16	17	18	19	20	21	22	23	24	25	26	27
		市级	重点	90	90	90		90																		
	其它	国家	重点	175	175	175	175																			
黄沙腰镇	合计	合计	重点	21230	20476	20290	7375	12915		186		53		53	332	332			366	141		225	3			3
		国家	重点	21216	20462	20276	7375	12901		186		53		53	332	332			366	141		225	3			3
		省级	重点	14	14	14		14																		
	长防林	国家	重点	572	464	461		461		3					108	108										
	其它	合计	重点	20658	20012	19829	7375	12454		183		53		53	224	224			366	141		225	3			3
		国家	重点	20644	19998	19815	7375	12440		183		53		53	224	224			366	141		225	3			3
		省级	重点	14	14	14		14																		
柘岱口乡	其它	合计	重点	9538	8673	8585	3691	4894		88		765		765	50	50			50			50				
		省级	重点	9506	8641	8553	3659	4894		88		765		765	50	50			50			50				
		市级	重点	32	32	32	32																			
西畈乡	合计	合计	重点	59011	57503	56487	17451	39036		1016	548	576	529	47	174	174			210			210				
		国家	重点	58789	57289	56273	17451	38822		1016	548	568	521	47	174	174			210			210				
		市级	重点	222	214	214		214				8	8													
	长防林	国家	重点	100	100	100	85	15																		
	其它	合计	重点	58911	57403	56387	17366	39021		1016	548	576	529	47	174	174			210			210				
		国家	重点	58689	57189	56173	17366	38807		1016	548	568	521	47	174	174			210			210				
		市级	重点	222	214	214		214				8	8													
王村口镇	合计	合计	重点	36293	35717	35431	11991	23440		286		10		10	357	357			173	37		136	36			36
		国家	重点	36064	35488	35219	11991	23228		269		10		10	357	357			173	37		136	36			36
		省级	重点	229	229	212		212		17																
	速丰林	国家	重点	77	77	77	67	10																		
	特色	国家	重点	35	35	35		35																		
	其它	合计	重点	36181	35605	35319	11924	23395		286		10		10	357	357			173	37		136	36			36
		国家	重点	35952	35376	35107	11924	23183		269		10		10	357	357			173	37		136	36			36
		省级	重点	229	229	212		212		17																
蔡源乡	合计	合计	合计	28778	28624	28328	13147	15181		296					104	104			44			44	6			6
			特殊	124	124	124	124																			

（续）

统计单位	工程类别	事权等级	保护等级	合计	有林地						疏林地	灌木林地			未成林造林地			苗圃地	无立木林地				宜林地			
					小计	乔木林			红树林	竹林		小计	特灌林	其它灌木林	小计	未成造	未成封		小计	采伐迹地	火烧迹地	其它无林地	小计	宜林荒山荒地	宜林沙荒	其它宜林地
						小计	纯林	混交林																		
1	2	3	4	5	6	7	8	9	10	11	12	13	14	15	16	17	18	19	20	21	22	23	24	25	26	27
			重点	28654	28500	28204	13023	15181		296					104	104			44			44	6			6
		国家	重点	28654	28500	28204	13023	15181		296					104	104			44			44	6			6
		省级	特殊	124	124	124	124																			
	长防林	合计	合计	359	359	359	321	38																		
			特殊	124	124	124	124																			
			重点	235	235	235	197	38																		
		国家	重点	235	235	235	197	38																		
		省级	特殊	124	124	124	124																			
	其它	国家	重点	28419	28265	27969	12826	15143		296					104	104			44			44	6			6
焦滩乡	合计	合计	重点	68829	66882	66511	18726	47785		371		997	997		883	883			64			64	3			3
		国家	重点	68372	66516	66152	18584	47568		364		919	919		870	870			64			64	3			3
		省级	重点	116	116	109	94	15		7																
		市级	重点	341	250	250	48	202				78	78		13	13										
	长防林	合计	重点	300	222	222		222				78	78													
		国家	重点	222	222	222		222																		
		市级	重点	78								78	78													
	太防林	国家	重点	315	315	315		315																		
	速丰林	国家	重点	343	323	323	278	45				20	20													
	世贷	国家	重点	94	94	94		94																		
	其它	合计	重点	67777	65928	65557	18448	47109		371		899	899		883	883			64			64	3			3
		国家	重点	67398	65562	65198	18306	46892		364		899	899		870	870			64			64	3			3
		省级	重点	116	116	109	94	15		7																
		市级	重点	263	250	250	48	202							13	13										
龙洋乡	合计	合计	合计	29490	28813	28774	6110	22664		39					431	431			246	5		241				
			重点	29344	28813	28774	6110	22664		39					285	285			246	5		241				
			一般	146											146	146										
		国家	重点	29320	28789	28750	6110	22640		39					285	285			246	5		241				
		省级	一般	146											146	146										
		市级	重点	24	24	24		24																		
	长防林	市级	重点	24	24	24		24																		

（续）

统计单位	工程类别	事权等级	保护等级	合计	有林地						疏林地	灌木林地			未成林造林地			苗圃地	无立木林地				宜林地			
					小计	乔木林			红树林	竹林		小计	特灌林	其它灌木林	小计	未成造	未成封		小计	采伐迹地	火烧迹地	其它无林地	小计	宜林荒山荒地	宜林沙荒	其它宜林地
						小计	纯林	混交林																		
1	2	3	4	5	6	7	8	9	10	11	12	13	14	15	16	17	18	19	20	21	22	23	24	25	26	27
	太防林	国家	重点	452	447	447		447											5			5				
	其它	合计	合计	29014	28342	28303	6110	22193		39					431	431			241	5		236				
			重点	28868	28342	28303	6110	22193		39					285	285			241	5		236				
			一般	146											146	146										
		国家	重点	28868	28342	28303	6110	22193		39					285	285			241	5		236				
		省级	一般	146											146	146										
牛头山场	合计	省级	重点	21941	20879	20787	19096	1691		92		243	145	98	819	819										
	长防林	省级	重点	21881	20819	20727	19036	1691		92		243	145	98	819	819										
	其它	省级	重点	60	60	60	60																			
湖山林场	合计	合计	重点	42386	38654	38584	31282	7302		70	73	2654		2654	665	665		15	325	294		31				
		国家	重点	38478	34746	34676	27737	6939		70	73	2654		2654	665	665		15	325	294		31				
		省级	重点	3796	3796	3796	3433	363																		
		市级	重点	112	112	112	112																			
	长防林	市级	重点	112	112	112	112																			
	其它	合计	重点	42274	38542	38472	31170	7302		70	73	2654		2654	665	665		15	325	294		31				
		国家	重点	38478	34746	34676	27737	6939		70	73	2654		2654	665	665		15	325	294		31				
		省级	重点	3796	3796	3796	3433	363																		
白马山场	其它	市级	重点	7952	7595	7368	6624	744		227		42	25	17	315	315										
桂洋林场	长防林	合计	重点	7447	7265	7220	4300	2920		45					153	153			29	29						
		国家	重点	127	98	98	98												29	29						
		市级	重点	7320	7167	7122	4202	2920		45					153	153										
保护区	合计	合计	重点	83005	82450	82136	20312	61824		314								21	411			411	123			123
		国家	重点	82690	82135	81821	20233	61588		314								21	411			411	123			123
		省级	重点	71	71	71		71																		
		市级	重点	244	244	244	79	165																		
	长防林	市级	重点	165	165	165		165																		
	动植保	合计	重点	82840	82285	81971	20312	61659		314								21	411			411	123			123
		国家	重点	82690	82135	81821	20233	61588		314								21	411			411	123			123
		省级	重点	71	71	71		71																		
		市级	重点	79	79	79	79																			

附表 6　用材林面积蓄积按龄级统计表

按范围统计

单位名称：遂昌县　　　　（2005 年）　　　　单位：亩、立方米

统计单位	林木使用权	亚林种	合计		Ⅰ龄级		Ⅱ龄级		Ⅲ龄级		Ⅳ龄级		Ⅴ龄级		Ⅵ龄级		Ⅶ龄级		Ⅷ以上龄级	
			面积	蓄积	面积	蓄积	面积	蓄积	面积	蓄积	面积	蓄积	面积	蓄积	面积	蓄积	面积	蓄积	面积	蓄积
1	2	3	4	5	6	7	8	9	10	11	12	13	14	15	16	17	18	19	20	21
合计	合计	合计	1863039	4971363	289621	207285	440419	766422	422991	1114783	309894	1035024	211795	838514	115091	548223	51042	316292	22186	144820
		短工林	345	241	226	99			80	56	39	86								
		速丰林	1213	5469	20		64		1014	4575			115	894						
		用材林	1861481	4965653	289375	207186	440355	766422	421897	1110152	309855	1034938	211680	837620	115091	548223	51042	316292	22186	144820
	国有	合计	36532	175945	1441	1682	8235	19469	7382	33175	8792	45788	4557	30486	2337	15823	2739	19829	1049	9693
		速丰林	683	3879	20				548	2985			115	894						
		用材林	35849	172066	1421	1682	8235	19469	6834	30190	8792	45788	4442	29592	2337	15823	2739	19829	1049	9693
	集体	合计	602255	1469242	105947	93000	144366	264478	123281	307264	107814	329123	75347	266562	34113	139859	8470	51904	2917	17052
		短工林	68	86	29						39	86								
		速丰林	64				64													
		用材林	602123	1469156	105918	93000	144302	264478	123281	307264	107775	329037	75347	266562	34113	139859	8470	51904	2917	17052
	合作	用材林	8310	24707	610	560	779	1511	4538	11998	1719	6840	407	1872	257	1926				
	个人	合计	1215942	3301469	181623	112043	287039	480964	287790	762346	191569	653273	131484	539594	78384	390615	39833	244559	18220	118075
		短工林	277	155	197	99			80	56										
		速丰林	466	1590					466	1590										
		用材林	1215199	3299724	181426	111944	287039	480964	287244	760700	191569	653273	131484	539594	78384	390615	39833	244559	18220	118075
大柘镇	合计	合计	93410	196600	42740	60857	18278	40961	17951	43303	10112	34409	3007	10324	1051	4902	267	1701	4	143
		短工林	39	86							39	86								
		用材林	93371	196514	42740	60857	18278	40961	17951	43303	10073	34323	3007	10324	1051	4902	267	1701	4	143
	集体	合计	69810	140533	33579	45469	11552	25197	15079	34262	7811	27949	1261	4964	383	1365	141	1184	4	143
		短工林	39	86							39	86								
		用材林	69771	140447	33579	45469	11552	25197	15079	34262	7772	27863	1261	4964	383	1365	141	1184	4	143
	合作	用材林	377	983							377	983								
	个人	用材林	23223	55084	9161	15388	6726	15764	2872	9041	1924	5477	1746	5360	668	3537	126	517		

（续）

统计单位	林木使用权	亚林种	合计		Ⅰ龄级		Ⅱ龄级		Ⅲ龄级		Ⅳ龄级		Ⅴ龄级		Ⅵ龄级		Ⅶ龄级		Ⅷ以上龄级	
			面积	蓄积	面积	蓄积	面积	蓄积	面积	蓄积	面积	蓄积	面积	蓄积	面积	蓄积	面积	蓄积	面积	蓄积
1	2	3	4	5	6	7	8	9	10	11	12	13	14	15	16	17	18	19	20	21
石练镇	合计	用材林	86047	239779	11618	12010	22123	39572	18747	50177	14469	52128	11107	48297	7625	35826	358	1769		
	集体	用材林	81372	226308	11288	11639	21588	38558	16227	43445	13555	49132	10844	46843	7512	34922	358	1769		
	合作	用材林	4586	13079	327	366	528	997	2443	6368	912	2990	263	1454	113	904				
	个人	用材林	89	392	3	5	7	17	77	364	2	6								
安口乡	合计	用材林	134702	443510	12994	5421	44959	67575	20171	63521	18271	75574	18481	101787	7279	42379	10485	73011	2062	14242
	集体	用材林	16875	66757	1053	622	3879	5718	2434	7305	2200	8582	2562	12744	1744	9778	2922	21263	81	745
	个人	用材林	117827	376753	11941	4799	41080	61857	17737	56216	16071	66992	15919	89043	5535	32601	7563	51748	1981	13497
妙高镇	合计	合计	121682	258784	32828	13453	23452	46552	35131	101084	14335	42431	12785	41919	2482	9501	656	3785	13	59
		速丰林	466	1590					466	1590										
		用材林	121216	257194	32828	13453	23452	46552	34665	99494	14335	42431	12785	41919	2482	9501	656	3785	13	59
	国有	用材林	101		101															
	集体	用材林	16747	34273	5290	2384	3417	7065	4448	12124	2116	7137	1116	3859	202	797	156	889	2	18
	合作	用材林	143	405	7				134	399	2	6								
	个人	合计	104691	224106	27430	11069	20035	39487	30549	88561	12217	35288	11669	38060	2280	8704	500	2896	11	41
		速丰林	466	1590					466	1590										
		用材林	104225	222516	27430	11069	20035	39487	30083	86971	12217	35288	11669	38060	2280	8704	500	2896	11	41
云峰镇	合计	合计	177628	303336	41137	23503	66971	102308	33355	72664	19360	48871	11352	34655	4346	15181	678	3617	429	2537
		短工林	197	99	197	99														
		用材林	177431	303237	40940	23404	66971	102308	33355	72664	19360	48871	11352	34655	4346	15181	678	3617	429	2537
	国有	用材林	265	519	137	301	128	218												
	集体	用材林	15873	27498	3131	1253	5684	8754	3031	6440	2647	6561	807	2416	431	1478			142	596
	合作	用材林	164	295			8	14	156	281										
	个人	合计	161326	275024	37869	21949	61151	93322	30168	65943	16713	42310	10545	32239	3915	13703	678	3617	287	1941
		短工林	197	99	197	99														
		用材林	161129	274925	37672	21850	61151	93322	30168	65943	16713	42310	10545	32239	3915	13703	678	3617	287	1941
三仁乡	合计	用材林	36325	113590	7420	8498	7312	19964	4893	16166	8262	27285	7064	34698	1315	6580	59	399		

（续）

统计单位	林木使用权	亚林种	合计		Ⅰ龄级		Ⅱ龄级		Ⅲ龄级		Ⅳ龄级		Ⅴ龄级		Ⅵ龄级		Ⅶ龄级		Ⅷ以上龄级	
			面积	蓄积	面积	蓄积	面积	蓄积	面积	蓄积	面积	蓄积	面积	蓄积	面积	蓄积	面积	蓄积	面积	蓄积
1	2	3	4	5	6	7	8	9	10	11	12	13	14	15	16	17	18	19	20	21
	集体	用材林	1123	4785			153	352	299	1930	384	1059	217	1108	70	336				
	合作	用材林	144	418									144	418						
	个人	用材林	35058	108387	7420	8498	7159	19612	4594	14236	7878	26226	6703	33172	1245	6244	59	399		
濂竹乡	合计	用材林	49151	112960	10789	6362	14156	29490	10782	32818	9865	30333	2399	9085	781	3472	172	968	207	432
	国有	用材林	2281	6519	259	393	1661	5151	361	975										
	集体	用材林	37453	79530	8995	5134	10637	20772	8211	23466	7645	22472	1393	4908	383	1644	172	968	17	166
	个人	用材林	9417	26911	1535	835	1858	3567	2210	8377	2220	7861	1006	4177	398	1828			190	266
北界镇	合计	用材林	42915	107297	5419	2505	6350	11256	13259	33939	12525	36545	3081	11384	2147	10837	134	831		
	集体	用材林	2424	8594	44	9			2380	8585										
	个人	用材林	40491	98703	5375	2496	6350	11256	10879	25354	12525	36545	3081	11384	2147	10837	134	831		
新路湾镇	集体	合计	100137	275014	9490	2826	13948	18549	17461	35252	24618	74502	25427	100796	7422	34270	1101	5572	670	3247
		短工林	29		29															
		用材林	100108	275014	9461	2826	13948	18549	17461	35252	24618	74502	25427	100796	7422	34270	1101	5572	670	3247
应村乡	合计	合计	11283	30840	1062	255	1935	4297	3199	9646	4162	13927	912	2681	10	18	3	16		
		速丰林	64				64													
		用材林	11219	30840	1062	255	1871	4297	3199	9646	4162	13927	912	2681	10	18	3	16		
	集体	合计	11280	30836	1062	255	1932	4293	3199	9646	4162	13927	912	2681	10	18	3	16		
		速丰林	64				64													
		用材林	11216	30836	1062	255	1868	4293	3199	9646	4162	13927	912	2681	10	18	3	16		
	个人	用材林	3	4			3	4												
高坪乡	合计	用材林	15342	44376	644		1598	1948	1884	5278	3815	11336	4630	14611	2243	9824	528	1379		
	国有	用材林	22	103					22	103										
	集体	用材林	341	1777					77	292					264	1485				
	个人	用材林	14979	42496	644		1598	1948	1785	4883	3815	11336	4630	14611	1979	8339	528	1379		
金竹镇	合计	合计	94257	163554	36049	17315	25313	49570	21173	52301	10788	40333	925	4003			9	32		
		短工林	80	56					80	56										

（续）

统计单位	林木使用权	亚林种	合计		Ⅰ龄级		Ⅱ龄级		Ⅲ龄级		Ⅳ龄级		Ⅴ龄级		Ⅵ龄级		Ⅶ龄级		Ⅷ以上龄级	
			面积	蓄积	面积	蓄积	面积	蓄积	面积	蓄积	面积	蓄积	面积	蓄积	面积	蓄积	面积	蓄积	面积	蓄积
1	2	3	4	5	6	7	8	9	10	11	12	13	14	15	16	17	18	19	20	21
		用材林	94177	163498	36049	17315	25313	49570	21093	52245	10788	40333	925	4003			9	32		
	集体	用材林	2898	4553	1288	622	622	1106	542	1109	387	1545	59	171						
	个人	合计	91359	159001	34761	16693	24691	48464	20631	51192	10401	38788	866	3832			9	32		
		短工林	80	56					80	56										
		用材林	91279	158945	34761	16693	24691	48464	20551	51136	10401	38788	866	3832			9	32		
湖山乡	合计	用材林	71347	146365	17205	9886	22323	48312	14338	37551	11401	33531	4155	10513	1648	5710	223	629	54	233
	集体	用材林	71334	146328	17205	9886	22321	48311	14328	37519	11401	33531	4155	10513	1647	5706	223	629	54	233
	个人	用材林	13	37			2	1	10	32					1	4				
黄沙腰镇	合计	用材林	142670	300607	11139	12194	45978	91372	22017	48079	22773	50206	22938	50252	15171	40671	2088	6184	566	1649
	集体	用材林	92675	192362	8781	10983	30959	65155	10942	22938	15170	29741	17202	37155	9030	24402	559	1918	32	70
	合作	用材林	595	998	243	194	7	24	345	780										
	个人	用材林	49400	107247	2115	1017	15012	26193	10730	24361	7603	20465	5736	13097	6141	16269	1529	4266	534	1579
柘岱口乡	合计	用材林	190107	591440	7419	3517	23952	38185	52854	133208	36965	128521	29719	109909	20269	84619	12208	58282	6721	35199
	国有	用材林	137	589					137	589										
	集体	用材林	25480	73891	611	235	2356	2890	7170	18271	6603	18377	4920	17245	1482	4364	989	4555	1349	7954
	个人	用材林	164490	516960	6808	3282	21596	35295	45547	114348	30362	110144	24799	92664	18787	80255	11219	53727	5372	27245
西畈乡	合计	用材林	116762	200188	6176	1736	11698	12603	47792	73345	27378	50179	13823	33668	6892	19144	1991	6146	1012	3367
	集体	用材林	12499	19010	400	61	1708	1773	6716	10482	2397	3595	530	857	627	2024	121	218		
	合作	用材林	92	64			92	64												
	个人	用材林	104171	181114	5776	1675	9898	10766	41076	62863	24981	46584	13293	32811	6265	17120	1870	5928	1012	3367
王村口镇	合计	用材林	150494	541840	14777	8856	35711	59755	37463	130806	25780	112530	15133	82328	15623	103527	3221	25082	2786	18956
	国有	用材林	184	1921			10	7					174	1914						
	集体	用材林	15540	54274	1430	563	3969	4100	3685	12993	2253	10326	1411	7334	1714	10492	798	6955	280	1511
	个人	用材林	134770	485645	13347	8293	31732	55648	33778	117813	23527	102204	13548	73080	13909	93035	2423	18127	2506	17445
蔡源乡	合计	用材林	29645	75416	3257	673	6457	7294	8297	21297	4466	13855	2225	8065	2659	12022	1960	10472	324	1738
	集体	用材林	3828	9324	80		954	901	1111	2665	678	2111	399	1175	481	2059	125	413		

（续）

统计单位	林木使用权	亚林种	合计		Ⅰ龄级		Ⅱ龄级		Ⅲ龄级		Ⅳ龄级		Ⅴ龄级		Ⅵ龄级		Ⅶ龄级		Ⅷ以上龄级	
			面积	蓄积	面积	蓄积	面积	蓄积	面积	蓄积	面积	蓄积	面积	蓄积	面积	蓄积	面积	蓄积	面积	蓄积
1	2	3	4	5	6	7	8	9	10	11	12	13	14	15	16	17	18	19	20	21
	合作	用材林	697	1093					697	1093										
	个人	用材林	25120	64999	3177	673	5503	6393	6489	17539	3788	11744	1826	6890	2178	9963	1835	10059	324	1738
焦滩乡	合计	用材林	22708	90384	3788	4842	3268	7114	5222	18596	3821	23658	3115	15753	2463	13558	947	6342	84	521
	集体	用材林	3123	10333	389	159	956	1426	645	2871	377	1883	541	2751	98	518	117	725		
	合作	用材林	1479	7372			144	412	763	3077	428	2861			144	1022				
	个人	用材林	18106	72679	3399	4683	2168	5276	3814	12648	3016	18914	2574	13002	2221	12018	830	5617	84	521
龙洋乡	合计	用材林	143605	568280	12639	10956	39019	56889	30456	104996	17945	89097	15123	84943	11027	78554	11199	90147	6197	52698
	国有	用材林	1377	2862			846	1324	429	1158	38	156	64	224						
	集体	用材林	21407	63123	1831	900	7703	9471	5296	15669	3405	16667	1588	9016	613	4201	685	4830	286	2369
	合作	用材林	33		33															
	个人	用材林	120788	502295	10775	10056	30470	46094	24731	88169	14502	72274	13471	75703	10414	74353	10514	85317	5911	50329
牛头山场	合计	合计	18167	72799	728	899	5215	11347	3673	12761	3469	15515	2418	13830	1215	7485	1449	10962		
		速丰林	683	3879	20				548	2985			115	894						
		用材林	17484	68920	708	899	5215	11347	3125	9776	3469	15515	2303	12936	1215	7485	1449	10962		
	国有	合计	18139	72712	728	899	5187	11260	3673	12761	3469	15515	2418	13830	1215	7485	1449	10962		
		速丰林	683	3879	20				548	2985			115	894						
		用材林	17456	68833	708	899	5187	11260	3125	9776	3469	15515	2303	12936	1215	7485	1449	10962		
	集体	用材林	28	87			28	87												
湖山林场	国有	用材林	8492	55127	58		289	1148	2064	14746	4162	24313	1533	11946	386	2974				
白马山场	国有	用材林	3326	21578	124	89	106	308	612	2466	758	3821			297	2263	380	2938	1049	9693
桂洋林场	合计	用材林	2837	17699	121	632	8	53	197	783	394	2124	443	3067	740	4906	926	6028	8	106
	国有	用材林	2208	14015	34		8	53	84	377	365	1983	368	2572	439	3101	910	5929		
	集体	用材林	8	52							5	26	3	26						
	个人	用材林	621	3632	87	632			113	406	24	115	72	469	301	1805	16	99	8	106

附表7　用材林近成过熟林面积蓄积按可及度、出材等级统计表

按范围统计

单位名称：遂昌县　　　　（2005年）　　　　单位：亩、立方米

统计单位	起源	优势树种	可及度								出材等级							
			合计		即可及		将可及		不可及		合计		Ⅰ		Ⅱ		Ⅲ	
			面积	蓄积	面积	蓄积	面积	蓄积	面积	蓄积	面积	蓄积	面积	蓄积	面积	蓄积	面积	蓄积
1	2	3	4	5	6	7	8	9	10	11	12	13	14	15	16	17	18	19
合计	合计	合计	527159	2419027	527159	2419027					527159	2419027					527159	2419027
		马尾松	130763	637465	130763	637465					130763	637465					130763	637465
		湿地松	73	453	73	453					73	453					73	453
		杉木	368844	1678600	368844	1678600					368844	1678600					368844	1678600
		柳杉	2439	18543	2439	18543					2439	18543					2439	18543
		硬阔类	24240	81497	24240	81497					24240	81497					24240	81497
		软阔类	800	2469	800	2469					800	2469					800	2469
	天然	合计	67929	274059	67929	274059					67929	274059					67929	274059
		马尾松	25534	135618	25534	135618					25534	135618					25534	135618
		杉木	25108	77290	25108	77290					25108	77290					25108	77290
		柳杉	1		1						1						1	
		硬阔类	17016	60722	17016	60722					17016	60722					17016	60722
		软阔类	270	429	270	429					270	429					270	429
	人工	合计	459230	2144968	459230	2144968					459230	2144968					459230	2144968
		马尾松	105229	501847	105229	501847					105229	501847					105229	501847
		湿地松	73	453	73	453					73	453					73	453
		杉木	343736	1601310	343736	1601310					343736	1601310					343736	1601310
		柳杉	2438	18543	2438	18543					2438	18543					2438	18543
		硬阔类	7224	20775	7224	20775					7224	20775					7224	20775
		软阔类	530	2040	530	2040					530	2040					530	2040
大柘镇	合计	合计	6951	31805	6951	31805					6951	31805					6951	31805
		马尾松	2582	14754	2582	14754					2582	14754					2582	14754
		杉木	4361	16977	4361	16977					4361	16977					4361	16977
		硬阔类	8	74	8	74					8	74					8	74
	天然	合计	2827	15682	2827	15682					2827	15682					2827	15682
		马尾松	1306	10145	1306	10145					1306	10145					1306	10145

（续）

统计单位	起源	优势树种	可及度								出材等级							
			合计		即可及		将可及		不可及		合计		Ⅰ		Ⅱ		Ⅲ	
			面积	蓄积	面积	蓄积	面积	蓄积	面积	蓄积	面积	蓄积	面积	蓄积	面积	蓄积	面积	蓄积
1	2	3	4	5	6	7	8	9	10	11	12	13	14	15	16	17	18	19
		杉木	1513	5463	1513	5463					1513	5463					1513	5463
		硬阔类	8	74	8	74					8	74					8	74
	人工	合计	4124	16123	4124	16123					4124	16123					4124	16123
		马尾松	1276	4609	1276	4609					1276	4609					1276	4609
		杉木	2848	11514	2848	11514					2848	11514					2848	11514
石练镇	合计	合计	22749	102443	22749	102443					22749	102443					22749	102443
		马尾松	3659	16551	3659	16551					3659	16551					3659	16551
		杉木	19090	85892	19090	85892					19090	85892					19090	85892
	天然	合计	1363	4723	1363	4723					1363	4723					1363	4723
		马尾松	581	1698	581	1698					581	1698					581	1698
		杉木	782	3025	782	3025					782	3025					782	3025
	人工	合计	21386	97720	21386	97720					21386	97720					21386	97720
		马尾松	3078	14853	3078	14853					3078	14853					3078	14853
		杉木	18308	82867	18308	82867					18308	82867					18308	82867
安口乡	合计	合计	46619	277761	46619	277761					46619	277761					46619	277761
		马尾松	15831	103556	15831	103556					15831	103556					15831	103556
		杉木	29180	164980	29180	164980					29180	164980					29180	164980
		柳杉	687	4962	687	4962					687	4962					687	4962
		硬阔类	877	4131	877	4131					877	4131					877	4131
		软阔类	44	132	44	132					44	132					44	132
	天然	合计	6002	39082	6002	39082					6002	39082					6002	39082
		马尾松	4493	31322	4493	31322					4493	31322					4493	31322
		杉木	623	3667	623	3667					623	3667					623	3667
		硬阔类	862	4076	862	4076					862	4076					862	4076
		软阔类	24	17	24	17					24	17					24	17
	人工	合计	40617	238679	40617	238679					40617	238679					40617	238679
		马尾松	11338	72234	11338	72234					11338	72234					11338	72234

（续）

统计单位	起源	优势树种	可及度								出材等级							
			合计		即可及		将可及		不可及		合计		Ⅰ		Ⅱ		Ⅲ	
			面积	蓄积	面积	蓄积	面积	蓄积	面积	蓄积	面积	蓄积	面积	蓄积	面积	蓄积	面积	蓄积
1	2	3	4	5	6	7	8	9	10	11	12	13	14	15	16	17	18	19
		杉木	28557	161313	28557	161313					28557	161313					28557	161313
		柳杉	687	4962	687	4962					687	4962					687	4962
		硬阔类	15	55	15	55					15	55					15	55
		软阔类	20	115	20	115					20	115					20	115
妙高镇	合计	合计	30949	102184	30949	102184					30949	102184					30949	102184
		马尾松	15033	47152	15033	47152					15033	47152					15033	47152
		杉木	15891	54843	15891	54843					15891	54843					15891	54843
		硬阔类	21	184	21	184					21	184					21	184
		软阔类	4	5	4	5					4	5					4	5
	天然	合计	3741	14732	3741	14732					3741	14732					3741	14732
		马尾松	1808	7462	1808	7462					1808	7462					1808	7462
		杉木	1920	7158	1920	7158					1920	7158					1920	7158
		硬阔类	13	112	13	112					13	112					13	112
	人工	合计	27208	87452	27208	87452					27208	87452					27208	87452
		马尾松	13225	39690	13225	39690					13225	39690					13225	39690
		杉木	13971	47685	13971	47685					13971	47685					13971	47685
		硬阔类	8	72	8	72					8	72					8	72
		软阔类	4	5	4	5					4	5					4	5
云峰镇	合计	合计	21999	72320	21999	72320					21999	72320					21999	72320
		马尾松	5059	16075	5059	16075					5059	16075					5059	16075
		杉木	16357	54767	16357	54767					16357	54767					16357	54767
		柳杉	105	438	105	438					105	438					105	438
		硬阔类	333	848	333	848					333	848					333	848
		软阔类	145	192	145	192					145	192					145	192
	天然	合计	4195	10245	4195	10245					4195	10245					4195	10245
		马尾松	877	2583	877	2583					877	2583					877	2583
		杉木	2965	6875	2965	6875					2965	6875					2965	6875

（续）

统计单位	起源	优势树种	可及度								出材等级							
			合计		即可及		将可及		不可及		合计		Ⅰ		Ⅱ		Ⅲ	
			面积	蓄积	面积	蓄积	面积	蓄积	面积	蓄积	面积	蓄积	面积	蓄积	面积	蓄积	面积	蓄积
1	2	3	4	5	6	7	8	9	10	11	12	13	14	15	16	17	18	19
		硬阔类	211	602	211	602					211	602					211	602
		软阔类	142	185	142	185					142	185					142	185
	人工	合计	17804	62075	17804	62075					17804	62075					17804	62075
		马尾松	4182	13492	4182	13492					4182	13492					4182	13492
		杉木	13392	47892	13392	47892					13392	47892					13392	47892
		柳杉	105	438	105	438					105	438					105	438
		硬阔类	122	246	122	246					122	246					122	246
		软阔类	3	7	3	7					3	7					3	7
三仁乡	合计	合计	10982	53361	10982	53361					10982	53361					10982	53361
		马尾松	2544	11684	2544	11684					2544	11684					2544	11684
		杉木	8438	41677	8438	41677					8438	41677					8438	41677
	天然	合计	608	2602	608	2602					608	2602					608	2602
		马尾松	384	1059	384	1059					384	1059					384	1059
		杉木	224	1543	224	1543					224	1543					224	1543
	人工	合计	10374	50759	10374	50759					10374	50759					10374	50759
		马尾松	2160	10625	2160	10625					2160	10625					2160	10625
		杉木	8214	40134	8214	40134					8214	40134					8214	40134
濂竹乡	合计	合计	8639	32077	8639	32077					8639	32077					8639	32077
		马尾松	5797	20984	5797	20984					5797	20984					5797	20984
		杉木	2771	10769	2771	10769					2771	10769					2771	10769
		柳杉	8	47	8	47					8	47					8	47
		硬阔类	63	277	63	277					63	277					63	277
	天然	合计	822	2630	822	2630					822	2630					822	2630
		马尾松	583	2213	583	2213					583	2213					583	2213
		杉木	190	266	190	266					190	266					190	266
		硬阔类	49	151	49	151					49	151					49	151
	人工	合计	7817	29447	7817	29447					7817	29447					7817	29447

（续）

统计单位	起源	优势树种	可及度								出材等级							
			合计		即可及		将可及		不可及		合计		Ⅰ		Ⅱ		Ⅲ	
			面积	蓄积	面积	蓄积	面积	蓄积	面积	蓄积	面积	蓄积	面积	蓄积	面积	蓄积	面积	蓄积
1	2	3	4	5	6	7	8	9	10	11	12	13	14	15	16	17	18	19
		马尾松	5214	18771	5214	18771					5214	18771					5214	18771
		杉木	2581	10503	2581	10503					2581	10503					2581	10503
		柳杉	8	47	8	47					8	47					8	47
		硬阔类	14	126	14	126					14	126					14	126
北界镇	合计	合计	5618	24104	5618	24104					5618	24104					5618	24104
		马尾松	249	979	249	979					249	979					249	979
		杉木	5362	23052	5362	23052					5362	23052					5362	23052
		硬阔类	5	66	5	66					5	66					5	66
		软阔类	2	7	2	7					2	7					2	7
	天然	合计	104	522	104	522					104	522					104	522
		杉木	99	456	99	456					99	456					99	456
		硬阔类	5	66	5	66					5	66					5	66
	人工	合计	5514	23582	5514	23582					5514	23582					5514	23582
		马尾松	249	979	249	979					249	979					249	979
		杉木	5263	22596	5263	22596					5263	22596					5263	22596
		软阔类	2	7	2	7					2	7					2	7
新路湾镇	合计	合计	38940	161383	38940	161383					38940	161383					38940	161383
		马尾松	2733	12093	2733	12093					2733	12093					2733	12093
		杉木	34134	141565	34134	141565					34134	141565					34134	141565
		柳杉	51	349	51	349					51	349					51	349
		硬阔类	2017	7367	2017	7367					2017	7367					2017	7367
		软阔类	5	9	5	9					5	9					5	9
	天然	合计	2424	9344	2424	9344					2424	9344					2424	9344
		马尾松	403	1981	403	1981					403	1981					403	1981
		杉木	1	6	1	6					1	6					1	6
		柳杉	1		1						1						1	
		硬阔类	2014	7348	2014	7348					2014	7348					2014	7348

（续）

统计单位	起源	优势树种	可及度								出材等级							
			合计		即可及		将可及		不可及		合计		Ⅰ		Ⅱ		Ⅲ	
			面积	蓄积	面积	蓄积	面积	蓄积	面积	蓄积	面积	蓄积	面积	蓄积	面积	蓄积	面积	蓄积
1	2	3	4	5	6	7	8	9	10	11	12	13	14	15	16	17	18	19
		软阔类	5	9	5	9					5	9					5	9
	人工	合计	36516	152039	36516	152039					36516	152039					36516	152039
		马尾松	2330	10112	2330	10112					2330	10112					2330	10112
		杉木	34133	141559	34133	141559					34133	141559					34133	141559
		柳杉	50	349	50	349					50	349					50	349
		硬阔类	3	19	3	19					3	19					3	19
应村乡	合计	合计	975	2892	975	2892					975	2892					975	2892
		马尾松	51	183	51	183					51	183					51	183
		杉木	921	2697	921	2697					921	2697					921	2697
		柳杉	3	12	3	12					3	12					3	12
	天然	合计	397	1117	397	1117					397	1117					397	1117
		马尾松	45	157	45	157					45	157					45	157
		杉木	352	960	352	960					352	960					352	960
	人工	合计	578	1775	578	1775					578	1775					578	1775
		马尾松	6	26	6	26					6	26					6	26
		杉木	569	1737	569	1737					569	1737					569	1737
		柳杉	3	12	3	12					3	12					3	12
高坪乡	合计	合计	8546	30128	8546	30128					8546	30128					8546	30128
		马尾松	1148	4327	1148	4327					1148	4327					1148	4327
		杉木	7390	25799	7390	25799					7390	25799					7390	25799
		柳杉	1	2	1	2					1	2					1	2
		硬阔类	7		7						7						7	
	天然	合计	194	450	194	450					194	450					194	450
		马尾松	3	13	3	13					3	13					3	13
		杉木	191	437	191	437					191	437					191	437
	人工	合计	8352	29678	8352	29678					8352	29678					8352	29678
		马尾松	1145	4314	1145	4314					1145	4314					1145	4314

（续）

统计单位	起源	优势树种	可及度								出材等级							
			合计		即可及		将可及		不可及		合计		Ⅰ		Ⅱ		Ⅲ	
			面积	蓄积	面积	蓄积	面积	蓄积	面积	蓄积	面积	蓄积	面积	蓄积	面积	蓄积	面积	蓄积
1	2	3	4	5	6	7	8	9	10	11	12	13	14	15	16	17	18	19
		杉木	7199	25362	7199	25362					7199	25362					7199	25362
		柳杉	1	2	1	2					1	2					1	2
		硬阔类	7		7						7						7	
金竹镇	合计	合计	1099	4426	1099	4426					1099	4426					1099	4426
		马尾松	87	305	87	305					87	305					87	305
		杉木	999	4023	999	4023					999	4023					999	4023
		硬阔类	13	98	13	98					13	98					13	98
	天然	合计	587	2430	587	2430					587	2430					587	2430
		马尾松	25	125	25	125					25	125					25	125
		杉木	549	2207	549	2207					549	2207					549	2207
		硬阔类	13	98	13	98					13	98					13	98
	人工	合计	512	1996	512	1996					512	1996					512	1996
		马尾松	62	180	62	180					62	180					62	180
		杉木	450	1816	450	1816					450	1816					450	1816
湖山乡	合计	合计	6898	20261	6898	20261					6898	20261					6898	20261
		马尾松	818	3176	818	3176					818	3176					818	3176
		杉木	6080	17085	6080	17085					6080	17085					6080	17085
	天然	合计	2188	6673	2188	6673					2188	6673					2188	6673
		马尾松	651	2649	651	2649					651	2649					651	2649
		杉木	1537	4024	1537	4024					1537	4024					1537	4024
	人工	合计	4710	13588	4710	13588					4710	13588					4710	13588
		马尾松	167	527	167	527					167	527					167	527
		杉木	4543	13061	4543	13061					4543	13061					4543	13061
黄沙腰镇	合计	合计	51440	132815	51440	132815					51440	132815					51440	132815
		马尾松	10772	34589	10772	34589					10772	34589					10772	34589
		杉木	40542	97794	40542	97794					40542	97794					40542	97794
		柳杉	16	104	16	104					16	104					16	104

（续）

统计单位	起源	优势树种	可及度								出材等级							
			合计		即可及		将可及		不可及		合计		Ⅰ		Ⅱ		Ⅲ	
			面积	蓄积	面积	蓄积	面积	蓄积	面积	蓄积	面积	蓄积	面积	蓄积	面积	蓄积	面积	蓄积
1	2	3	4	5	6	7	8	9	10	11	12	13	14	15	16	17	18	19
		硬阔类	11	110	11	110					11	110					11	110
		软阔类	99	218	99	218					99	218					99	218
	天然	合计	10166	23444	10166	23444					10166	23444					10166	23444
		马尾松	1980	6074	1980	6074					1980	6074					1980	6074
		杉木	8076	17042	8076	17042					8076	17042					8076	17042
		硬阔类	11	110	11	110					11	110					11	110
		软阔类	99	218	99	218					99	218					99	218
	人工	合计	41274	109371	41274	109371					41274	109371					41274	109371
		马尾松	8792	28515	8792	28515					8792	28515					8792	28515
		杉木	32466	80752	32466	80752					32466	80752					32466	80752
		柳杉	16	104	16	104					16	104					16	104
柘岱口乡	合计	合计	87355	373962	87355	373962					87355	373962					87355	373962
		马尾松	21455	101933	21455	101933					21455	101933					21455	101933
		杉木	60591	253340	60591	253340					60591	253340					60591	253340
		柳杉	12	41	12	41					12	41					12	41
		硬阔类	5226	18527	5226	18527					5226	18527					5226	18527
		软阔类	71	121	71	121					71	121					71	121
	天然	合计	5979	24938	5979	24938					5979	24938					5979	24938
		马尾松	3644	16514	3644	16514					3644	16514					3644	16514
		杉木	934	2657	934	2657					934	2657					934	2657
		硬阔类	1401	5767	1401	5767					1401	5767					1401	5767
	人工	合计	81376	349024	81376	349024					81376	349024					81376	349024
		马尾松	17811	85419	17811	85419					17811	85419					17811	85419
		杉木	59657	250683	59657	250683					59657	250683					59657	250683
		柳杉	12	41	12	41					12	41					12	41
		硬阔类	3825	12760	3825	12760					3825	12760					3825	12760
		软阔类	71	121	71	121					71	121					71	121

（续）

统计单位	起源	优势树种	可及度								出材等级							
			合计		即可及		将可及		不可及		合计		Ⅰ		Ⅱ		Ⅲ	
			面积	蓄积	面积	蓄积	面积	蓄积	面积	蓄积	面积	蓄积	面积	蓄积	面积	蓄积	面积	蓄积
1	2	3	4	5	6	7	8	9	10	11	12	13	14	15	16	17	18	19
西畈乡	合计	合计	36369	91337	36369	91337					36369	91337					36369	91337
		马尾松	7416	21935	7416	21935					7416	21935					7416	21935
		杉木	19793	54308	19793	54308					19793	54308					19793	54308
		柳杉	10	44	10	44					10	44					10	44
		硬阔类	8980	14610	8980	14610					8980	14610					8980	14610
		软阔类	170	440	170	440					170	440					170	440
	天然	合计	10095	19386	10095	19386					10095	19386					10095	19386
		马尾松	1412	3854	1412	3854					1412	3854					1412	3854
		杉木	1817	4068	1817	4068					1817	4068					1817	4068
		硬阔类	6866	11464	6866	11464					6866	11464					6866	11464
	人工	合计	26274	71951	26274	71951					26274	71951					26274	71951
		马尾松	6004	18081	6004	18081					6004	18081					6004	18081
		杉木	17976	50240	17976	50240					17976	50240					17976	50240
		柳杉	10	44	10	44					10	44					10	44
		硬阔类	2114	3146	2114	3146					2114	3146					2114	3146
		软阔类	170	440	170	440					170	440					170	440
王村口镇	合计	合计	52641	330565	52641	330565					52641	330565					52641	330565
		马尾松	16050	102648	16050	102648					16050	102648					16050	102648
		杉木	36355	225863	36355	225863					36355	225863					36355	225863
		柳杉	198	1642	198	1642					198	1642					198	1642
		硬阔类	38	412	38	412					38	412					38	412
	天然	合计	359	2088	359	2088					359	2088					359	2088
		杉木	326	1747	326	1747					326	1747					326	1747
		硬阔类	33	341	33	341					33	341					33	341
	人工	合计	52282	328477	52282	328477					52282	328477					52282	328477
		马尾松	16050	102648	16050	102648					16050	102648					16050	102648
		杉木	36029	224116	36029	224116					36029	224116					36029	224116

（续）

统计单位	起源	优势树种	可及度								出材等级							
			合计		即可及		将可及		不可及		合计		Ⅰ		Ⅱ		Ⅲ	
			面积	蓄积	面积	蓄积	面积	蓄积	面积	蓄积	面积	蓄积	面积	蓄积	面积	蓄积	面积	蓄积
1	2	3	4	5	6	7	8	9	10	11	12	13	14	15	16	17	18	19
		柳杉	198	1642	198	1642					198	1642					198	1642
		硬阔类	5	71	5	71					5	71					5	71
蔡源乡	合计	合计	9069	38882	9069	38882					9069	38882					9069	38882
		马尾松	1890	6855	1890	6855					1890	6855					1890	6855
		杉木	6725	30046	6725	30046					6725	30046					6725	30046
		柳杉	294	1645	294	1645					294	1645					294	1645
		硬阔类	160	336	160	336					160	336					160	336
	天然	合计	662	2148	662	2148					662	2148					662	2148
		马尾松	502	1812	502	1812					502	1812					502	1812
		硬阔类	160	336	160	336					160	336					160	336
	人工	合计	8407	36734	8407	36734					8407	36734					8407	36734
		马尾松	1388	5043	1388	5043					1388	5043					1388	5043
		杉木	6725	30046	6725	30046					6725	30046					6725	30046
		柳杉	294	1645	294	1645					294	1645					294	1645
焦滩乡	合计	合计	8555	51273	8555	51273					8555	51273					8555	51273
		马尾松	3209	23789	3209	23789					3209	23789					3209	23789
		杉木	5029	25730	5029	25730					5029	25730					5029	25730
		柳杉	94	633	94	633					94	633					94	633
		硬阔类	133	711	133	711					133	711					133	711
		软阔类	90	410	90	410					90	410					90	410
	天然	合计	3606	18949	3606	18949					3606	18949					3606	18949
		马尾松	1379	9173	1379	9173					1379	9173					1379	9173
		杉木	2097	9087	2097	9087					2097	9087					2097	9087
		硬阔类	130	689	130	689					130	689					130	689
	人工	合计	4949	32324	4949	32324					4949	32324					4949	32324
		马尾松	1830	14616	1830	14616					1830	14616					1830	14616
		杉木	2932	16643	2932	16643					2932	16643					2932	16643

（续）

统计单位	起源	优势树种	可及度								出材等级							
			合计		即可及		将可及		不可及		合计		Ⅰ		Ⅱ		Ⅲ	
			面积	蓄积	面积	蓄积	面积	蓄积	面积	蓄积	面积	蓄积	面积	蓄积	面积	蓄积	面积	蓄积
1	2	3	4	5	6	7	8	9	10	11	12	13	14	15	16	17	18	19
		柳杉	94	633	94	633					94	633					94	633
		硬阔类	3	22	3	22					3	22					3	22
		软阔类	90	410	90	410					90	410					90	410
龙洋乡	合计	合计	53874	371403	53874	371403					53874	371403					53874	371403
		马尾松	7029	47307	7029	47307					7029	47307					7029	47307
		湿地松	73	453	73	453					73	453					73	453
		杉木	39529	281885	39529	281885					39529	281885					39529	281885
		柳杉	891	7994	891	7994					891	7994					891	7994
		硬阔类	6348	33746	6348	33746					6348	33746					6348	33746
		软阔类	4	18	4	18					4	18					4	18
	天然	合计	6057	34280	6057	34280					6057	34280					6057	34280
		马尾松	817	4792	817	4792					817	4792					817	4792
		硬阔类	5240	29488	5240	29488					5240	29488					5240	29488
	人工	合计	47817	337123	47817	337123					47817	337123					47817	337123
		马尾松	6212	42515	6212	42515					6212	42515					6212	42515
		湿地松	73	453	73	453					73	453					73	453
		杉木	39529	281885	39529	281885					39529	281885					39529	281885
		柳杉	891	7994	891	7994					891	7994					891	7994
		硬阔类	1108	4258	1108	4258					1108	4258					1108	4258
		软阔类	4	18	4	18					4	18					4	18
牛头山场	合计	合计	6246	36683	6246	36683					6246	36683					6246	36683
		马尾松	1273	4876	1273	4876					1273	4876					1273	4876
		杉木	4894	31289	4894	31289					4894	31289					4894	31289
		柳杉	30	290	30	290					30	290					30	290
		软阔类	49	228	49	228					49	228					49	228
	天然	合计	813	3870	813	3870					813	3870					813	3870
		马尾松	723	3303	723	3303					723	3303					723	3303
		杉木	90	567	90	567					90	567					90	567
	人工	合计	5433	32813	5433	32813					5433	32813					5433	32813

（续）

统计单位	起源	优势树种	可及度								出材等级							
			合计		即可及		将可及		不可及		合计		Ⅰ		Ⅱ		Ⅲ	
			面积	蓄积	面积	蓄积	面积	蓄积	面积	蓄积	面积	蓄积	面积	蓄积	面积	蓄积	面积	蓄积
1	2	3	4	5	6	7	8	9	10	11	12	13	14	15	16	17	18	19
		马尾松	550	1573	550	1573					550	1573					550	1573
		杉木	4804	30722	4804	30722					4804	30722					4804	30722
		柳杉	30	290	30	290					30	290					30	290
		软阔类	49	228	49	228					49	228					49	228
湖山林场	合计	合计	5052	39618	5052	39618					5052	39618					5052	39618
		马尾松	3525	28329	3525	28329					3525	28329					3525	28329
		杉木	1408	10592	1408	10592					1408	10592					1408	10592
		柳杉	2	8	2	8					2	8					2	8
		软阔类	117	689	117	689					117	689					117	689
	天然	合计	3568	27678	3568	27678					3568	27678					3568	27678
		马尾松	2746	21643	2746	21643					2746	21643					2746	21643
		杉木	822	6035	822	6035					822	6035					822	6035
	人工	合计	1484	11940	1484	11940					1484	11940					1484	11940
		马尾松	779	6686	779	6686					779	6686					779	6686
		杉木	586	4557	586	4557					586	4557					586	4557
		柳杉	2	8	2	8					2	8					2	8
		软阔类	117	689	117	689					117	689					117	689
白马山场	人工	合计	3096	21181	3096	21181					3096	21181					3096	21181
		马尾松	1370	6287	1370	6287					1370	6287					1370	6287
		杉木	1726	14894	1726	14894					1726	14894					1726	14894
桂洋林场	合计	合计	2498	16163	2498	16163					2498	16163					2498	16163
		马尾松	1183	7098	1183	7098					1183	7098					1183	7098
		杉木	1278	8733	1278	8733					1278	8733					1278	8733
		柳杉	37	332	37	332					37	332					37	332
	天然	马尾松	1172	7046	1172	7046					1172	7046					1172	7046
	人工	合计	1326	9117	1326	9117					1326	9117					1326	9117
		马尾松	11	52	11	52					11	52					11	52
		杉木	1278	8733	1278	8733					1278	8733					1278	8733
		柳杉	37	332	37	332					37	332					37	332

附表 8　用材林近成过熟林各树种株数、材积按径级组、林木质量统计表

按范围统计

单位名称：遂昌县　　　　（2005 年）　　　　单位：立方米、百株

统计单位	起源	龄组	树种	径级组										林木质量							
				合计		小径组		中径组		大径组		特大径组		合计		商品用材树		半商品用材树		薪材树	
				株数	材积	株数	材积	株数	材积	株数	材积	株数	材积	株数	材积	株数	材积	株数	材积	株数	材积
1	2	3	4	5	6	7	8	9	10	11	12	13	14	15	16	17	18	19	20	21	22
合计	合计	合计	合计	447206	2419027	239367	796110	207580	1613906	257	8334	2	677	447206	2419027	447206	2419027				
			马尾松	86436	637465	31164	122631	55155	510161	116	4346	1	327	86436	637465	86436	637465				
			湿地松	53	453			53	453					53	453	53	453				
			杉木	345532	1678600	201467	653936	144065	1024664					345532	1678600	345532	1678600				
			柳杉	1836	18543	336	648	1473	17028	27	867			1836	18543	1836	18543				
			硬阔类	12751	81497	5952	17512	6684	60514	114	3121	1	350	12751	81497	12751	81497				
			软阔类	598	2469	448	1383	150	1086					598	2469	598	2469				
		近熟林	合计	242498	1122722	159101	521746	83227	596029	170	4914		33	242498	1122722	242498	1122722				
			马尾松	55402	344432	26985	106334	28358	236117	59	1981			55402	344432	55402	344432				
			杉木	175587	706785	126401	399440	49186	307345					175587	706785	175587	706785				
			柳杉	883	5987	328	613	554	5350	1	24			883	5987	883	5987				
			硬阔类	10504	65350	5268	15209	5126	47199	110	2909		33	10504	65350	10504	65350				
			软阔类	122	168	119	150	3	18					122	168	122	168				
		成熟林	合计	186069	1145736	76670	262825	109363	881400	36	1336		175	186069	1145736	186069	1145736				
			马尾松	30688	287811	4098	15902	26559	270756	31	1098		55	30688	287811	30688	287811				
			湿地松	53	453			53	453					53	453	53	453				
			杉木	152446	834487	71729	243899	80717	590588					152446	834487	152446	834487				
			柳杉	716	7932	8	35	706	7821	2	76			716	7932	716	7932				
			硬阔类	1935	13713	684	2303	1248	11128	3	162		120	1935	13713	1935	13713				
			软阔类	231	1340	151	686	80	654					231	1340	231	1340				
		过熟林	合计	18639	150569	3596	11539	14990	136477	51	2084	2	469	18639	150569	18639	150569				
			马尾松	346	5222	81	395	238	3288	26	1267	1	272	346	5222	346	5222				
			杉木	17499	137328	3337	10597	14162	126731					17499	137328	17499	137328				
			柳杉	237	4624			213	3857	24	767			237	4624	237	4624				
			硬阔类	312	2434			310	2187	1	50	1	197	312	2434	312	2434				
			软阔类	245	961	178	547	67	414					245	961	245	961				

（续）

统计单位	起源	龄组	树种	径级组										林木质量							
				合计		小径组		中径组		大径组		特大径组		合计		商品用材树		半商品用材树		薪材树	
				株数	材积	株数	材积	株数	材积	株数	材积	株数	材积	株数	材积	株数	材积	株数	材积	株数	材积
1	2	3	4	5	6	7	8	9	10	11	12	13	14	15	16	17	18	19	20	21	22
	天然	合计	合计	47689	274059	27685	84641	19860	184882	144	4168		368	47689	274059	47689	274059				
			马尾松	15986	135618	4306	19587	11649	114719	31	1097		215	15986	135618	15986	135618				
			杉木	22707	77290	19382	54331	3325	22959					22707	77290	22707	77290				
			硬阔类	8827	60722	3828	10294	4886	47204	113	3071		153	8827	60722	8827	60722				
			软阔类	169	429	169	429							169	429	169	429				
		近熟林	合计	31492	174564	18614	55692	12758	115621	120	3218		33	31492	174564	31492	174564				
			马尾松	11430	85822	3866	17461	7554	68052	10	309			11430	85822	11430	85822				
			杉木	12039	34648	11162	28750	877	5898					12039	34648	12039	34648				
			硬阔类	8023	54094	3586	9481	4327	41671	110	2909		33	8023	54094	8023	54094				
		成熟林	合计	15122	92495	8723	27631	6377	63811	22	878		175	15122	92495	15122	92495				
			马尾松	4482	48522	440	2126	4023	45625	19	716		55	4482	48522	4482	48522				
			杉木	9815	37321	8020	24668	1795	12653					9815	37321	9815	37321				
			硬阔类	804	6628	242	813	559	5533	3	162		120	804	6628	804	6628				
			软阔类	21	24	21	24							21	24	21	24				
		过熟林	合计	1075	7000	348	1318	725	5450	2	72		160	1075	7000	1075	7000				
			马尾松	74	1274			72	1042	2	72		160	74	1274	74	1274				
			杉木	853	5321	200	913	653	4408					853	5321	853	5321				
			软阔类	148	405	148	405							148	405	148	405				
	人工	合计	合计	399517	2144968	211682	711469	187720	1429024	113	4166	2	309	399517	2144968	399517	2144968				
			马尾松	70450	501847	26858	103044	43506	395442	85	3249	1	112	70450	501847	70450	501847				
			湿地松	53	453			53	453					53	453	53	453				
			杉木	322825	1601310	182085	599605	140740	1001705					322825	1601310	322825	1601310				
			柳杉	1836	18543	336	648	1473	17028	27	867			1836	18543	1836	18543				
			硬阔类	3924	20775	2124	7218	1798	13310	1	50	1	197	3924	20775	3924	20775				
			软阔类	429	2040	279	954	150	1086					429	2040	429	2040				
		近熟林	合计	211006	948158	140487	466054	70469	480408	50	1696			211006	948158	211006	948158				
			马尾松	43972	258610	23119	88873	20804	168065	49	1672			43972	258610	43972	258610				
			杉木	163548	672137	115239	370690	48309	301447					163548	672137	163548	672137				
			柳杉	883	5987	328	613	554	5350	1	24			883	5987	883	5987				

（续）

统计单位	起源	龄组	树种	径级组										林木质量							
				合计		小径组		中径组		大径组		特大径组		合计		商品用材树		半商品用材树		薪材树	
				株数	材积	株数	材积	株数	材积	株数	材积	株数	材积	株数	材积	株数	材积	株数	材积	株数	材积
1	2	3	4	5	6	7	8	9	10	11	12	13	14	15	16	17	18	19	20	21	22
			硬阔类	2481	11256	1682	5728	799	5528					2481	11256	2481	11256				
			软阔类	122	168	119	150	3	18					122	168	122	168				
		成熟林	合计	170947	1053241	67947	235194	102986	817589	14	458			170947	1053241	170947	1053241				
			马尾松	26206	239289	3658	13776	22536	225131	12	382			26206	239289	26206	239289				
			湿地松	53	453			53	453					53	453	53	453				
			杉木	142631	797166	63709	219231	78922	577935					142631	797166	142631	797166				
			柳杉	716	7932	8	35	706	7821	2	76			716	7932	716	7932				
			硬阔类	1131	7085	442	1490	689	5595					1131	7085	1131	7085				
			软阔类	210	1316	130	662	80	654					210	1316	210	1316				
		过熟林	合计	17564	143569	3248	10221	14265	131027	49	2012	2	309	17564	143569	17564	143569				
			马尾松	272	3948	81	395	166	2246	24	1195	1	112	272	3948	272	3948				
			杉木	16646	132007	3137	9684	13509	122323					16646	132007	16646	132007				
			柳杉	237	4624			213	3857	24	767			237	4624	237	4624				
			硬阔类	312	2434			310	2187	1	50	1	197	312	2434	312	2434				
			软阔类	97	556	30	142	67	414					97	556	97	556				
大柘镇	合计	合计	合计	10273	31805	9619	26702	653	4912	1	48		143	10273	31805	10273	31805				
			马尾松	3186	14754	2675	10618	511	3993				143	3186	14754	3186	14754				
			杉木	7085	16977	6944	16084	141	893					7085	16977	7085	16977				
			硬阔类	2	74			1	26	1	48			2	74	2	74				
		近熟林	合计	7773	24937	7127	20088	646	4837		12			7773	24937	7773	24937				
			马尾松	3186	14611	2675	10618	511	3993					3186	14611	3186	14611				
			杉木	4586	10288	4452	9470	134	818					4586	10288	4586	10288				
			硬阔类	1	38			1	26		12			1	38	1	38				
		成熟林	合计	2500	6725	2492	6614	7	75	1	36			2500	6725	2500	6725				
			杉木	2499	6689	2492	6614	7	75					2499	6689	2499	6689				
			硬阔类	1	36					1	36			1	36	1	36				
		过熟林	马尾松		143								143		143		143				
	天然	合计	合计	4326	15682	3995	12892	330	2599	1	48		143	4326	15682	4326	15682				
			马尾松	1808	10145	1480	7436	328	2566				143	1808	10145	1808	10145				

（续）

统计单位	起源	龄组	树种	径级组										林木质量							
				合计		小径组		中径组		大径组		特大径组		合计		商品用材树		半商品用材树		薪材树	
				株数	材积	株数	材积	株数	材积	株数	材积	株数	材积	株数	材积	株数	材积	株数	材积	株数	材积
1	2	3	4	5	6	7	8	9	10	11	12	13	14	15	16	17	18	19	20	21	22
			杉木	2516	5463	2515	5456	1	7					2516	5463	2516	5463				
			硬阔类	2	74			1	26	1	48			2	74	2	74				
		近熟林	合计	3299	12593	2970	9989	329	2592		12			3299	12593	3299	12593				
			马尾松	1808	10002	1480	7436	328	2566					1808	10002	1808	10002				
			杉木	1490	2553	1490	2553							1490	2553	1490	2553				
			硬阔类	1	38			1	26		12			1	38	1	38				
		成熟林	合计	1027	2946	1025	2903	1	7	1	36			1027	2946	1027	2946				
			杉木	1026	2910	1025	2903	1	7					1026	2910	1026	2910				
			硬阔类	1	36					1	36			1	36	1	36				
		过熟林	马尾松		143								143		143		143				
	人工	合计	合计	5947	16123	5624	13810	323	2313					5947	16123	5947	16123				
			马尾松	1378	4609	1195	3182	183	1427					1378	4609	1378	4609				
			杉木	4569	11514	4429	10628	140	886					4569	11514	4569	11514				
		近熟林	合计	4474	12344	4157	10099	317	2245					4474	12344	4474	12344				
			马尾松	1378	4609	1195	3182	183	1427					1378	4609	1378	4609				
			杉木	3096	7735	2962	6917	134	818					3096	7735	3096	7735				
		成熟林	杉木	1473	3779	1467	3711	6	68					1473	3779	1473	3779				
石练镇	合计	合计	合计	23497	102443	18667	70915	4830	31528					23497	102443	23497	102443				
			马尾松	2686	16551	893	3716	1793	12835					2686	16551	2686	16551				
			杉木	20811	85892	17774	67199	3037	18693					20811	85892	20811	85892				
		近熟林	合计	13959	59485	12020	46493	1939	12992					13959	59485	13959	59485				
			马尾松	1930	11188	893	3716	1037	7472					1930	11188	1930	11188				
			杉木	12029	48297	11127	42777	902	5520					12029	48297	12029	48297				
		成熟林	合计	9538	42958	6647	24422	2891	18536					9538	42958	9538	42958				
			马尾松	756	5363			756	5363					756	5363	756	5363				
			杉木	8782	37595	6647	24422	2135	13173					8782	37595	8782	37595				
	天然	合计	合计	1294	4723	1037	3156	257	1567					1294	4723	1294	4723				
			马尾松	332	1698	204	807	128	891					332	1698	332	1698				
			杉木	962	3025	833	2349	129	676					962	3025	962	3025				

（续）

统计单位	起源	龄组	树种	径级组										林木质量							
				合计		小径组		中径组		大径组		特大径组		合计		商品用材树		半商品用材树		薪材树	
				株数	材积	株数	材积	株数	材积	株数	材积	株数	材积	株数	材积	株数	材积	株数	材积	株数	材积
1	2	3	4	5	6	7	8	9	10	11	12	13	14	15	16	17	18	19	20	21	22
		近熟林	合计	717	3193	462	1642	255	1551					717	3193	717	3193				
			马尾松	332	1698	204	807	128	891					332	1698	332	1698				
			杉木	385	1495	258	835	127	660					385	1495	385	1495				
		成熟林	杉木	577	1530	575	1514	2	16					577	1530	577	1530				
	人工	合计	合计	22203	97720	17630	67759	4573	29961					22203	97720	22203	97720				
			马尾松	2354	14853	689	2909	1665	11944					2354	14853	2354	14853				
			杉木	19849	82867	16941	64850	2908	18017					19849	82867	19849	82867				
		近熟林	合计	13242	56292	11558	44851	1684	11441					13242	56292	13242	56292				
			马尾松	1598	9490	689	2909	909	6581					1598	9490	1598	9490				
			杉木	11644	46802	10869	41942	775	4860					11644	46802	11644	46802				
		成熟林	合计	8961	41428	6072	22908	2889	18520					8961	41428	8961	41428				
			马尾松	756	5363			756	5363					756	5363	756	5363				
			杉木	8205	36065	6072	22908	2133	13157					8205	36065	8205	36065				
安口乡	合计	合计	合计	33485	277761	3890	14706	29591	262910	4	145			33485	277761	33485	277761				
			马尾松	8958	103556	192	822	8766	102734					8958	103556	8958	103556				
			杉木	23643	164980	3611	13719	20032	151261					23643	164980	23643	164980				
			柳杉	408	4962			404	4817	4	145			408	4962	408	4962				
			硬阔类	454	4131	75	148	379	3983					454	4131	454	4131				
			软阔类	22	132	12	17	10	115					22	132	22	132				
		近熟林	合计	10539	60792	3440	13110	7099	47682					10539	60792	10539	60792				
			马尾松	1386	11908	160	677	1226	11231					1386	11908	1386	11908				
			杉木	8601	44036	3205	12285	5396	31751					8601	44036	8601	44036				
			柳杉	100	744			100	744					100	744	100	744				
			硬阔类	452	4104	75	148	377	3956					452	4104	452	4104				
		成熟林	合计	21399	201230	450	1596	20949	199634					21399	201230	21399	201230				
			马尾松	7477	90209	32	145	7445	90064					7477	90209	7477	90209				
			杉木	13688	108146	406	1434	13282	106712					13688	108146	13688	108146				
			柳杉	216	2774			216	2774					216	2774	216	2774				
			硬阔类	2	27			2	27					2	27	2	27				

（续）

统计单位	起源	龄组	树种	径级组										林木质量							
				合计		小径组		中径组		大径组		特大径组		合计		商品用材树		半商品用材树		薪材树	
				株数	材积	株数	材积	株数	材积	株数	材积	株数	材积	株数	材积	株数	材积	株数	材积	株数	材积
1	2	3	4	5	6	7	8	9	10	11	12	13	14	15	16	17	18	19	20	21	22
			软阔类	16	74	12	17	4	57					16	74	16	74				
		过熟林	合计	1547	15739			1543	15594	4	145			1547	15739	1547	15739				
			马尾松	95	1439			95	1439					95	1439	95	1439				
			杉木	1354	12798			1354	12798					1354	12798	1354	12798				
			柳杉	92	1444			88	1299	4	145			92	1444	92	1444				
			软阔类	6	58			6	58					6	58	6	58				
	天然	合计	合计	3533	39082	172	521	3361	38561					3533	39082	3533	39082				
			马尾松	2568	31322			2568	31322					2568	31322	2568	31322				
			杉木	508	3667	85	356	423	3311					508	3667	508	3667				
			硬阔类	445	4076	75	148	370	3928					445	4076	445	4076				
			软阔类	12	17	12	17							12	17	12	17				
		近熟林	合计	1199	11981	160	504	1039	11477					1199	11981	1199	11981				
			马尾松	671	7576			671	7576					671	7576	671	7576				
			杉木	85	356	85	356							85	356	85	356				
			硬阔类	443	4049	75	148	368	3901					443	4049	443	4049				
		成熟林	合计	2178	25373	12	17	2166	25356					2178	25373	2178	25373				
			马尾松	1825	22704			1825	22704					1825	22704	1825	22704				
			杉木	339	2625			339	2625					339	2625	339	2625				
			硬阔类	2	27			2	27					2	27	2	27				
			软阔类	12	17	12	17							12	17	12	17				
		过熟林	合计	156	1728			156	1728					156	1728	156	1728				
			马尾松	72	1042			72	1042					72	1042	72	1042				
			杉木	84	686			84	686					84	686	84	686				
	人工	合计	合计	29952	238679	3718	14185	26230	224349	4	145			29952	238679	29952	238679				
			马尾松	6390	72234	192	822	6198	71412					6390	72234	6390	72234				
			杉木	23135	161313	3526	13363	19609	147950					23135	161313	23135	161313				
			柳杉	408	4962			404	4817	4	145			408	4962	408	4962				
			硬阔类	9	55			9	55					9	55	9	55				
			软阔类	10	115			10	115					10	115	10	115				

（续）

统计单位	起源	龄组	树种	径级组										林木质量							
				合计		小径组		中径组		大径组		特大径组		合计		商品用材树		半商品用材树		薪材树	
				株数	材积	株数	材积	株数	材积	株数	材积	株数	材积	株数	材积	株数	材积	株数	材积	株数	材积
1	2	3	4	5	6	7	8	9	10	11	12	13	14	15	16	17	18	19	20	21	22
		近熟林	合计	9340	48811	3280	12606	6060	36205					9340	48811	9340	48811				
			马尾松	715	4332	160	677	555	3655					715	4332	715	4332				
			杉木	8516	43680	3120	11929	5396	31751					8516	43680	8516	43680				
			柳杉	100	744			100	744					100	744	100	744				
			硬阔类	9	55			9	55					9	55	9	55				
		成熟林	合计	19221	175857	438	1579	18783	174278					19221	175857	19221	175857				
			马尾松	5652	67505	32	145	5620	67360					5652	67505	5652	67505				
			杉木	13349	105521	406	1434	12943	104087					13349	105521	13349	105521				
			柳杉	216	2774			216	2774					216	2774	216	2774				
			软阔类	4	57			4	57					4	57	4	57				
		过熟林	合计	1391	14011			1387	13866	4	145			1391	14011	1391	14011				
			马尾松	23	397			23	397					23	397	23	397				
			杉木	1270	12112			1270	12112					1270	12112	1270	12112				
			柳杉	92	1444			88	1299	4	145			92	1444	92	1444				
			软阔类	6	58			6	58					6	58	6	58				
妙高镇	合计	合计	合计	23568	102184	18840	66427	4720	35314	8	367		76	23568	102184	23568	102184				
			马尾松	9677	47152	7545	29097	2127	17731	5	248		76	9677	47152	9677	47152				
			杉木	13880	54843	11291	37325	2589	17518					13880	54843	13880	54843				
			硬阔类	7	184			4	65	3	119			7	184	7	184				
			软阔类	4	5	4	5							4	5	4	5				
		近熟林	合计	20259	82885	16950	58378	3306	24382	3	125			20259	82885	20259	82885				
			马尾松	8782	41036	6951	26372	1830	14613	1	51			8782	41036	8782	41036				
			杉木	11468	41732	9995	32001	1473	9731					11468	41732	11468	41732				
			硬阔类	5	112			3	38	2	74			5	112	5	112				
			软阔类	4	5	4	5							4	5	4	5				
		成熟林	合计	3299	19184	1881	8035	1414	10932	4	197		20	3299	19184	3299	19184				
			马尾松	895	6060	594	2725	297	3118	4	197		20	895	6060	895	6060				
			杉木	2403	13097	1287	5310	1116	7787					2403	13097	2403	13097				
			硬阔类	1	27			1	27					1	27	1	27				

（续）

统计单位	起源	龄组	树种	径级组										林木质量							
				合计		小径组		中径组		大径组		特大径组		合计		商品用材树		半商品用材树		薪材树	
				株数	材积	株数	材积	株数	材积	株数	材积	株数	材积	株数	材积	株数	材积	株数	材积	株数	材积
1	2	3	4	5	6	7	8	9	10	11	12	13	14	15	16	17	18	19	20	21	22
		过熟林	合计	10	115	9	14			1	45		56	10	115	10	115				
			马尾松		56								56		56		56				
			杉木	9	14	9	14							9	14	9	14				
			硬阔类	1	45					1	45			1	45	1	45				
	天然	合计	合计	2720	14732	1561	5663	1154	8811	5	238		20	2720	14732	2720	14732				
			马尾松	1046	7462	365	1629	678	5649	3	164		20	1046	7462	1046	7462				
			杉木	1669	7158	1196	4034	473	3124					1669	7158	1669	7158				
			硬阔类	5	112			3	38	2	74			5	112	5	112				
		近熟林	合计	2291	12446	1271	4415	1017	7906	3	125			2291	12446	2291	12446				
			马尾松	1044	7329	365	1629	678	5649	1	51			1044	7329	1044	7329				
			杉木	1242	5005	906	2786	336	2219					1242	5005	1242	5005				
			硬阔类	5	112			3	38	2	74			5	112	5	112				
		成熟林	合计	429	2286	290	1248	137	905	2	113		20	429	2286	429	2286				
			马尾松	2	133					2	113		20	2	133	2	133				
			杉木	427	2153	290	1248	137	905					427	2153	427	2153				
	人工	合计	合计	20848	87452	17279	60764	3566	26503	3	129		56	20848	87452	20848	87452				
			马尾松	8631	39690	7180	27468	1449	12082	2	84		56	8631	39690	8631	39690				
			杉木	12211	47685	10095	33291	2116	14394					12211	47685	12211	47685				
			硬阔类	2	72			1	27	1	45			2	72	2	72				
			软阔类	4	5	4	5							4	5	4	5				
		近熟林	合计	17968	70439	15679	53963	2289	16476					17968	70439	17968	70439				
			马尾松	7738	33707	6586	24743	1152	8964					7738	33707	7738	33707				
			杉木	10226	36727	9089	29215	1137	7512					10226	36727	10226	36727				
			软阔类	4	5	4	5							4	5	4	5				
		成熟林	合计	2870	16898	1591	6787	1277	10027	2	84			2870	16898	2870	16898				
			马尾松	893	5927	594	2725	297	3118	2	84			893	5927	893	5927				
			杉木	1976	10944	997	4062	979	6882					1976	10944	1976	10944				
			硬阔类	1	27			1	27					1	27	1	27				
		过熟林	合计	10	115	9	14			1	45		56	10	115	10	115				

（续）

统计单位	起源	龄组	树种	径级组										林木质量							
				合计		小径组		中径组		大径组		特大径组		合计		商品用材树		半商品用材树		薪材树	
				株数	材积	株数	材积	株数	材积	株数	材积	株数	材积	株数	材积	株数	材积	株数	材积	株数	材积
1	2	3	4	5	6	7	8	9	10	11	12	13	14	15	16	17	18	19	20	21	22
			马尾松		56								56		56		56				
			杉木	9	14	9	14							9	14	9	14				
			硬阔类	1	45					1	45			1	45	1	45				
云峰镇	合计	合计	合计	14516	72320	8085	27103	6431	45208		9			14516	72320	14516	72320				
			马尾松	2503	16075	830	3032	1673	13034		9			2503	16075	2503	16075				
			杉木	11670	54767	7069	23636	4601	31131					11670	54767	11670	54767				
			柳杉	74	438			74	438					74	438	74	438				
			硬阔类	169	848	86	246	83	602					169	848	169	848				
			软阔类	100	192	100	189		3					100	192	100	192				
		近熟林	合计	10780	49665	6622	22404	4158	27261					10780	49665	10780	49665				
			马尾松	2368	14769	830	3032	1538	11737					2368	14769	2368	14769				
			杉木	8169	33610	5706	19126	2463	14484					8169	33610	8169	33610				
			柳杉	74	438			74	438					74	438	74	438				
			硬阔类	169	848	86	246	83	602					169	848	169	848				
		成熟林	合计	3481	19940	1373	4521	2108	15410		9			3481	19940	3481	19940				
			马尾松	135	1306			135	1297		9			135	1306	135	1306				
			杉木	3336	18620	1363	4510	1973	14110					3336	18620	3336	18620				
			软阔类	10	14	10	11		3					10	14	10	14				
		过熟林	合计	255	2715	90	178	165	2537					255	2715	255	2715				
			杉木	165	2537			165	2537					165	2537	165	2537				
			软阔类	90	178	90	178							90	178	90	178				
	天然	合计	合计	2915	10245	2249	5244	666	5001					2915	10245	2915	10245				
			马尾松	406	2583	220	725	186	1858					406	2583	406	2583				
			杉木	2327	6875	1930	4334	397	2541					2327	6875	2327	6875				
			硬阔类	83	602			83	602					83	602	83	602				
			软阔类	99	185	99	185							99	185	99	185				
		近熟林	合计	1763	6278	1392	3310	371	2968					1763	6278	1763	6278				

（续）

统计单位	起源	龄组	树种	径级组										林木质量							
				合计		小径组		中径组		大径组		特大径组		合计		商品用材树		半商品用材树		薪材树	
				株数	材积	株数	材积	株数	材积	株数	材积	株数	材积	株数	材积	株数	材积	株数	材积	株数	材积
1	2	3	4	5	6	7	8	9	10	11	12	13	14	15	16	17	18	19	20	21	22
			马尾松	406	2583	220	725	186	1858					406	2583	406	2583				
			杉木	1274	3093	1172	2585	102	508					1274	3093	1274	3093				
			硬阔类	83	602			83	602					83	602	83	602				
		成熟林	合计	1012	3193	767	1756	245	1437					1012	3193	1012	3193				
			杉木	1003	3186	758	1749	245	1437					1003	3186	1003	3186				
			软阔类	9	7	9	7							9	7	9	7				
		过熟林	合计	140	774	90	178	50	596					140	774	140	774				
			杉木	50	596			50	596					50	596	50	596				
			软阔类	90	178	90	178							90	178	90	178				
	人工	合计	合计	11601	62075	5836	21859	5765	40207		9			11601	62075	11601	62075				
			马尾松	2097	13492	610	2307	1487	11176		9			2097	13492	2097	13492				
			杉木	9343	47892	5139	19302	4204	28590					9343	47892	9343	47892				
			柳杉	74	438			74	438					74	438	74	438				
			硬阔类	86	246	86	246							86	246	86	246				
			软阔类	1	7	1	4		3					1	7	1	7				
		近熟林	合计	9017	43387	5230	19094	3787	24293					9017	43387	9017	43387				
			马尾松	1962	12186	610	2307	1352	9879					1962	12186	1962	12186				
			杉木	6895	30517	4534	16541	2361	13976					6895	30517	6895	30517				
			柳杉	74	438			74	438					74	438	74	438				
			硬阔类	86	246	86	246							86	246	86	246				
		成熟林	合计	2469	16747	606	2765	1863	13973		9			2469	16747	2469	16747				
			马尾松	135	1306			135	1297		9			135	1306	135	1306				
			杉木	2333	15434	605	2761	1728	12673					2333	15434	2333	15434				
			软阔类	1	7	1	4		3					1	7	1	7				
		过熟林	杉木	115	1941			115	1941					115	1941	115	1941				
三仁乡	合计	合计	合计	7624	53361	2087	9860	5511	42583	26	918			7624	53361	7624	53361				
			马尾松	1218	11684	175	807	1017	9959	26	918			1218	11684	1218	11684				

（续）

统计单位	起源	龄组	树种	径级组										林木质量							
				合计		小径组		中径组		大径组		特大径组		合计		商品用材树		半商品用材树		薪材树	
				株数	材积	株数	材积	株数	材积	株数	材积	株数	材积	株数	材积	株数	材积	株数	材积	株数	材积
1	2	3	4	5	6	7	8	9	10	11	12	13	14	15	16	17	18	19	20	21	22
			杉木	6406	41677	1912	9053	4494	32624					6406	41677	6406	41677				
		近熟林	合计	6603	45336	1894	8923	4683	35495	26	918			6603	45336	6603	45336				
			马尾松	1154	10638	175	807	953	8913	26	918			1154	10638	1154	10638				
			杉木	5449	34698	1719	8116	3730	26582					5449	34698	5449	34698				
		成熟林	合计	1021	8025	193	937	828	7088					1021	8025	1021	8025				
			马尾松	64	1046			64	1046					64	1046	64	1046				
			杉木	957	6979	193	937	764	6042					957	6979	957	6979				
	天然	合计	合计	232	2602			232	2602					232	2602	232	2602				
			马尾松	89	1059			89	1059					89	1059	89	1059				
			杉木	143	1543			143	1543					143	1543	143	1543				
		近熟林	合计	177	2197			177	2197					177	2197	177	2197				
			马尾松	89	1059			89	1059					89	1059	89	1059				
			杉木	88	1138			88	1138					88	1138	88	1138				
		成熟林	杉木	55	405			55	405					55	405	55	405				
	人工	合计	合计	7392	50759	2087	9860	5279	39981	26	918			7392	50759	7392	50759				
			马尾松	1129	10625	175	807	928	8900	26	918			1129	10625	1129	10625				
			杉木	6263	40134	1912	9053	4351	31081					6263	40134	6263	40134				
		近熟林	合计	6426	43139	1894	8923	4506	33298	26	918			6426	43139	6426	43139				
			马尾松	1065	9579	175	807	864	7854	26	918			1065	9579	1065	9579				
			杉木	5361	33560	1719	8116	3642	25444					5361	33560	5361	33560				
		成熟林	合计	966	7620	193	937	773	6683					966	7620	966	7620				
			马尾松	64	1046			64	1046					64	1046	64	1046				
			杉木	902	6574	193	937	709	5637					902	6574	902	6574				
濂竹乡	合计	合计	合计	6049	32077	4233	16769	1814	15104	1	51	1	153	6049	32077	6049	32077				
			马尾松	3710	20984	2470	10314	1239	10619	1	51			3710	20984	3710	20984				
			杉木	2307	10769	1737	6331	570	4438					2307	10769	2307	10769				
			柳杉	5	47			5	47					5	47	5	47				

（续）

统计单位	起源	龄组	树种	径级组										林木质量							
				合计		小径组		中径组		大径组		特大径组		合计		商品用材树		半商品用材树		薪材树	
				株数	材积	株数	材积	株数	材积	株数	材积	株数	材积	株数	材积	株数	材积	株数	材积	株数	材积
1	2	3	4	5	6	7	8	9	10	11	12	13	14	15	16	17	18	19	20	21	22
			硬阔类	27	277	26	124					1	153	27	277	27	277				
		近熟林	合计	4929	23229	3857	15043	1072	8186					4929	23229	4929	23229				
			马尾松	3318	16995	2392	10052	926	6943					3318	16995	3318	16995				
			杉木	1585	6110	1439	4867	146	1243					1585	6110	1585	6110				
			硬阔类	26	124	26	124							26	124	26	124				
		成熟林	合计	1099	8416	376	1726	723	6652		11		27	1099	8416	1099	8416				
			马尾松	391	3949	78	262	313	3676		11			391	3949	391	3949				
			杉木	703	4393	298	1464	405	2929					703	4393	703	4393				
			柳杉	5	47			5	47					5	47	5	47				
			硬阔类		27								27		27		27				
		过熟林	合计	21	432			19	266	1	40	1	126	21	432	21	432				
			马尾松	1	40					1	40			1	40	1	40				
			杉木	19	266			19	266					19	266	19	266				
			硬阔类	1	126							1	126	1	126	1	126				
	天然	合计	合计	296	2630	26	124	269	2428	1	51		27	296	2630	296	2630				
			马尾松	251	2213			250	2162	1	51			251	2213	251	2213				
			杉木	19	266			19	266					19	266	19	266				
			硬阔类	26	151	26	124						27	26	151	26	151				
		近熟林	合计	265	2129	26	124	239	2005					265	2129	265	2129				
			马尾松	239	2005			239	2005					239	2005	239	2005				
			硬阔类	26	124	26	124							26	124	26	124				
		成熟林	合计	11	195			11	157		11		27	11	195	11	195				
			马尾松	11	168			11	157		11			11	168	11	168				
			硬阔类		27								27		27		27				
		过熟林	合计	20	306			19	266	1	40			20	306	20	306				
			马尾松	1	40					1	40			1	40	1	40				
			杉木	19	266			19	266					19	266	19	266				

（续）

统计单位	起源	龄组	树种	径级组										林木质量							
				合计		小径组		中径组		大径组		特大径组		合计		商品用材树		半商品用材树		薪材树	
				株数	材积	株数	材积	株数	材积	株数	材积	株数	材积	株数	材积	株数	材积	株数	材积	株数	材积
1	2	3	4	5	6	7	8	9	10	11	12	13	14	15	16	17	18	19	20	21	22
	人工	合计	合计	5753	29447	4207	16645	1545	12676			1	126	5753	29447	5753	29447				
			马尾松	3459	18771	2470	10314	989	8457					3459	18771	3459	18771				
			杉木	2288	10503	1737	6331	551	4172					2288	10503	2288	10503				
			柳杉	5	47			5	47					5	47	5	47				
			硬阔类	1	126							1	126	1	126	1	126				
		近熟林	合计	4664	21100	3831	14919	833	6181					4664	21100	4664	21100				
			马尾松	3079	14990	2392	10052	687	4938					3079	14990	3079	14990				
			杉木	1585	6110	1439	4867	146	1243					1585	6110	1585	6110				
		成熟林	合计	1088	8221	376	1726	712	6495					1088	8221	1088	8221				
			马尾松	380	3781	78	262	302	3519					380	3781	380	3781				
			杉木	703	4393	298	1464	405	2929					703	4393	703	4393				
			柳杉	5	47			5	47					5	47	5	47				
		过熟林	硬阔类	1	126							1	126	1	126	1	126				
北界镇	合计	合计	合计	4761	24104	2503	9656	2257	14382	1	66			4761	24104	4761	24104				
			马尾松	210	979	174	597	36	382					210	979	210	979				
			杉木	4549	23052	2328	9052	2221	14000					4549	23052	4549	23052				
			硬阔类	1	66					1	66			1	66	1	66				
			软阔类	1	7	1	7							1	7	1	7				
		近熟林	合计	2805	12374	2014	7322	790	4986	1	66			2805	12374	2805	12374				
			马尾松	206	924	174	597	32	327					206	924	206	924				
			杉木	2598	11384	1840	6725	758	4659					2598	11384	2598	11384				
			硬阔类	1	66					1	66			1	66	1	66				
		成熟林	合计	1956	11730	489	2334	1467	9396					1956	11730	1956	11730				
			马尾松	4	55			4	55					4	55	4	55				
			杉木	1951	11668	488	2327	1463	9341					1951	11668	1951	11668				
			软阔类	1	7	1	7							1	7	1	7				
	天然	合计	合计	99	522	86	378	12	78	1	66			99	522	99	522				

（续）

统计单位	起源	龄组	树种	径级组										林木质量							
				合计		小径组		中径组		大径组		特大径组		合计		商品用材树		半商品用材树		薪材树	
				株数	材积	株数	材积	株数	材积	株数	材积	株数	材积	株数	材积	株数	材积	株数	材积	株数	材积
1	2	3	4	5	6	7	8	9	10	11	12	13	14	15	16	17	18	19	20	21	22
			杉木	98	456	86	378	12	78					98	456	98	456				
			硬阔类	1	66					1	66			1	66	1	66				
		近熟林	合计	13	144			12	78	1	66			13	144	13	144				
			杉木	12	78			12	78					12	78	12	78				
			硬阔类	1	66					1	66			1	66	1	66				
		成熟林	杉木	86	378	86	378							86	378	86	378				
	人工	合计	合计	4662	23582	2417	9278	2245	14304					4662	23582	4662	23582				
			马尾松	210	979	174	597	36	382					210	979	210	979				
			杉木	4451	22596	2242	8674	2209	13922					4451	22596	4451	22596				
			软阔类	1	7	1	7							1	7	1	7				
		近熟林	合计	2792	12230	2014	7322	778	4908					2792	12230	2792	12230				
			马尾松	206	924	174	597	32	327					206	924	206	924				
			杉木	2586	11306	1840	6725	746	4581					2586	11306	2586	11306				
		成熟林	合计	1870	11352	403	1956	1467	9396					1870	11352	1870	11352				
			马尾松	4	55			4	55					4	55	4	55				
			杉木	1865	11290	402	1949	1463	9341					1865	11290	1865	11290				
			软阔类	1	7	1	7							1	7	1	7				
新路湾镇	合计	合计	合计	27435	161383	6713	24179	20611	134339	111	2829		36	27435	161383	27435	161383				
			马尾松	1195	12093	288	1041	900	10808	7	208		36	1195	12093	1195	12093				
			杉木	25561	141565	6420	23121	19141	118444					25561	141565	25561	141565				
			柳杉	22	349	2	8	17	241	3	100			22	349	22	349				
			硬阔类	654	7367			553	4846	101	2521			654	7367	654	7367				
			软阔类	3	9	3	9							3	9	3	9				
		近熟林	合计	19621	113524	5209	21032	14310	89935	102	2557			19621	113524	19621	113524				
			马尾松	911	7287	288	1041	623	6229		17			911	7287	911	7287				
			杉木	18048	98762	4921	19991	13127	78771					18048	98762	18048	98762				
			柳杉	8	113			7	89	1	24			8	113	8	113				

（续）

统计单位	起源	龄组	树种	径级组										林木质量							
				合计		小径组		中径组		大径组		特大径组		合计		商品用材树		半商品用材树		薪材树	
				株数	材积	株数	材积	株数	材积	株数	材积	株数	材积	株数	材积	株数	材积	株数	材积	株数	材积
1	2	3	4	5	6	7	8	9	10	11	12	13	14	15	16	17	18	19	20	21	22
			硬阔类	654	7362			553	4846	101	2516			654	7362	654	7362				
		成熟林	合计	6416	44586	401	1804	6006	42496	9	267		19	6416	44586	6416	44586				
			马尾松	284	4789			277	4579	7	191		19	284	4789	284	4789				
			杉木	6118	39561	399	1796	5719	37765					6118	39561	6118	39561				
			柳杉	14	236	2	8	10	152	2	76			14	236	14	236				
		过熟林	合计	1398	3273	1103	1343	295	1908		5		17	1398	3273	1398	3273				
			马尾松		17								17		17		17				
			杉木	1395	3242	1100	1334	295	1908					1395	3242	1395	3242				
			硬阔类		5						5				5		5				
			软阔类	3	9	3	9							3	9	3	9				
	天然	合计	合计	791	9344	3	9	687	6777	101	2522		36	791	9344	791	9344				
			马尾松	134	1981			134	1939		6		36	134	1981	134	1981				
			杉木	1	6			1	6					1	6	1	6				
			硬阔类	653	7348			552	4832	101	2516			653	7348	653	7348				
			软阔类	3	9	3	9							3	9	3	9				
		近熟林	合计	730	8446			629	5924	101	2522			730	8446	730	8446				
			马尾松	76	1092			76	1086		6			76	1092	76	1092				
			杉木	1	6			1	6					1	6	1	6				
			硬阔类	653	7348			552	4832	101	2516			653	7348	653	7348				
		成熟林	马尾松	58	872			58	853				19	58	872	58	872				
		过熟林	合计	3	26	3	9						17	3	26	3	26				
			马尾松		17								17		17		17				
			软阔类	3	9	3	9							3	9	3	9				
	人工	合计	合计	26644	152039	6710	24170	19924	127562	10	307			26644	152039	26644	152039				
			马尾松	1061	10112	288	1041	766	8869	7	202			1061	10112	1061	10112				
			杉木	25560	141559	6420	23121	19140	118438					25560	141559	25560	141559				
			柳杉	22	349	2	8	17	241	3	100			22	349	22	349				

（续）

统计单位	起源	龄组	树种	径级组										林木质量							
				合计		小径组		中径组		大径组		特大径组		合计		商品用材树		半商品用材树		薪材树	
				株数	材积	株数	材积	株数	材积	株数	材积	株数	材积	株数	材积	株数	材积	株数	材积	株数	材积
1	2	3	4	5	6	7	8	9	10	11	12	13	14	15	16	17	18	19	20	21	22
			硬阔类	1	19			1	14		5			1	19	1	19				
		近熟林	合计	18891	105078	5209	21032	13681	84011	1	35			18891	105078	18891	105078				
			马尾松	835	6195	288	1041	547	5143		11			835	6195	835	6195				
			杉木	18047	98756	4921	19991	13126	78765					18047	98756	18047	98756				
			柳杉	8	113			7	89	1	24			8	113	8	113				
			硬阔类	1	14			1	14					1	14	1	14				
		成熟林	合计	6358	43714	401	1804	5948	41643	9	267			6358	43714	6358	43714				
			马尾松	226	3917			219	3726	7	191			226	3917	226	3917				
			杉木	6118	39561	399	1796	5719	37765					6118	39561	6118	39561				
			柳杉	14	236	2	8	10	152	2	76			14	236	14	236				
		过熟林	合计	1395	3247	1100	1334	295	1908		5			1395	3247	1395	3247				
			杉木	1395	3242	1100	1334	295	1908					1395	3242	1395	3242				
			硬阔类		5						5				5		5				
应村乡	合计	合计	合计	604	2892	276	1048	328	1844					604	2892	604	2892				
			马尾松	21	183	3	15	18	168					21	183	21	183				
			杉木	582	2697	273	1033	309	1664					582	2697	582	2697				
			柳杉	1	12			1	12					1	12	1	12				
		近熟林	合计	592	2852	267	1030	325	1822					592	2852	592	2852				
			马尾松	20	177	3	15	17	162					20	177	20	177				
			杉木	571	2663	264	1015	307	1648					571	2663	571	2663				
			柳杉	1	12			1	12					1	12	1	12				
		成熟林	合计	12	40	9	18	3	22					12	40	12	40				
			马尾松	1	6			1	6					1	6	1	6				
			杉木	11	34	9	18	2	16					11	34	11	34				
	天然	合计	合计	238	1117	176	669	62	448					238	1117	238	1117				
			马尾松	19	157	3	15	16	142					19	157	19	157				
			杉木	219	960	173	654	46	306					219	960	219	960				

（续）

统计单位	起源	龄组	树种	径级组										林木质量							
				合计		小径组		中径组		大径组		特大径组		合计		商品用材树		半商品用材树		薪材树	
				株数	材积	株数	材积	株数	材积	株数	材积	株数	材积	株数	材积	株数	材积	株数	材积	株数	材积
1	2	3	4	5	6	7	8	9	10	11	12	13	14	15	16	17	18	19	20	21	22
		近熟林	合计	228	1093	167	651	61	442					228	1093	228	1093				
			马尾松	18	151	3	15	15	136					18	151	18	151				
			杉木	210	942	164	636	46	306					210	942	210	942				
		成熟林	合计	10	24	9	18	1	6					10	24	10	24				
			马尾松	1	6			1	6					1	6	1	6				
			杉木	9	18	9	18							9	18	9	18				
	人工	合计	合计	366	1775	100	379	266	1396					366	1775	366	1775				
			马尾松	2	26			2	26					2	26	2	26				
			杉木	363	1737	100	379	263	1358					363	1737	363	1737				
			柳杉	1	12			1	12					1	12	1	12				
		近熟林	合计	364	1759	100	379	264	1380					364	1759	364	1759				
			马尾松	2	26			2	26					2	26	2	26				
			杉木	361	1721	100	379	261	1342					361	1721	361	1721				
			柳杉	1	12			1	12					1	12	1	12				
		成熟林	杉木	2	16			2	16					2	16	2	16				
高坪乡	合计	合计	合计	5362	30128	1604	5918	3758	24210					5362	30128	5362	30128				
			马尾松	516	4327	29	108	487	4219					516	4327	516	4327				
			杉木	4845	25799	1574	5808	3271	19991					4845	25799	4845	25799				
			柳杉	1	2	1	2							1	2	1	2				
		近熟林	合计	3522	17676	1403	5273	2119	12403					3522	17676	3522	17676				
			马尾松	373	3078	29	108	344	2970					373	3078	373	3078				
			杉木	3148	14596	1373	5163	1775	9433					3148	14596	3148	14596				
			柳杉	1	2	1	2							1	2	1	2				
		成熟林	合计	1840	12452	201	645	1639	11807					1840	12452	1840	12452				
			马尾松	143	1249			143	1249					143	1249	143	1249				
			杉木	1697	11203	201	645	1496	10558					1697	11203	1697	11203				
	天然	合计	合计	127	450	126	437	1	13					127	450	127	450				

（续）

统计单位	起源	龄组	树种	径级组										林木质量							
				合计		小径组		中径组		大径组		特大径组		合计		商品用材树		半商品用材树		薪材树	
				株数	材积	株数	材积	株数	材积	株数	材积	株数	材积	株数	材积	株数	材积	株数	材积	株数	材积
1	2	3	4	5	6	7	8	9	10	11	12	13	14	15	16	17	18	19	20	21	22
			马尾松	1	13			1	13					1	13	1	13				
			杉木	126	437	126	437							126	437	126	437				
		近熟林	杉木	61	244	61	244							61	244	61	244				
		成熟林	合计	66	206	65	193	1	13					66	206	66	206				
			马尾松	1	13			1	13					1	13	1	13				
			杉木	65	193	65	193							65	193	65	193				
	人工	合计	合计	5235	29678	1478	5481	3757	24197					5235	29678	5235	29678				
			马尾松	515	4314	29	108	486	4206					515	4314	515	4314				
			杉木	4719	25362	1448	5371	3271	19991					4719	25362	4719	25362				
			柳杉	1	2	1	2							1	2	1	2				
		近熟林	合计	3461	17432	1342	5029	2119	12403					3461	17432	3461	17432				
			马尾松	373	3078	29	108	344	2970					373	3078	373	3078				
			杉木	3087	14352	1312	4919	1775	9433					3087	14352	3087	14352				
			柳杉	1	2	1	2							1	2	1	2				
		成熟林	合计	1774	12246	136	452	1638	11794					1774	12246	1774	12246				
			马尾松	142	1236			142	1236					142	1236	142	1236				
			杉木	1632	11010	136	452	1496	10558					1632	11010	1632	11010				
金竹镇	合计	合计	合计	1261	4426	1193	3813	67	560	1	53			1261	4426	1261	4426				
			马尾松	69	305	59	180	9	72	1	53			69	305	69	305				
			杉木	1188	4023	1134	3633	54	390					1188	4023	1188	4023				
			硬阔类	4	98			4	98					4	98	4	98				
		近熟林	合计	1217	4302	1152	3757	65	545					1217	4302	1217	4302				
			马尾松	66	237	59	180	7	57					66	237	66	237				
			杉木	1147	3967	1093	3577	54	390					1147	3967	1147	3967				
			硬阔类	4	98			4	98					4	98	4	98				
		成熟林	合计	43	92	41	56	2	15		21			43	92	43	92				
			马尾松	2	36			2	15		21			2	36	2	36				

（续）

统计单位	起源	龄组	树种	径级组										林木质量							
				合计		小径组		中径组		大径组		特大径组		合计		商品用材树		半商品用材树		薪材树	
				株数	材积	株数	材积	株数	材积	株数	材积	株数	材积	株数	材积	株数	材积	株数	材积	株数	材积
1	2	3	4	5	6	7	8	9	10	11	12	13	14	15	16	17	18	19	20	21	22
			杉木	41	56	41	56							41	56	41	56				
		过熟林	马尾松	1	32					1	32			1	32	1	32				
	天然	合计	合计	682	2430	668	2207	13	170	1	53			682	2430	682	2430				
			马尾松	10	125			9	72	1	53			10	125	10	125				
			杉木	668	2207	668	2207							668	2207	668	2207				
			硬阔类	4	98			4	98					4	98	4	98				
		近熟林	合计	638	2306	627	2151	11	155					638	2306	638	2306				
			马尾松	7	57			7	57					7	57	7	57				
			杉木	627	2151	627	2151							627	2151	627	2151				
			硬阔类	4	98			4	98					4	98	4	98				
		成熟林	合计	43	92	41	56	2	15		21			43	92	43	92				
			马尾松	2	36			2	15		21			2	36	2	36				
			杉木	41	56	41	56							41	56	41	56				
		过熟林	马尾松	1	32					1	32			1	32	1	32				
	人工	近熟林	合计	579	1996	525	1606	54	390					579	1996	579	1996				
			马尾松	59	180	59	180							59	180	59	180				
			杉木	520	1816	466	1426	54	390					520	1816	520	1816				
湖山乡	合计	合计	合计	5729	20261	5310	17165	419	3096					5729	20261	5729	20261				
			马尾松	541	3176	341	1523	200	1653					541	3176	541	3176				
			杉木	5188	17085	4969	15642	219	1443					5188	17085	5188	17085				
		近熟林	合计	4114	13653	3771	11080	343	2573					4114	13653	4114	13653				
			马尾松	539	3140	341	1523	198	1617					539	3140	539	3140				
			杉木	3575	10513	3430	9557	145	956					3575	10513	3575	10513				
		成熟林	合计	1572	6375	1515	5977	57	398					1572	6375	1572	6375				
			马尾松	2	36			2	36					2	36	2	36				
			杉木	1570	6339	1515	5977	55	362					1570	6339	1570	6339				
		过熟林	杉木	43	233	24	108	19	125					43	233	43	233				

（续）

统计单位	起源	龄组	树种	径级组										林木质量							
				合计		小径组		中径组		大径组		特大径组		合计		商品用材树		半商品用材树		薪材树	
				株数	材积	株数	材积	株数	材积	株数	材积	株数	材积	株数	材积	株数	材积	株数	材积	株数	材积
1	2	3	4	5	6	7	8	9	10	11	12	13	14	15	16	17	18	19	20	21	22
	天然	合计	合计	1563	6673	1399	5289	164	1384					1563	6673	1563	6673				
			马尾松	421	2649	257	1265	164	1384					421	2649	421	2649				
			杉木	1142	4024	1142	4024							1142	4024	1142	4024				
		近熟林	合计	1131	4736	967	3352	164	1384					1131	4736	1131	4736				
			马尾松	421	2649	257	1265	164	1384					421	2649	421	2649				
			杉木	710	2087	710	2087							710	2087	710	2087				
		成熟林	杉木	408	1829	408	1829							408	1829	408	1829				
		过熟林	杉木	24	108	24	108							24	108	24	108				
	人工	合计	合计	4166	13588	3911	11876	255	1712					4166	13588	4166	13588				
			马尾松	120	527	84	258	36	269					120	527	120	527				
			杉木	4046	13061	3827	11618	219	1443					4046	13061	4046	13061				
		近熟林	合计	2983	8917	2804	7728	179	1189					2983	8917	2983	8917				
			马尾松	118	491	84	258	34	233					118	491	118	491				
			杉木	2865	8426	2720	7470	145	956					2865	8426	2865	8426				
		成熟林	合计	1164	4546	1107	4148	57	398					1164	4546	1164	4546				
			马尾松	2	36			2	36					2	36	2	36				
			杉木	1162	4510	1107	4148	55	362					1162	4510	1162	4510				
		过熟林	杉木	19	125			19	125					19	125	19	125				
黄沙腰镇	合计	合计	合计	46908	132815	42211	102513	4697	30247		6		49	46908	132815	46908	132815				
			马尾松	6849	34589	4289	17242	2560	17325		6		16	6849	34589	6849	34589				
			杉木	39987	97794	37867	85053	2120	12741					39987	97794	39987	97794				
			柳杉	11	104			11	104					11	104	11	104				
			硬阔类	6	110			6	77				33	6	110	6	110				
			软阔类	55	218	55	218							55	218	55	218				
		近熟林	合计	27419	73885	25930	64184	1489	9662		6		33	27419	73885	27419	73885				
			马尾松	5238	24163	3798	14873	1440	9284		6			5238	24163	5238	24163				
			杉木	22164	49508	22132	49311	32	197					22164	49508	22164	49508				

（续）

统计单位	起源	龄组	树种	径级组										林木质量							
				合计		小径组		中径组		大径组		特大径组		合计		商品用材树		半商品用材树		薪材树	
				株数	材积	株数	材积	株数	材积	株数	材积	株数	材积	株数	材积	株数	材积	株数	材积	株数	材积
1	2	3	4	5	6	7	8	9	10	11	12	13	14	15	16	17	18	19	20	21	22
			柳杉	11	104			11	104					11	104	11	104				
			硬阔类	6	110			6	77				33	6	110	6	110				
		成熟林	合计	19040	57063	15978	37221	3062	19826				16	19040	57063	19040	57063				
			马尾松	1611	10426	491	2369	1120	8041				16	1611	10426	1611	10426				
			杉木	17429	46637	15487	34852	1942	11785					17429	46637	17429	46637				
		过熟林	合计	449	1867	303	1108	146	759					449	1867	449	1867				
			杉木	394	1649	248	890	146	759					394	1649	394	1649				
			软阔类	55	218	55	218							55	218	55	218				
	天然	合计	合计	7931	23444	7426	19990	505	3405				49	7931	23444	7931	23444				
			马尾松	1158	6074	674	2827	484	3231				16	1158	6074	1158	6074				
			杉木	6712	17042	6697	16945	15	97					6712	17042	6712	17042				
			硬阔类	6	110			6	77				33	6	110	6	110				
			软阔类	55	218	55	218							55	218	55	218				
		近熟林	合计	4619	12709	4197	9992	422	2684				33	4619	12709	4619	12709				
			马尾松	1090	5434	674	2827	416	2607					1090	5434	1090	5434				
			杉木	3523	7165	3523	7165							3523	7165	3523	7165				
			硬阔类	6	110			6	77				33	6	110	6	110				
		成熟林	合计	3137	10008	3054	9271	83	721				16	3137	10008	3137	10008				
			马尾松	68	640			68	624				16	68	640	68	640				
			杉木	3069	9368	3054	9271	15	97					3069	9368	3069	9368				
		过熟林	合计	175	727	175	727							175	727	175	727				
			杉木	120	509	120	509							120	509	120	509				
			软阔类	55	218	55	218							55	218	55	218				
	人工	合计	合计	38977	109371	34785	82523	4192	26842		6			38977	109371	38977	109371				
			马尾松	5691	28515	3615	14415	2076	14094		6			5691	28515	5691	28515				
			杉木	33275	80752	31170	68108	2105	12644					33275	80752	33275	80752				
			柳杉	11	104			11	104					11	104	11	104				

（续）

统计单位	起源	龄组	树种	径级组										林木质量							
				合计		小径组		中径组		大径组		特大径组		合计		商品用材树		半商品用材树		薪材树	
				株数	材积	株数	材积	株数	材积	株数	材积	株数	材积	株数	材积	株数	材积	株数	材积	株数	材积
1	2	3	4	5	6	7	8	9	10	11	12	13	14	15	16	17	18	19	20	21	22
		近熟林	合计	22800	61176	21733	54192	1067	6978		6			22800	61176	22800	61176				
			马尾松	4148	18729	3124	12046	1024	6677		6			4148	18729	4148	18729				
			杉木	18641	42343	18609	42146	32	197					18641	42343	18641	42343				
			柳杉	11	104			11	104					11	104	11	104				
		成熟林	合计	15903	47055	12924	27950	2979	19105					15903	47055	15903	47055				
			马尾松	1543	9786	491	2369	1052	7417					1543	9786	1543	9786				
			杉木	14360	37269	12433	25581	1927	11688					14360	37269	14360	37269				
		过熟林	杉木	274	1140	128	381	146	759					274	1140	274	1140				
柘岱口乡	合计	合计	合计	77875	373962	50395	163776	27475	209951	5	235			77875	373962	77875	373962				
			马尾松	13975	101933	2886	10803	11089	91130					13975	101933	13975	101933				
			杉木	60997	253340	46429	149096	14568	104244					60997	253340	60997	253340				
			柳杉	9	41	9	41							9	41	9	41				
			硬阔类	2784	18527	961	3715	1818	14577	5	235			2784	18527	2784	18527				
			软阔类	110	121	110	121							110	121	110	121				
		近熟林	合计	34900	132572	28090	82280	6805	50078	5	214			34900	132572	34900	132572				
			马尾松	6121	36410	2269	8024	3852	28386					6121	36410	6121	36410				
			杉木	26541	81971	24885	70821	1656	11150					26541	81971	26541	81971				
			柳杉	9	41	9	41							9	41	9	41				
			硬阔类	2119	14029	817	3273	1297	10542	5	214			2119	14029	2119	14029				
			软阔类	110	121	110	121							110	121	110	121				
		成熟林	合计	37700	204347	20699	74688	17001	129638		21			37700	204347	37700	204347				
			马尾松	7711	63679	617	2779	7094	60900					7711	63679	7711	63679				
			杉木	29510	137465	19938	71467	9572	65998					29510	137465	29510	137465				
			硬阔类	479	3203	144	442	335	2740		21			479	3203	479	3203				
		过熟林	合计	5275	37043	1606	6808	3669	30235					5275	37043	5275	37043				
			马尾松	143	1844			143	1844					143	1844	143	1844				
			杉木	4946	33904	1606	6808	3340	27096					4946	33904	4946	33904				

（续）

统计单位	起源	龄组	树种	径级组										林木质量							
				合计		小径组		中径组		大径组		特大径组		合计		商品用材树		半商品用材树		薪材树	
				株数	材积	株数	材积	株数	材积	株数	材积	株数	材积	株数	材积	株数	材积	株数	材积	株数	材积
1	2	3	4	5	6	7	8	9	10	11	12	13	14	15	16	17	18	19	20	21	22
			硬阔类	186	1295			186	1295					186	1295	186	1295				
	天然	合计	合计	3567	24938	1054	3289	2508	21414	5	235			3567	24938	3567	24938				
			马尾松	2056	16514	116	515	1940	15999					2056	16514	2056	16514				
			杉木	911	2657	911	2657							911	2657	911	2657				
			硬阔类	600	5767	27	117	568	5415	5	235			600	5767	600	5767				
		近熟林	合计	2648	19003	539	1463	2104	17326	5	214			2648	19003	2648	19003				
			马尾松	1559	12016	23	105	1536	11911					1559	12016	1559	12016				
			杉木	489	1241	489	1241							489	1241	489	1241				
			硬阔类	600	5746	27	117	568	5415	5	214			600	5746	600	5746				
		成熟林	合计	863	5639	459	1530	404	4088		21			863	5639	863	5639				
			马尾松	497	4498	93	410	404	4088					497	4498	497	4498				
			杉木	366	1120	366	1120							366	1120	366	1120				
			硬阔类		21						21				21		21				
		过熟林	杉木	56	296	56	296							56	296	56	296				
	人工	合计	合计	74308	349024	49341	160487	24967	188537					74308	349024	74308	349024				
			马尾松	11919	85419	2770	10288	9149	75131					11919	85419	11919	85419				
			杉木	60086	250683	45518	146439	14568	104244					60086	250683	60086	250683				
			柳杉	9	41	9	41							9	41	9	41				
			硬阔类	2184	12760	934	3598	1250	9162					2184	12760	2184	12760				
			软阔类	110	121	110	121							110	121	110	121				
		近熟林	合计	32252	113569	27551	80817	4701	32752					32252	113569	32252	113569				
			马尾松	4562	24394	2246	7919	2316	16475					4562	24394	4562	24394				
			杉木	26052	80730	24396	69580	1656	11150					26052	80730	26052	80730				
			柳杉	9	41	9	41							9	41	9	41				
			硬阔类	1519	8283	790	3156	729	5127					1519	8283	1519	8283				
			软阔类	110	121	110	121							110	121	110	121				
		成熟林	合计	36837	198708	20240	73158	16597	125550					36837	198708	36837	198708				

（续）

统计单位	起源	龄组	树种	径级组										林木质量							
				合计		小径组		中径组		大径组		特大径组		合计		商品用材树		半商品用材树		薪材树	
				株数	材积	株数	材积	株数	材积	株数	材积	株数	材积	株数	材积	株数	材积	株数	材积	株数	材积
1	2	3	4	5	6	7	8	9	10	11	12	13	14	15	16	17	18	19	20	21	22
			马尾松	7214	59181	524	2369	6690	56812					7214	59181	7214	59181				
			杉木	29144	136345	19572	70347	9572	65998					29144	136345	29144	136345				
			硬阔类	479	3182	144	442	335	2740					479	3182	479	3182				
		过熟林	合计	5219	36747	1550	6512	3669	30235					5219	36747	5219	36747				
			马尾松	143	1844			143	1844					143	1844	143	1844				
			杉木	4890	33608	1550	6512	3340	27096					4890	33608	4890	33608				
			硬阔类	186	1295			186	1295					186	1295	186	1295				
西畈乡	合计	合计	合计	23293	91337	17520	51835	5770	39404	3	98			23293	91337	23293	91337				
			马尾松	3603	21935	1879	7365	1721	14472	3	98			3603	21935	3603	21935				
			杉木	15252	54308	12024	35032	3228	19276					15252	54308	15252	54308				
			柳杉	7	44	2	8	5	36					7	44	7	44				
			硬阔类	4351	14610	3596	9346	755	5264					4351	14610	4351	14610				
			软阔类	80	440	19	84	61	356					80	440	80	440				
		近熟林	合计	13640	48715	10822	29854	2818	18861					13640	48715	13640	48715				
			马尾松	1413	7852	786	2845	627	5007					1413	7852	1413	7852				
			杉木	8288	27783	6811	18967	1477	8816					8288	27783	8288	27783				
			柳杉	5	30	2	8	3	22					5	30	5	30				
			硬阔类	3934	13050	3223	8034	711	5016					3934	13050	3934	13050				
		成熟林	合计	8831	38610	6401	20784	2427	17728	3	98			8831	38610	8831	38610				
			马尾松	2109	13683	1012	4125	1094	9460	3	98			2109	13683	2109	13683				
			杉木	6303	23353	5016	15347	1287	8006					6303	23353	6303	23353				
			柳杉	2	14			2	14					2	14	2	14				
			硬阔类	417	1560	373	1312	44	248					417	1560	417	1560				
		过熟林	合计	822	4012	297	1197	525	2815					822	4012	822	4012				
			马尾松	81	400	81	395		5					81	400	81	400				
			杉木	661	3172	197	718	464	2454					661	3172	661	3172				
			软阔类	80	440	19	84	61	356					80	440	80	440				

（续）

统计单位	起源	龄组	树种	径级组										林木质量							
				合计		小径组		中径组		大径组		特大径组		合计		商品用材树		半商品用材树		薪材树	
				株数	材积	株数	材积	株数	材积	株数	材积	株数	材积	株数	材积	株数	材积	株数	材积	株数	材积
1	2	3	4	5	6	7	8	9	10	11	12	13	14	15	16	17	18	19	20	21	22
	天然	合计	合计	5484	19386	4161	10552	1323	8834					5484	19386	5484	19386				
			马尾松	698	3854	475	2040	223	1814					698	3854	698	3854				
			杉木	1367	4068	921	1772	446	2296					1367	4068	1367	4068				
			硬阔类	3419	11464	2765	6740	654	4724					3419	11464	3419	11464				
		近熟林	合计	4157	14949	3257	8485	900	6464					4157	14949	4157	14949				
			马尾松	542	3014	349	1508	193	1506					542	3014	542	3014				
			杉木	272	753	218	501	54	252					272	753	272	753				
			硬阔类	3343	11182	2690	6476	653	4706					3343	11182	3343	11182				
		成熟林	合计	1062	3079	904	2067	158	1012					1062	3079	1062	3079				
			马尾松	156	840	126	532	30	308					156	840	156	840				
			杉木	830	1957	703	1271	127	686					830	1957	830	1957				
			硬阔类	76	282	75	264	1	18					76	282	76	282				
		过熟林	杉木	265	1358			265	1358					265	1358	265	1358				
	人工	合计	合计	17809	71951	13359	41283	4447	30570	3	98			17809	71951	17809	71951				
			马尾松	2905	18081	1404	5325	1498	12658	3	98			2905	18081	2905	18081				
			杉木	13885	50240	11103	33260	2782	16980					13885	50240	13885	50240				
			柳杉	7	44	2	8	5	36					7	44	7	44				
			硬阔类	932	3146	831	2606	101	540					932	3146	932	3146				
			软阔类	80	440	19	84	61	356					80	440	80	440				
		近熟林	合计	9483	33766	7565	21369	1918	12397					9483	33766	9483	33766				
			马尾松	871	4838	437	1337	434	3501					871	4838	871	4838				
			杉木	8016	27030	6593	18466	1423	8564					8016	27030	8016	27030				
			柳杉	5	30	2	8	3	22					5	30	5	30				
			硬阔类	591	1868	533	1558	58	310					591	1868	591	1868				
		成熟林	合计	7769	35531	5497	18717	2269	16716	3	98			7769	35531	7769	35531				
			马尾松	1953	12843	886	3593	1064	9152	3	98			1953	12843	1953	12843				
			杉木	5473	21396	4313	14076	1160	7320					5473	21396	5473	21396				

（续）

统计单位	起源	龄组	树种	径级组										林木质量							
				合计		小径组		中径组		大径组		特大径组		合计		商品用材树		半商品用材树		薪材树	
				株数	材积	株数	材积	株数	材积	株数	材积	株数	材积	株数	材积	株数	材积	株数	材积	株数	材积
1	2	3	4	5	6	7	8	9	10	11	12	13	14	15	16	17	18	19	20	21	22
			柳杉	2	14			2	14					2	14	2	14				
			硬阔类	341	1278	298	1048	43	230					341	1278	341	1278				
		过熟林	合计	557	2654	297	1197	260	1457					557	2654	557	2654				
			马尾松	81	400	81	395		5					81	400	81	400				
			杉木	396	1814	197	718	199	1096					396	1814	396	1814				
			软阔类	80	440	19	84	61	356					80	440	80	440				
王村口镇	合计	合计	合计	54623	330565	20967	87180	33651	242966	4	199	1	220	54623	330565	54623	330565				
			马尾松	13520	102648	3691	16611	9828	85981			1	56	13520	102648	13520	102648				
			杉木	40903	225863	17276	70569	23627	155294					40903	225863	40903	225863				
			柳杉	190	1642			189	1575	1	67			190	1642	190	1642				
			硬阔类	10	412			7	116	3	132		164	10	412	10	412				
		近熟林	合计	27513	155765	13302	53512	14210	102226	1	27			27513	155765	27513	155765				
			马尾松	10755	75555	3691	16611	7064	58944					10755	75555	10755	75555				
			杉木	16616	79008	9611	36901	7005	42107					16616	79008	16616	79008				
			柳杉	134	1059			134	1059					134	1059	134	1059				
			硬阔类	8	143			7	116	1	27			8	143	8	143				
		成熟林	合计	24470	155844	7665	33668	16803	121978	2	105		93	24470	155844	24470	155844				
			马尾松	2764	27037			2764	27037					2764	27037	2764	27037				
			杉木	21649	128093	7665	33668	13984	94425					21649	128093	21649	128093				
			柳杉	55	516			55	516					55	516	55	516				
			硬阔类	2	198					2	105		93	2	198	2	198				
		过熟林	合计	2640	18956			2638	18762	1	67	1	127	2640	18956	2640	18956				
			马尾松	1	56							1	56	1	56	1	56				
			杉木	2638	18762			2638	18762					2638	18762	2638	18762				
			柳杉	1	67					1	67			1	67	1	67				
			硬阔类		71								71		71		71				
	天然	合计	合计	311	2088	66	245	242	1618	3	132		93	311	2088	311	2088				

（续）

统计单位	起源	龄组	树种	径级组										林木质量							
				合计		小径组		中径组		大径组		特大径组		合计		商品用材树		半商品用材树		薪材树	
				株数	材积	株数	材积	株数	材积	株数	材积	株数	材积	株数	材积	株数	材积	株数	材积	株数	材积
1	2	3	4	5	6	7	8	9	10	11	12	13	14	15	16	17	18	19	20	21	22
			杉木	301	1747	66	245	235	1502					301	1747	301	1747				
			硬阔类	10	341			7	116	3	132		93	10	341	10	341				
		近熟林	合计	74	388	66	245	7	116	1	27			74	388	74	388				
			杉木	66	245	66	245							66	245	66	245				
			硬阔类	8	143			7	116	1	27			8	143	8	143				
		成熟林	硬阔类	2	198					2	105		93	2	198	2	198				
		过熟林	杉木	235	1502			235	1502					235	1502	235	1502				
	人工	合计	合计	54312	328477	20901	86935	33409	241348	1	67	1	127	54312	328477	54312	328477				
			马尾松	13520	102648	3691	16611	9828	85981			1	56	13520	102648	13520	102648				
			杉木	40602	224116	17210	70324	23392	153792					40602	224116	40602	224116				
			柳杉	190	1642			189	1575	1	67			190	1642	190	1642				
			硬阔类		71								71		71		71				
		近熟林	合计	27439	155377	13236	53267	14203	102110					27439	155377	27439	155377				
			马尾松	10755	75555	3691	16611	7064	58944					10755	75555	10755	75555				
			杉木	16550	78763	9545	36656	7005	42107					16550	78763	16550	78763				
			柳杉	134	1059			134	1059					134	1059	134	1059				
		成熟林	合计	24468	155646	7665	33668	16803	121978					24468	155646	24468	155646				
			马尾松	2764	27037			2764	27037					2764	27037	2764	27037				
			杉木	21649	128093	7665	33668	13984	94425					21649	128093	21649	128093				
			柳杉	55	516			55	516					55	516	55	516				
		过熟林	合计	2405	17454			2403	17260	1	67	1	127	2405	17454	2405	17454				
			马尾松	1	56							1	56	1	56	1	56				
			杉木	2403	17260			2403	17260					2403	17260	2403	17260				
			柳杉	1	67					1	67			1	67	1	67				
			硬阔类		71								71		71		71				
蔡源乡	合计	合计	合计	9131	38882	6348	20971	2783	17911					9131	38882	9131	38882				
			马尾松	1220	6855	339	1229	881	5626					1220	6855	1220	6855				

（续）

统计单位	起源	龄组	树种	径级组										林木质量							
				合计		小径组		中径组		大径组		特大径组		合计		商品用材树		半商品用材树		薪材树	
				株数	材积	株数	材积	株数	材积	株数	材积	株数	材积	株数	材积	株数	材积	株数	材积	株数	材积
1	2	3	4	5	6	7	8	9	10	11	12	13	14	15	16	17	18	19	20	21	22
			杉木	7564	30046	5884	19406	1680	10640					7564	30046	7564	30046				
			柳杉	222	1645			222	1645					222	1645	222	1645				
			硬阔类	125	336	125	336							125	336	125	336				
		近熟林	合计	2986	10872	2390	7257	596	3615					2986	10872	2986	10872				
			马尾松	575	2877	197	705	378	2172					575	2877	575	2877				
			杉木	2266	7522	2068	6216	198	1306					2266	7522	2266	7522				
			柳杉	20	137			20	137					20	137	20	137				
			硬阔类	125	336	125	336							125	336	125	336				
		成熟林	合计	5821	26272	3903	13510	1918	12762					5821	26272	5821	26272				
			马尾松	645	3978	142	524	503	3454					645	3978	645	3978				
			杉木	4974	20786	3761	12986	1213	7800					4974	20786	4974	20786				
			柳杉	202	1508			202	1508					202	1508	202	1508				
		过熟林	杉木	324	1738	55	204	269	1534					324	1738	324	1738				
	天然	合计	合计	466	2148	202	495	264	1653					466	2148	466	2148				
			马尾松	341	1812	77	159	264	1653					341	1812	341	1812				
			硬阔类	125	336	125	336							125	336	125	336				
		近熟林	合计	450	1948	202	495	248	1453					450	1948	450	1948				
			马尾松	325	1612	77	159	248	1453					325	1612	325	1612				
			硬阔类	125	336	125	336							125	336	125	336				
		成熟林	马尾松	16	200			16	200					16	200	16	200				
	人工	合计	合计	8665	36734	6146	20476	2519	16258					8665	36734	8665	36734				
			马尾松	879	5043	262	1070	617	3973					879	5043	879	5043				
			杉木	7564	30046	5884	19406	1680	10640					7564	30046	7564	30046				
			柳杉	222	1645			222	1645					222	1645	222	1645				
		近熟林	合计	2536	8924	2188	6762	348	2162					2536	8924	2536	8924				
			马尾松	250	1265	120	546	130	719					250	1265	250	1265				
			杉木	2266	7522	2068	6216	198	1306					2266	7522	2266	7522				

（续）

统计单位	起源	龄组	树种	径级组										林木质量							
				合计		小径组		中径组		大径组		特大径组		合计		商品用材树		半商品用材树		薪材树	
				株数	材积	株数	材积	株数	材积	株数	材积	株数	材积	株数	材积	株数	材积	株数	材积	株数	材积
1	2	3	4	5	6	7	8	9	10	11	12	13	14	15	16	17	18	19	20	21	22
			柳杉	20	137			20	137					20	137	20	137				
		成熟林	合计	5805	26072	3903	13510	1902	12562					5805	26072	5805	26072				
			马尾松	629	3778	142	524	487	3254					629	3778	629	3778				
			杉木	4974	20786	3761	12986	1213	7800					4974	20786	4974	20786				
			柳杉	202	1508			202	1508					202	1508	202	1508				
		过熟林	杉木	324	1738	55	204	269	1534					324	1738	324	1738				
焦滩乡	合计	合计	合计	6628	51273	2234	9877	4393	41339	1	57			6628	51273	6628	51273				
			马尾松	2037	23789	120	739	1916	22993	1	57			2037	23789	2037	23789				
			杉木	4391	25730	2109	9114	2282	16616					4391	25730	4391	25730				
			柳杉	73	633			73	633					73	633	73	633				
			硬阔类	73	711			73	711					73	711	73	711				
			软阔类	54	410	5	24	49	386					54	410	54	410				
		近熟林	合计	2035	10585	1433	5835	602	4750					2035	10585	2035	10585				
			马尾松	170	1698			170	1698					170	1698	170	1698				
			杉木	1858	8841	1428	5811	430	3030					1858	8841	1858	8841				
			硬阔类	2	22			2	22					2	22	2	22				
			软阔类	5	24	5	24							5	24	5	24				
		成熟林	合计	4495	40167	703	3521	3791	36589	1	57			4495	40167	4495	40167				
			马尾松	1867	22091	120	739	1746	21295	1	57			1867	22091	1867	22091				
			杉木	2435	16368	583	2782	1852	13586					2435	16368	2435	16368				
			柳杉	73	633			73	633					73	633	73	633				
			硬阔类	71	689			71	689					71	689	71	689				
			软阔类	49	386			49	386					49	386	49	386				
		过熟林	杉木	98	521	98	521							98	521	98	521				
	天然	合计	合计	2671	18949	1153	4752	1517	14140	1	57			2671	18949	2671	18949				
			马尾松	858	9173	120	739	737	8377	1	57			858	9173	858	9173				
			杉木	1742	9087	1033	4013	709	5074					1742	9087	1742	9087				

（续）

统计单位	起源	龄组	树种	径级组										林木质量							
				合计		小径组		中径组		大径组		特大径组		合计		商品用材树		半商品用材树		薪材树	
				株数	材积	株数	材积	株数	材积	株数	材积	株数	材积	株数	材积	株数	材积	株数	材积	株数	材积
1	2	3	4	5	6	7	8	9	10	11	12	13	14	15	16	17	18	19	20	21	22
			硬阔类	71	689			71	689					71	689	71	689				
		近熟林	合计	762	3460	622	1988	140	1472					762	3460	762	3460				
			马尾松	140	1472			140	1472					140	1472	140	1472				
			杉木	622	1988	622	1988							622	1988	622	1988				
		成熟林	合计	1909	15489	531	2764	1377	12668	1	57			1909	15489	1909	15489				
			马尾松	718	7701	120	739	597	6905	1	57			718	7701	718	7701				
			杉木	1120	7099	411	2025	709	5074					1120	7099	1120	7099				
			硬阔类	71	689			71	689					71	689	71	689				
	人工	合计	合计	3957	32324	1081	5125	2876	27199					3957	32324	3957	32324				
			马尾松	1179	14616			1179	14616					1179	14616	1179	14616				
			杉木	2649	16643	1076	5101	1573	11542					2649	16643	2649	16643				
			柳杉	73	633			73	633					73	633	73	633				
			硬阔类	2	22			2	22					2	22	2	22				
			软阔类	54	410	5	24	49	386					54	410	54	410				
		近熟林	合计	1273	7125	811	3847	462	3278					1273	7125	1273	7125				
			马尾松	30	226			30	226					30	226	30	226				
			杉木	1236	6853	806	3823	430	3030					1236	6853	1236	6853				
			硬阔类	2	22			2	22					2	22	2	22				
			软阔类	5	24	5	24							5	24	5	24				
		成熟林	合计	2586	24678	172	757	2414	23921					2586	24678	2586	24678				
			马尾松	1149	14390			1149	14390					1149	14390	1149	14390				
			杉木	1315	9269	172	757	1143	8512					1315	9269	1315	9269				
			柳杉	73	633			73	633					73	633	73	633				
			软阔类	49	386			49	386					49	386	49	386				
		过熟林	杉木	98	521	98	521							98	521	98	521				
龙洋乡	合计	合计	合计	47782	371403	9781	37629	37910	330521	91	3253			47782	371403	47782	371403				
			马尾松	4506	47307	307	1072	4127	43537	72	2698			4506	47307	4506	47307				

（续）

统计单位	起源	龄组	树种	径级组										林木质量							
				合计		小径组		中径组		大径组		特大径组		合计		商品用材树		半商品用材树		薪材树	
				株数	材积	株数	材积	株数	材积	株数	材积	株数	材积	株数	材积	株数	材积	株数	材积	株数	材积
1	2	3	4	5	6	7	8	9	10	11	12	13	14	15	16	17	18	19	20	21	22
			湿地松	53	453			53	453					53	453	53	453				
			杉木	38382	281885	8077	32406	30305	249479					38382	281885	38382	281885				
			柳杉	754	7994	314	554	421	6885	19	555			754	7994	754	7994				
			硬阔类	4084	33746	1083	3597	3001	30149					4084	33746	4084	33746				
			软阔类	3	18			3	18					3	18	3	18				
		近熟林	合计	19099	125070	7234	27100	11833	96981	32	989			19099	125070	19099	125070				
			马尾松	2804	26605	206	627	2566	24989	32	989			2804	26605	2804	26605				
			杉木	12801	70512	5798	22871	7003	47641					12801	70512	12801	70512				
			柳杉	493	3027	314	554	179	2473					493	3027	493	3027				
			硬阔类	2998	24908	916	3048	2082	21860					2998	24908	2998	24908				
			软阔类	3	18			3	18					3	18	3	18				
		成熟林	合计	23865	192440	2547	10529	21302	181397	16	514			23865	192440	23865	192440				
			马尾松	1678	19507	101	445	1561	18548	16	514			1678	19507	1678	19507				
			湿地松	53	453			53	453					53	453	53	453				
			杉木	21049	162574	2279	9535	18770	153039					21049	162574	21049	162574				
			柳杉	123	1960			123	1960					123	1960	123	1960				
			硬阔类	962	7946	167	549	795	7397					962	7946	962	7946				
		过熟林	合计	4818	53893			4775	52143	43	1750			4818	53893	4818	53893				
			马尾松	24	1195					24	1195			24	1195	24	1195				
			杉木	4532	48799			4532	48799					4532	48799	4532	48799				
			柳杉	138	3007			119	2452	19	555			138	3007	138	3007				
			硬阔类	124	892			124	892					124	892	124	892				
	天然	合计	合计	3827	34280	911	3274	2891	30240	25	766			3827	34280	3827	34280				
			马尾松	450	4792	101	445	324	3581	25	766			450	4792	450	4792				
			硬阔类	3377	29488	810	2829	2567	26659					3377	29488	3377	29488				
		近熟林	合计	2904	26580	643	2280	2252	24048	9	252			2904	26580	2904	26580				
			马尾松	179	2440			170	2188	9	252			179	2440	179	2440				

（续）

统计单位	起源	龄组	树种	径级组										林木质量							
				合计		小径组		中径组		大径组		特大径组		合计		商品用材树		半商品用材树		薪材树	
				株数	材积	株数	材积	株数	材积	株数	材积	株数	材积	株数	材积	株数	材积	株数	材积	株数	材积
1	2	3	4	5	6	7	8	9	10	11	12	13	14	15	16	17	18	19	20	21	22
			硬阔类	2725	24140	643	2280	2082	21860					2725	24140	2725	24140				
		成熟林	合计	923	7700	268	994	639	6192	16	514			923	7700	923	7700				
			马尾松	271	2352	101	445	154	1393	16	514			271	2352	271	2352				
			硬阔类	652	5348	167	549	485	4799					652	5348	652	5348				
	人工	合计	合计	43955	337123	8870	34355	35019	300281	66	2487			43955	337123	43955	337123				
			马尾松	4056	42515	206	627	3803	39956	47	1932			4056	42515	4056	42515				
			湿地松	53	453			53	453					53	453	53	453				
			杉木	38382	281885	8077	32406	30305	249479					38382	281885	38382	281885				
			柳杉	754	7994	314	554	421	6885	19	555			754	7994	754	7994				
			硬阔类	707	4258	273	768	434	3490					707	4258	707	4258				
			软阔类	3	18			3	18					3	18	3	18				
		近熟林	合计	16195	98490	6591	24820	9581	72933	23	737			16195	98490	16195	98490				
			马尾松	2625	24165	206	627	2396	22801	23	737			2625	24165	2625	24165				
			杉木	12801	70512	5798	22871	7003	47641					12801	70512	12801	70512				
			柳杉	493	3027	314	554	179	2473					493	3027	493	3027				
			硬阔类	273	768	273	768							273	768	273	768				
			软阔类	3	18			3	18					3	18	3	18				
		成熟林	合计	22942	184740	2279	9535	20663	175205					22942	184740	22942	184740				
			马尾松	1407	17155			1407	17155					1407	17155	1407	17155				
			湿地松	53	453			53	453					53	453	53	453				
			杉木	21049	162574	2279	9535	18770	153039					21049	162574	21049	162574				
			柳杉	123	1960			123	1960					123	1960	123	1960				
			硬阔类	310	2598			310	2598					310	2598	310	2598				
		过熟林	合计	4818	53893			4775	52143	43	1750			4818	53893	4818	53893				
			马尾松	24	1195					24	1195			24	1195	24	1195				
			杉木	4532	48799			4532	48799					4532	48799	4532	48799				
			柳杉	138	3007			119	2452	19	555			138	3007	138	3007				

（续）

统计单位	起源	龄组	树种	径级组										林木质量							
				合计		小径组		中径组		大径组		特大径组		合计		商品用材树		半商品用材树		薪材树	
				株数	材积	株数	材积	株数	材积	株数	材积	株数	材积	株数	材积	株数	材积	株数	材积	株数	材积
1	2	3	4	5	6	7	8	9	10	11	12	13	14	15	16	17	18	19	20	21	22
			硬阔类	124	892			124	892					124	892	124	892				
牛头山场	合计	合计	合计	6348	36683	3170	13377	3178	23306					6348	36683	6348	36683				
			马尾松	967	4876	506	1562	461	3314					967	4876	967	4876				
			杉木	5322	31289	2653	11757	2669	19532					5322	31289	5322	31289				
			柳杉	26	290			26	290					26	290	26	290				
			软阔类	33	228	11	58	22	170					33	228	33	228				
		近熟林	合计	3413	17302	2349	9488	1064	7814					3413	17302	3413	17302				
			马尾松	862	4112	502	1550	360	2562					862	4112	862	4112				
			杉木	2526	12918	1847	7938	679	4980					2526	12918	2526	12918				
			柳杉	25	272			25	272					25	272	25	272				
		成熟林	合计	2924	19323	810	3831	2114	15492					2924	19323	2924	19323				
			马尾松	105	764	4	12	101	752					105	764	105	764				
			杉木	2796	18371	806	3819	1990	14552					2796	18371	2796	18371				
			柳杉	1	18			1	18					1	18	1	18				
			软阔类	22	170			22	170					22	170	22	170				
		过熟林	软阔类	11	58	11	58							11	58	11	58				
	天然	合计	合计	598	3870	173	838	425	3032					598	3870	598	3870				
			马尾松	481	3303	56	271	425	3032					481	3303	481	3303				
			杉木	117	567	117	567							117	567	117	567				
		近熟林	马尾松	416	2833	56	271	360	2562					416	2833	416	2833				
		成熟林	合计	182	1037	117	567	65	470					182	1037	182	1037				
			马尾松	65	470			65	470					65	470	65	470				
			杉木	117	567	117	567							117	567	117	567				
	人工	合计	合计	5750	32813	2997	12539	2753	20274					5750	32813	5750	32813				
			马尾松	486	1573	450	1291	36	282					486	1573	486	1573				
			杉木	5205	30722	2536	11190	2669	19532					5205	30722	5205	30722				
			柳杉	26	290			26	290					26	290	26	290				

（续）

统计单位	起源	龄组	树种	径级组										林木质量							
				合计		小径组		中径组		大径组		特大径组		合计		商品用材树		半商品用材树		薪材树	
				株数	材积	株数	材积	株数	材积	株数	材积	株数	材积	株数	材积	株数	材积	株数	材积	株数	材积
1	2	3	4	5	6	7	8	9	10	11	12	13	14	15	16	17	18	19	20	21	22
			软阔类	33	228	11	58	22	170					33	228	33	228				
		近熟林	合计	2997	14469	2293	9217	704	5252					2997	14469	2997	14469				
			马尾松	446	1279	446	1279							446	1279	446	1279				
			杉木	2526	12918	1847	7938	679	4980					2526	12918	2526	12918				
			柳杉	25	272			25	272					25	272	25	272				
		成熟林	合计	2742	18286	693	3264	2049	15022					2742	18286	2742	18286				
			马尾松	40	294	4	12	36	282					40	294	40	294				
			杉木	2679	17804	689	3252	1990	14552					2679	17804	2679	17804				
			柳杉	1	18			1	18					1	18	1	18				
			软阔类	22	170			22	170					22	170	22	170				
		过熟林	软阔类	11	58	11	58							11	58	11	58				
湖山林场	合计	合计	合计	4716	39618	1562	7427	3154	32191					4716	39618	4716	39618				
			马尾松	2640	28329			2640	28329					2640	28329	2640	28329				
			杉木	1941	10592	1432	6768	509	3824					1941	10592	1941	10592				
			柳杉	2	8	2	8							2	8	2	8				
			软阔类	133	689	128	651	5	38					133	689	133	689				
		近熟林	合计	3843	32324	1259	5942	2584	26382					3843	32324	3843	32324				
			马尾松	2350	24698			2350	24698					2350	24698	2350	24698				
			杉木	1491	7618	1257	5934	234	1684					1491	7618	1491	7618				
			柳杉	2	8	2	8							2	8	2	8				
		成熟林	合计	873	7294	303	1485	570	5809					873	7294	873	7294				
			马尾松	290	3631			290	3631					290	3631	290	3631				
			杉木	450	2974	175	834	275	2140					450	2974	450	2974				
			软阔类	133	689	128	651	5	38					133	689	133	689				
	天然	合计	合计	3101	27678	883	3903	2218	23775					3101	27678	3101	27678				
			马尾松	1942	21643			1942	21643					1942	21643	1942	21643				
			杉木	1159	6035	883	3903	276	2132					1159	6035	1159	6035				

（续）

统计单位	起源	龄组	树种	径级组										林木质量							
				合计		小径组		中径组		大径组		特大径组		合计		商品用材树		半商品用材树		薪材树	
				株数	材积	株数	材积	株数	材积	株数	材积	株数	材积	株数	材积	株数	材积	株数	材积	株数	材积
1	2	3	4	5	6	7	8	9	10	11	12	13	14	15	16	17	18	19	20	21	22
		近熟林	合计	2597	22904	771	3377	1826	19527					2597	22904	2597	22904				
			马尾松	1715	18796			1715	18796					1715	18796	1715	18796				
			杉木	882	4108	771	3377	111	731					882	4108	882	4108				
		成熟林	合计	504	4774	112	526	392	4248					504	4774	504	4774				
			马尾松	227	2847			227	2847					227	2847	227	2847				
			杉木	277	1927	112	526	165	1401					277	1927	277	1927				
	人工	合计	合计	1615	11940	679	3524	936	8416					1615	11940	1615	11940				
			马尾松	698	6686			698	6686					698	6686	698	6686				
			杉木	782	4557	549	2865	233	1692					782	4557	782	4557				
			柳杉	2	8	2	8							2	8	2	8				
			软阔类	133	689	128	651	5	38					133	689	133	689				
		近熟林	合计	1246	9420	488	2565	758	6855					1246	9420	1246	9420				
			马尾松	635	5902			635	5902					635	5902	635	5902				
			杉木	609	3510	486	2557	123	953					609	3510	609	3510				
			柳杉	2	8	2	8							2	8	2	8				
		成熟林	合计	369	2520	191	959	178	1561					369	2520	369	2520				
			马尾松	63	784			63	784					63	784	63	784				
			杉木	173	1047	63	308	110	739					173	1047	173	1047				
			软阔类	133	689	128	651	5	38					133	689	133	689				
白马山场	人工	合计	合计	3254	21181	1314	3420	1940	17761					3254	21181	3254	21181				
			马尾松	1704	6287	1314	3420	390	2867					1704	6287	1704	6287				
			杉木	1550	14894			1550	14894					1550	14894	1550	14894				
		近熟林	马尾松	521	2466	407	1643	114	823					521	2466	521	2466				
		成熟林	合计	1812	9022	907	1777	905	7245					1812	9022	1812	9022				
			马尾松	1183	3821	907	1777	276	2044					1183	3821	1183	3821				
			杉木	629	5201			629	5201					629	5201	629	5201				
		过熟林	杉木	921	9693			921	9693					921	9693	921	9693				

（续）

统计单位	起源	龄组	树种	径级组										林木质量							
				合计		小径组		中径组		大径组		特大径组		合计		商品用材树		半商品用材树		薪材树	
				株数	材积	株数	材积	株数	材积	株数	材积	株数	材积	株数	材积	株数	材积	株数	材积	株数	材积
1	2	3	4	5	6	7	8	9	10	11	12	13	14	15	16	17	18	19	20	21	22
桂洋林场	合计	合计	合计	2484	16163	845	3844	1639	12319					2484	16163	2484	16163				
			马尾松	925	7098	159	718	766	6380					925	7098	925	7098				
			杉木	1528	8733	680	3099	848	5634					1528	8733	1528	8733				
			柳杉	31	332	6	27	25	305					31	332	31	332				
		近熟林	合计	416	2456	159	718	257	1738					416	2456	416	2456				
			马尾松	354	2008	159	718	195	1290					354	2008	354	2008				
			杉木	62	448			62	448					62	448	62	448				
		成熟林	合计	2062	13601	686	3126	1376	10475					2062	13601	2062	13601				
			马尾松	571	5090			571	5090					571	5090	571	5090				
			杉木	1466	8285	680	3099	786	5186					1466	8285	1466	8285				
			柳杉	25	226	6	27	19	199					25	226	25	226				
		过熟林	柳杉	6	106			6	106					6	106	6	106				
	天然	合计	马尾松	917	7046	158	714	759	6332					917	7046	917	7046				
		近熟林	马尾松	353	2004	158	714	195	1290					353	2004	353	2004				
		成熟林	马尾松	564	5042			564	5042					564	5042	564	5042				
	人工	合计	合计	1567	9117	687	3130	880	5987					1567	9117	1567	9117				
			马尾松	8	52	1	4	7	48					8	52	8	52				
			杉木	1528	8733	680	3099	848	5634					1528	8733	1528	8733				
			柳杉	31	332	6	27	25	305					31	332	31	332				
		近熟林	合计	63	452	1	4	62	448					63	452	63	452				
			马尾松	1	4	1	4							1	4	1	4				
			杉木	62	448			62	448					62	448	62	448				
		成熟林	合计	1498	8559	686	3126	812	5433					1498	8559	1498	8559				
			马尾松	7	48			7	48					7	48	7	48				
			杉木	1466	8285	680	3099	786	5186					1466	8285	1466	8285				
			柳杉	25	226	6	27	19	199					25	226	25	226				
		过熟林	柳杉	6	106			6	106					6	106	6	106				

附表9 经济林统计表

按范围统计

单位名称：遂昌县　　（2005年）　　单位：亩、百株

统计单位	林木使用权	起源	树种	合计	乔木										灌木				
					小计		产前期		初产期		盛产期		衰产期		小计	产前期	初产期	盛产期	衰产期
					面积	株数	面积	株数	面积	株数	面积	株数	面积	株数					
1	3	4	5	5	6	7	8	9	10	11	12	13	14	15	16	17	18	19	20
合计	合计	合计	合计	204403	59468	34864	7523	5261	17123	9087	34127	20247	695	269	144935	1637	5180	134965	3153
			板栗	47654	47654	24335	4975	1826	14207	5920	28257	16580	215	9					
			香榧	28	28	12	25	11					3	1					
			山核桃	10	10	4	10	4											
			银杏	59	59	80	58	80	1										
			杨梅	1069	1069	445	202	84	340	184	527	177							
			枇杷	173	173	66			10	3	163	63							
			李	838	838	427	55	26	142	73	641	328							
			梨	2554	2554	1166	64	31	585	314	1757	777	148	44					
			桃	820	820	337	21	10	56	22	668	276	75	29					
			胡柚	190	190	81	17	9			173	72							
			椪柑	357	357	49			27		237	49	93						
			枣	112	112	78	56	34	54	43	2	1							
			柿	73	73	38			8	3	60	33	5	2					
			青梅	1186	1186	556	100	56	289	150	731	326	66	24					
			漆树	1	1	1			1	1									
			千年桐	2	2	2					2	2							
			厚朴	3773	3773	6225	1389	2150	1394	2360	904	1556	86	159					
			杜仲	423	423	715	408	693	9	14	5	7	1	1					
			桂花	143	143	247	143	247											
			锥栗	3	3								3						
			茶叶	63765											63765	1527	3234	57661	1343
			橘	4747											4747	10	13	4248	476
			油茶	72771											72771	14	1079	70637	1041
			其它果树	20											20		20		
			其它原料	60											60	55	5		

（续）

统计单位	林木使用权	起源	树种	合计	乔木										灌木				
					小计		产前期		初产期		盛产期		衰产期		小计	产前期	初产期	盛产期	衰产期
					面积	株数	面积	株数	面积	株数	面积	株数	面积	株数					
1	3	4	5	5	6	7	8	9	10	11	12	13	14	15	16	17	18	19	20
			其它经林	3572											3572	31	829	2419	293
		天然	合计	783	73	109	42	66			31	43			710		5	699	6
			板栗	35	35	44	4	1			31	43							
			厚朴	38	38	65	38	65											
			茶叶	230											230		5	224	1
			油茶	480											480			475	5
		人工	合计	203620	59395	34755	7481	5195	17123	9087	34096	20204	695	269	144225	1637	5175	134266	3147
			板栗	47619	47619	24291	4971	1825	14207	5920	28226	16537	215	9					
			香榧	28	28	12	25	11					3	1					
			山核桃	10	10	4	10	4											
			银杏	59	59	80	58	80	1										
			杨梅	1069	1069	445	202	84	340	184	527	177							
			枇杷	173	173	66			10	3	163	63							
			李	838	838	427	55	26	142	73	641	328							
			梨	2554	2554	1166	64	31	585	314	1757	777	148	44					
			桃	820	820	337	21	10	56	22	668	276	75	29					
			胡柚	190	190	81	17	9			173	72							
			椪柑	357	357	49			27		237	49	93						
			枣	112	112	78	56	34	54	43	2	1							
			柿	73	73	38			8	3	60	33	5	2					
			青梅	1186	1186	556	100	56	289	150	731	326	66	24					
			漆树	1	1	1			1	1									
			千年桐	2	2	2					2	2							
			厚朴	3735	3735	6160	1351	2085	1394	2360	904	1556	86	159					
			杜仲	423	423	715	408	693	9	14	5	7	1	1					
			桂花	143	143	247	143	247											
			锥栗	3	3								3						
			茶叶	63535											63535	1527	3229	57437	1342
			橘	4747											4747	10	13	4248	476

（续）

统计单位	林木使用权	起源	树种	合计	乔木										灌木				
					小计		产前期		初产期		盛产期		衰产期		小计	产前期	初产期	盛产期	衰产期
					面积	株数	面积	株数	面积	株数	面积	株数	面积	株数					
1	3	4	5	5	6	7	8	9	10	11	12	13	14	15	16	17	18	19	20
			油茶	72291											72291	14	1079	70162	1036
			其它果树	20											20		20		
			其它原料	60											60	55	5		
			其它经林	3572											3572	31	829	2419	293
	国有	合计	合计	2268	971	409	32	13	362	383	524	5	53	8	1297	44	121	1051	81
			板栗	571	571	96	2	1	245	90	321	5	3						
			杨梅	75	75						75								
			梨	80	80	20	30	12					50	8					
			胡柚	6	6						6								
			椪柑	122	122						122								
			厚朴	117	117	293			117	293									
			茶叶	820											820	39	121	660	
			橘	286											286			210	76
			油茶	188											188	5		178	5
			其它经林	3											3			3	
		天然	合计	10											10		5		5
			茶叶	5											5		5		
			油茶	5											5				5
		人工	合计	2258	971	409	32	13	362	383	524	5	53	8	1287	44	116	1051	76
			板栗	571	571	96	2	1	245	90	321	5	3						
			杨梅	75	75						75								
			梨	80	80	20	30	12					50	8					
			胡柚	6	6						6								
			椪柑	122	122						122								
			厚朴	117	117	293			117	293									
			茶叶	815											815	39	116	660	
			橘	286											286			210	76
			油茶	183											183	5		178	
			其它经林	3											3			3	

（续）

统计单位	林木使用权	起源	树种	合计	乔木										灌木				
					小计		产前期		初产期		盛产期		衰产期		小计	产前期	初产期	盛产期	衰产期
					面积	株数	面积	株数	面积	株数	面积	株数	面积	株数					
1	3	4	5	5	6	7	8	9	10	11	12	13	14	15	16	17	18	19	20
	集体	合计	合计	84352	29428	19683	3108	2831	10940	5968	15288	10723	92	161	54924	852	1902	51012	1158
			板栗	23703	23703	12928	1757	617	9254	3769	12691	8542	1						
			香榧	4	4	2	4	2											
			银杏	58	58	80	58	80											
			杨梅	351	351	134	60	23	56	23	235	88							
			枇杷	91	91	32			7	3	84	29							
			李	282	282	148	45	22	96	52	141	74							
			梨	988	988	403			170	83	818	320							
			桃	264	264	107	13	5	29	10	222	92							
			胡柚	4	4	2					4	2							
			椪柑	8	8				6		2								
			柿	12	12	5			5	3	2		5	2					
			青梅	391	391	153	68	38	108	65	215	50							
			千年桐	2	2	2					2	2							
			厚朴	2751	2751	4806	586	1165	1207	1958	872	1524	86	159					
			杜仲	410	410	695	408	693	2	2									
			桂花	109	109	186	109	186											
			茶叶	33568											33568	830	1577	30995	166
			橘	2155											2155		12	1831	312
			油茶	18634											18634		125	17829	680
			其它经林	567											567	22	188	357	
		天然	合计	387	70	106	42	66			28	40			317			317	
			板栗	32	32	41	4	1			28	40							
			厚朴	38	38	65	38	65											
			茶叶	146											146			146	
			油茶	171											171			171	
		人工	合计	83965	29358	19577	3066	2765	10940	5968	15260	10683	92	161	54607	852	1902	50695	1158
			板栗	23671	23671	12887	1753	616	9254	3769	12663	8502	1						
			香榧	4	4	2	4	2											

（续）

统计单位	林木使用权	起源	树种	合计	乔木										灌木				
					小计		产前期		初产期		盛产期		衰产期		小计	产前期	初产期	盛产期	衰产期
					面积	株数	面积	株数	面积	株数	面积	株数	面积	株数					
1	3	4	5	5	6	7	8	9	10	11	12	13	14	15	16	17	18	19	20
			银杏	58	58	80	58	80											
			杨梅	351	351	134	60	23	56	23	235	88							
			枇杷	91	91	32			7	3	84	29							
			李	282	282	148	45	22	96	52	141	74							
			梨	988	988	403			170	83	818	320							
			桃	264	264	107	13	5	29	10	222	92							
			胡柚	4	4	2					4	2							
			椪柑	8	8				6		2								
			柿	12	12	5			5	3	2		5	2					
			青梅	391	391	153	68	38	108	65	215	50							
			千年桐	2	2	2					2	2							
			厚朴	2713	2713	4741	548	1100	1207	1958	872	1524	86	159					
			杜仲	410	410	695	408	693	2	2									
			桂花	109	109	186	109	186											
			茶叶	33422											33422	830	1577	30849	166
			橘	2155											2155		12	1831	312
			油茶	18463											18463		125	17658	680
			其它经林	567											567	22	188	357	
	合作	人工	合计	529	112	96	26	16	14	6	72	74			417		1	416	
			板栗	64	64	70			2	1	62	69							
			梨	12	12	5			12	5									
			桃	2	2	1					2	1							
			青梅	34	34	20	26	16			8	4							
			茶叶	412											412		1	411	
			橘	5											5			5	
	个人	合计	合计	117254	28957	14676	4357	2401	5807	2730	18243	9445	550	100	88297	741	3156	82486	1914
			板栗	23316	23316	11241	3216	1208	4706	2060	15183	7964	211	9					
			香榧	24	24	10	21	9					3	1					
			山核桃	10	10	4	10	4											

（续）

统计单位	林木使用权	起源	树种	合计	乔木										灌木				
					小计		产前期		初产期		盛产期		衰产期		小计	产前期	初产期	盛产期	衰产期
					面积	株数	面积	株数	面积	株数	面积	株数	面积	株数					
1	3	4	5	5	6	7	8	9	10	11	12	13	14	15	16	17	18	19	20
			银杏	1	1				1										
			杨梅	643	643	311	142	61	284	161	217	89							
			枇杷	82	82	34			3		79	34							
			李	556	556	279	10	4	46	21	500	254							
			梨	1474	1474	738	34	19	403	226	939	457	98	36					
			桃	554	554	229	8	5	27	12	444	183	75	29					
			胡柚	180	180	79	17	9			163	70							
			椪柑	227	227	49			21		113	49	93						
			枣	112	112	78	56	34	54	43	2	1							
			柿	61	61	33			3		58	33							
			青梅	761	761	383	6	2	181	85	508	272	66	24					
			漆树	1	1	1			1	1									
			厚朴	905	905	1126	803	985	70	109	32	32							
			杜仲	13	13	20			7	12	5	7	1	1					
			桂花	34	34	61	34	61											
			锥栗	3	3								3						
			茶叶	28965											28965	658	1535	25595	1177
			橘	2301											2301	10	1	2202	88
			油茶	53949											53949	9	954	52630	356
			其它果树	20											20		20		
			其它原料	60											60	55	5		
			其它经林	3002											3002	9	641	2059	293
		天然	合计	386	3	3					3	3			383			382	1
			板栗	3	3	3					3	3							
			茶叶	79											79			78	1
			油茶	304											304			304	
		人工	合计	116868	28954	14673	4357	2401	5807	2730	18240	9442	550	100	87914	741	3156	82104	1913
			板栗	23313	23313	11238	3216	1208	4706	2060	15180	7961	211	9					
			香榧	24	24	10	21	9					3	1					

（续）

统计单位	林木使用权	起源	树种	合计	乔木										灌木				
					小计		产前期		初产期		盛产期		衰产期		小计	产前期	初产期	盛产期	衰产期
					面积	株数	面积	株数	面积	株数	面积	株数	面积	株数					
1	3	4	5	5	6	7	8	9	10	11	12	13	14	15	16	17	18	19	20
			山核桃	10	10	4	10	4											
			银杏	1	1				1										
			杨梅	643	643	311	142	61	284	161	217	89							
			枇杷	82	82	34			3		79	34							
			李	556	556	279	10	4	46	21	500	254							
			梨	1474	1474	738	34	19	403	226	939	457	98	36					
			桃	554	554	229	8	5	27	12	444	183	75	29					
			胡柚	180	180	79	17	9			163	70							
			椪柑	227	227	49			21		113	49	93						
			枣	112	112	78	56	34	54	43	2	1							
			柿	61	61	33			3		58	33							
			青梅	761	761	383	6	2	181	85	508	272	66	24					
			漆树	1	1	1			1	1									
			厚朴	905	905	1126	803	985	70	109	32	32							
			杜仲	13	13	20			7	12	5	7	1	1					
			桂花	34	34	61	34	61											
			锥栗	3	3								3						
			茶叶	28886											28886	658	1535	25517	1176
			橘	2301											2301	10	1	2202	88
			油茶	53645											53645	9	954	52326	356
			其它果树	20											20		20		
			其它原料	60											60	55	5		
			其它经林	3002											3002	9	641	2059	293
大柘镇	合计	合计	合计	25013	3713	2354	551	752	993	453	2150	1145	19	4	21300	736	255	20309	
			板栗	3120	3120	1387	143	59	992	453	1966	871	19	4					
			杨梅	5	5	1			1		4	1							
			枇杷	4	4	2					4	2							
			梨	5	5	3					5	3							
			桃	28	28	12					28	12							

（续）

统计单位	林木使用权	起源	树种	合计	乔木										灌木				
					小计		产前期		初产期		盛产期		衰产期		小计	产前期	初产期	盛产期	衰产期
					面积	株数	面积	株数	面积	株数	面积	株数	面积	株数					
1	3	4	5	5	6	7	8	9	10	11	12	13	14	15	16	17	18	19	20
			厚朴	143	143	256					143	256							
			杜仲	408	408	693	408	693											
			茶叶	19459											19459	736	255	18468	
			橘	10											10			10	
			油茶	1831											1831			1831	
		天然	合计	157											157			157	
			茶叶	92											92			92	
			油茶	65											65			65	
		人工	合计	24856	3713	2354	551	752	993	453	2150	1145	19	4	21143	736	255	20152	
			板栗	3120	3120	1387	143	59	992	453	1966	871	19	4					
			杨梅	5	5	1			1		4	1							
			枇杷	4	4	2					4	2							
			梨	5	5	3					5	3							
			桃	28	28	12					28	12							
			厚朴	143	143	256					143	256							
			杜仲	408	408	693	408	693											
			茶叶	19367											19367	736	255	18376	
			橘	10											10			10	
			油茶	1766											1766			1766	
	国有	人工	合计	7	2	1	2	1							5			5	
			板栗	2	2	1	2	1											
			茶叶	5											5			5	
	集体	合计	合计	15158	2557	1887	462	716	760	359	1335	812			12601	573	82	11946	
			板栗	1994	1994	931	54	23	760	359	1180	549							
			枇杷	4	4	2					4	2							
			梨	5	5	3					5	3							
			桃	3	3	2					3	2							
			厚朴	143	143	256					143	256							
			杜仲	408	408	693	408	693											

（续）

统计单位	林木使用权	起源	树种	合计	乔木										灌木				
					小计		产前期		初产期		盛产期		衰产期		小计	产前期	初产期	盛产期	衰产期
					面积	株数	面积	株数	面积	株数	面积	株数	面积	株数					
1	3	4	5	5	6	7	8	9	10	11	12	13	14	15	16	17	18	19	20
			茶叶	11852											11852	573	82	11197	
			橘	4											4			4	
			油茶	745											745			745	
		天然	茶叶	91											91			91	
		人工	合计	15067	2557	1887	462	716	760	359	1335	812			12510	573	82	11855	
			板栗	1994	1994	931	54	23	760	359	1180	549							
			枇杷	4	4	2					4	2							
			梨	5	5	3					5	3							
			桃	3	3	2					3	2							
			厚朴	143	143	256					143	256							
			杜仲	408	408	693	408	693											
			茶叶	11761											11761	573	82	11106	
			橘	4											4			4	
			油茶	745											745			745	
	个人	合计	合计	9848	1154	466	87	35	233	94	815	333	19	4	8694	163	173	8358	
			板栗	1124	1124	455	87	35	232	94	786	322	19	4					
			杨梅	5	5	1			1		4	1							
			桃	25	25	10					25	10							
			茶叶	7602											7602	163	173	7266	
			橘	6											6			6	
			油茶	1086											1086			1086	
		天然	合计	66											66			66	
			茶叶	1											1			1	
			油茶	65											65			65	
		人工	合计	9782	1154	466	87	35	233	94	815	333	19	4	8628	163	173	8292	
			板栗	1124	1124	455	87	35	232	94	786	322	19	4					
			杨梅	5	5	1			1		4	1							
			桃	25	25	10					25	10							
			茶叶	7601											7601	163	173	7265	

（续）

统计单位	林木使用权	起源	树种	合计	乔木										灌木				
					小计		产前期		初产期		盛产期		衰产期		小计	产前期	初产期	盛产期	衰产期
					面积	株数	面积	株数	面积	株数	面积	株数	面积	株数					
1	3	4	5	5	6	7	8	9	10	11	12	13	14	15	16	17	18	19	20
			橘	6											6			6	
			油茶	1021											1021			1021	
石练镇	合计	人工	合计	15057	4087	2486	89	38	1393	623	2605	1825			10970	127	792	10051	
			板栗	3684	3684	2227	81	31	1363	597	2240	1599							
			杨梅	19	19	12					19	12							
			李	5	5	5					5	5							
			桃	149	149	67	3	1	10	4	136	62							
			胡柚	4	4	2					4	2							
			椪柑	2	2						2								
			柿	2	2						2								
			青梅	126	126	51					126	51							
			厚朴	96	96	122	5	6	20	22	71	94							
			茶叶	10489											10489	127	769	9593	
			橘	18											18			18	
			油茶	435											435			435	
			其它经林	28											28		23	5	
	集体	人工	合计	14702	3863	2379	89	38	1225	556	2549	1785			10839	127	743	9969	
			板栗	3484	3484	2135	81	31	1195	530	2208	1574							
			杨梅	1	1						1								
			李	5	5	5					5	5							
			桃	147	147	66	3	1	10	4	134	61							
			胡柚	4	4	2					4	2							
			椪柑	2	2						2								
			柿	2	2						2								
			青梅	122	122	49					122	49							
			厚朴	96	96	122	5	6	20	22	71	94							
			茶叶	10361											10361	127	720	9514	
			橘	18											18			18	
			油茶	432											432			432	

（续）

统计单位	林木使用权	起源	树种	合计	乔木										灌木				
					小计		产前期		初产期		盛产期		衰产期		小计	产前期	初产期	盛产期	衰产期
					面积	株数	面积	株数	面积	株数	面积	株数	面积	株数					
1	3	4	5	5	6	7	8	9	10	11	12	13	14	15	16	17	18	19	20
			其它经林	28											28		23	5	
	合作	人工	合计	40	4	2			2	1	2	1			36		1	35	
			板栗	2	2	1			2	1									
			桃	2	2	1					2	1							
			茶叶	36											36		1	35	
	个人	人工	合计	315	220	105			166	66	54	39			95		48	47	
			板栗	198	198	91			166	66	32	25							
			杨梅	18	18	12					18	12							
			青梅	4	4	2					4	2							
			茶叶	92											92		48	44	
			油茶	3											3			3	
安口乡	合计	人工	合计	1359	235	76	4	4	5	2	223	70	3		1124		697	221	206
			板栗	226	226	70			5	2	221	68							
			千年桐	2	2	2					2	2							
			厚朴	4	4	4	4	4											
			锥栗	3	3								3						
			茶叶	360											360		85	213	62
			油茶	152											152			8	144
			其它经林	612											612		612		
	集体	人工	合计	34	24	10					24	10			10		10		
			板栗	22	22	8					22	8							
			千年桐	2	2	2					2	2							
			其它经林	10											10		10		
	个人	人工	合计	1325	211	66	4	4	5	2	199	60	3		1114		687	221	206
			板栗	204	204	62			5	2	199	60							
			厚朴	4	4	4	4	4											
			锥栗	3	3								3						
			茶叶	360											360		85	213	62
			油茶	152											152			8	144

（续）

统计单位	林木使用权	起源	树种	合计	乔木										灌木				
					小计		产前期		初产期		盛产期		衰产期		小计	产前期	初产期	盛产期	衰产期
					面积	株数	面积	株数	面积	株数	面积	株数	面积	株数					
1	3	4	5	5	6	7	8	9	10	11	12	13	14	15	16	17	18	19	20
			其它经林	602											602		602		
妙高镇	合计	合计	合计	20867	4816	3007	315	124	671	420	3783	2441	47	22	16051	132	334	15455	130
			板栗	2750	2750	1819	190	1	43	16	2517	1802							
			杨梅	455	455	236			253	150	202	86							
			枇杷	131	131	64			7	3	124	61							
			李	470	470	232	48	23	83	49	339	160							
			梨	296	296	173			99	39	151	113	46	21					
			桃	234	234	108	5	3	6	3	223	102							
			胡柚	93	93	42					93	42							
			枣	53	53	42			51	41	2	1							
			柿	6	6				2		4								
			青梅	233	233	121	26	16	83	36	124	69							
			厚朴	90	90	164	46	81	44	83									
			杜仲	5	5	6					4	5	1	1					
			茶叶	9296											9296	67	292	8871	66
			橘	2472											2472	10		2398	64
			油茶	4227											4227		41	4186	
			其它原料	55											55	55			
			其它经林	1											1		1		
		天然	合计	4	2	2					2	2			2			2	
			板栗	2	2	2					2	2							
			油茶	2											2			2	
		人工	合计	20863	4814	3005	315	124	671	420	3781	2439	47	22	16049	132	334	15453	130
			板栗	2748	2748	1817	190	1	43	16	2515	1800							
			杨梅	455	455	236			253	150	202	86							
			枇杷	131	131	64			7	3	124	61							
			李	470	470	232	48	23	83	49	339	160							
			梨	296	296	173			99	39	151	113	46	21					
			桃	234	234	108	5	3	6	3	223	102							

（续）

统计单位	林木使用权	起源	树种	合计	乔木										灌木				
					小计		产前期		初产期		盛产期		衰产期		小计	产前期	初产期	盛产期	衰产期
					面积	株数	面积	株数	面积	株数	面积	株数	面积	株数					
1	3	4	5	5	6	7	8	9	10	11	12	13	14	15	16	17	18	19	20
			胡柚	93	93	42					93	42							
			枣	53	53	42			51	41	2	1							
			柿	6	6				2		4								
			青梅	233	233	121	26	16	83	36	124	69							
			厚朴	90	90	164	46	81	44	83									
			杜仲	5	5	6					4	5	1	1					
			茶叶	9296											9296	67	292	8871	66
			橘	2472											2472	10		2398	64
			油茶	4225											4225		41	4184	
			其它原料	55											55	55			
			其它经林	1											1		1		
	集体	合计	合计	2336	452	231	44	22	96	55	312	154			1884	5	4	1870	5
			板栗	70	70	34			2	1	68	33							
			杨梅	48	48	20			3	2	45	18							
			枇杷	52	52	30			7	3	45	27							
			李	242	242	130	44	22	77	46	121	62							
			梨	27	27	10			3	1	24	9							
			桃	13	13	7			4	2	9	5							
			茶叶	647											647	5	4	638	
			橘	996											996			991	5
			油茶	241											241			241	
		天然	油茶	2											2			2	
		人工	合计	2334	452	231	44	22	96	55	312	154			1882	5	4	1868	5
			板栗	70	70	34			2	1	68	33							
			杨梅	48	48	20			3	2	45	18							
			枇杷	52	52	30			7	3	45	27							
			李	242	242	130	44	22	77	46	121	62							
			梨	27	27	10			3	1	24	9							
			桃	13	13	7			4	2	9	5							

（续）

统计单位	林木使用权	起源	树种	合计	乔木										灌木				
					小计		产前期		初产期		盛产期		衰产期		小计	产前期	初产期	盛产期	衰产期
					面积	株数	面积	株数	面积	株数	面积	株数	面积	株数					
1	3	4	5	5	6	7	8	9	10	11	12	13	14	15	16	17	18	19	20
			茶叶	647											647	5	4	638	
			橘	996											996			991	5
			油茶	239											239			239	
	合作	人工	合计	333	108	94	26	16	12	5	70	73			225			225	
			板栗	62	62	69					62	69							
			梨	12	12	5			12	5									
			青梅	34	34	20	26	16			8	4							
			茶叶	220											220			220	
			橘	5											5			5	
	个人	合计	合计	18198	4256	2682	245	86	563	360	3401	2214	47	22	13942	127	330	13360	125
			板栗	2618	2618	1716	190	1	41	15	2387	1700							
			杨梅	407	407	216			250	148	157	68							
			枇杷	79	79	34					79	34							
			李	228	228	102	4	1	6	3	218	98							
			梨	257	257	158			84	33	127	104	46	21					
			桃	221	221	101	5	3	2	1	214	97							
			胡柚	93	93	42					93	42							
			枣	53	53	42			51	41	2	1							
			柿	6	6				2		4								
			青梅	199	199	101			83	36	116	65							
			厚朴	90	90	164	46	81	44	83									
			杜仲	5	5	6					4	5	1	1					
			茶叶	8429											8429	62	288	8013	66
			橘	1471											1471	10		1402	59
			油茶	3986											3986		41	3945	
			其它原料	55											55	55			
			其它经林	1											1		1		
		天然	板栗	2	2	2					2	2							
		人工	合计	18196	4254	2680	245	86	563	360	3399	2212	47	22	13942	127	330	13360	125

（续）

统计单位	林木使用权	起源	树种	合计	乔木										灌木				
					小计		产前期		初产期		盛产期		衰产期		小计	产前期	初产期	盛产期	衰产期
					面积	株数	面积	株数	面积	株数	面积	株数	面积	株数					
1	3	4	5	5	6	7	8	9	10	11	12	13	14	15	16	17	18	19	20
			板栗	2616	2616	1714	190	1	41	15	2385	1698							
			杨梅	407	407	216			250	148	157	68							
			枇杷	79	79	34					79	34							
			李	228	228	102	4	1	6	3	218	98							
			梨	257	257	158			84	33	127	104	46	21					
			桃	221	221	101	5	3	2	1	214	97							
			胡柚	93	93	42					93	42							
			枣	53	53	42			51	41	2	1							
			柿	6	6				2		4								
			青梅	199	199	101			83	36	116	65							
			厚朴	90	90	164	46	81	44	83									
			杜仲	5	5	6					4	5	1	1					
			茶叶	8429											8429	62	288	8013	66
			橘	1471											1471	10		1402	59
			油茶	3986											3986		41	3945	
			其它原料	55											55	55			
			其它经林	1											1		1		
云峰镇	合计	人工	合计	6764	2075	945	260	118	135	66	1504	692	176	69	4689	7	268	4207	207
			板栗	644	644	275	242	109	13	6	389	160							
			香榧	3	3	1							3	1					
			杨梅	28	28	13			22	11	6	2							
			枇杷	2	2				2										
			李	213	213	116					213	116							
			梨	343	343	127	1				290	112	52	15					
			桃	203	203	80			2	1	129	50	72	29					
			胡柚	85	85	36	17	9			68	27							
			椪柑	40	40	31					40	31							
			青梅	513	513	264			96	48	368	192	49	24					
			杜仲	1	1	2					1	2							

（续）

统计单位	林木使用权	起源	树种	合计	乔木										灌木				
					小计		产前期		初产期		盛产期		衰产期		小计	产前期	初产期	盛产期	衰产期
					面积	株数	面积	株数	面积	株数	面积	株数	面积	株数					
1	3	4	5	5	6	7	8	9	10	11	12	13	14	15	16	17	18	19	20
			茶叶	2482											2482		268	2012	202
			橘	196											196			196	
			油茶	2002											2002			1997	5
			其它经林	9											9	7		2	
	集体	人工	合计	1199	1						1				1198		47	1040	111
			板栗	1	1						1								
			茶叶	1078											1078		47	920	111
			油茶	120											120			120	
	个人	人工	合计	5565	2074	945	260	118	135	66	1503	692	176	69	3491	7	221	3167	96
			板栗	643	643	275	242	109	13	6	388	160							
			香榧	3	3	1							3	1					
			杨梅	28	28	13			22	11	6	2							
			枇杷	2	2				2										
			李	213	213	116					213	116							
			梨	343	343	127	1				290	112	52	15					
			桃	203	203	80			2	1	129	50	72	29					
			胡柚	85	85	36	17	9			68	27							
			椪柑	40	40	31					40	31							
			青梅	513	513	264			96	48	368	192	49	24					
			杜仲	1	1	2					1	2							
			茶叶	1404											1404		221	1092	91
			橘	196											196			196	
			油茶	1882											1882			1877	5
			其它经林	9											9	7		2	
三仁乡	合计	合计	合计	5173	323	115	2		61	22	260	93			4850		336	4514	
			板栗	302	302	111			59	21	243	90							
			杨梅	16	16	2	1				15	2							
			李	3	3	1	1		2	1									
			胡柚	2	2	1					2	1							

（续）

统计单位	林木使用权	起源	树种	合计	乔木										灌木				
					小计		产前期		初产期		盛产期		衰产期		小计	产前期	初产期	盛产期	衰产期
					面积	株数	面积	株数	面积	株数	面积	株数	面积	株数					
1	3	4	5	5	6	7	8	9	10	11	12	13	14	15	16	17	18	19	20
			茶叶	2267											2267		326	1941	
			橘	20											20			20	
			油茶	2498											2498		10	2488	
			其它经林	65											65			65	
		天然	茶叶	75											75			75	
		人工	合计	5098	323	115	2		61	22	260	93			4775		336	4439	
			板栗	302	302	111			59	21	243	90							
			杨梅	16	16	2	1				15	2							
			李	3	3	1	1		2	1									
			胡柚	2	2	1					2	1							
			茶叶	2192											2192		326	1866	
			橘	20											20			20	
			油茶	2498											2498		10	2488	
			其它经林	65											65			65	
	集体	人工	油茶	3											3			3	
	个人	合计	合计	5170	323	115	2		61	22	260	93			4847		336	4511	
			板栗	302	302	111			59	21	243	90							
			杨梅	16	16	2	1				15	2							
			李	3	3	1	1		2	1									
			胡柚	2	2	1					2	1							
			茶叶	2267											2267		326	1941	
			橘	20											20			20	
			油茶	2495											2495		10	2485	
			其它经林	65											65			65	
		天然	茶叶	75											75			75	
		人工	合计	5095	323	115	2		61	22	260	93			4772		336	4436	
			板栗	302	302	111			59	21	243	90							
			杨梅	16	16	2	1				15	2							
			李	3	3	1	1		2	1									

（续）

统计单位	林木使用权	起源	树种	合计	乔木										灌木				
					小计		产前期		初产期		盛产期		衰产期		小计	产前期	初产期	盛产期	衰产期
					面积	株数	面积	株数	面积	株数	面积	株数	面积	株数					
1	3	4	5	5	6	7	8	9	10	11	12	13	14	15	16	17	18	19	20
			胡柚	2	2	1					2	1							
			茶叶	2192											2192		326	1866	
			橘	20											20			20	
			油茶	2495											2495		10	2485	
			其它经林	65											65			65	
濂竹乡	合计	人工	合计	3033	1902	935	520	231	490	292	892	412			1131		77	1031	23
			板栗	1668	1668	822	515	229	304	201	849	392							
			李	50	50	22	1	1	35	14	14	7							
			梨	174	174	86	1		144	73	29	13							
			桃	5	5	3			5	3									
			青梅	5	5	2	3	1	2	1									
			茶叶	497											497		18	456	23
			橘	1											1			1	
			油茶	579											579		5	574	
			其它经林	54											54		54		
	国有	人工	板栗	13	13	5					13	5							
	集体	人工	合计	668	200	82	8	3	64	25	128	54			468		54	409	5
			板栗	185	185	76	8	3	49	19	128	54							
			李	15	15	6			15	6									
			茶叶	290											290			285	5
			橘	1											1			1	
			油茶	123											123			123	
			其它经林	54											54		54		
	个人	人工	合计	2352	1689	848	512	228	426	267	751	353			663		23	622	18
			板栗	1470	1470	741	507	226	255	182	708	333							
			李	35	35	16	1	1	20	8	14	7							
			梨	174	174	86	1		144	73	29	13							
			桃	5	5	3			5	3									
			青梅	5	5	2	3	1	2	1									

（续）

统计单位	林木使用权	起源	树种	合计	乔木										灌木				
					小计		产前期		初产期		盛产期		衰产期		小计	产前期	初产期	盛产期	衰产期
					面积	株数	面积	株数	面积	株数	面积	株数	面积	株数					
1	3	4	5	5	6	7	8	9	10	11	12	13	14	15	16	17	18	19	20
			茶叶	207											207		18	171	18
			油茶	456											456		5	451	
北界镇	合计	合计	合计	6249	1121	502	224	108	357	153	540	241			5128	3	10	5115	
			板栗	978	978	427	105	48	338	142	535	237							
			杨梅	56	56	22	56	22											
			李	25	25	15	4	2	16	9	5	4							
			桃	3	3	2	3	2											
			枣	59	59	36	56	34	3	2									
			茶叶	1220											1220	3	5	1212	
			橘	25											25			25	
			油茶	3878											3878			3878	
			其它经林	5											5		5		
		天然	合计	6	1	1					1	1			5			5	
			板栗	1	1	1					1	1							
			茶叶	2											2			2	
			油茶	3											3			3	
		人工	合计	6243	1120	501	224	108	357	153	539	240			5123	3	10	5110	
			板栗	977	977	426	105	48	338	142	534	236							
			杨梅	56	56	22	56	22											
			李	25	25	15	4	2	16	9	5	4							
			桃	3	3	2	3	2											
			枣	59	59	36	56	34	3	2									
			茶叶	1218											1218	3	5	1210	
			橘	25											25			25	
			油茶	3875											3875			3875	
			其它经林	5											5		5		
	集体	人工	合计	8	3	1					3	1			5			5	
			板栗	3	3	1					3	1							
			茶叶	2											2			2	

（续）

统计单位	林木使用权	起源	树种	合计	乔木										灌木				
					小计		产前期		初产期		盛产期		衰产期		小计	产前期	初产期	盛产期	衰产期
					面积	株数	面积	株数	面积	株数	面积	株数	面积	株数					
1	3	4	5	5	6	7	8	9	10	11	12	13	14	15	16	17	18	19	20
			油茶	3											3			3	
	个人	合计	合计	6241	1118	501	224	108	357	153	537	240			5123	3	10	5110	
			板栗	975	975	426	105	48	338	142	532	236							
			杨梅	56	56	22	56	22											
			李	25	25	15	4	2	16	9	5	4							
			桃	3	3	2	3	2											
			枣	59	59	36	56	34	3	2									
			茶叶	1218											1218	3	5	1210	
			橘	25											25			25	
			油茶	3875											3875			3875	
			其它经林	5											5		5		
		天然	合计	6	1	1					1	1			5			5	
			板栗	1	1	1					1	1							
			茶叶	2											2			2	
			油茶	3											3			3	
		人工	合计	6235	1117	500	224	108	357	153	536	239			5118	3	10	5105	
			板栗	974	974	425	105	48	338	142	531	235							
			杨梅	56	56	22	56	22											
			李	25	25	15	4	2	16	9	5	4							
			桃	3	3	2	3	2											
			枣	59	59	36	56	34	3	2									
			茶叶	1216											1216	3	5	1208	
			橘	25											25			25	
			油茶	3872											3872			3872	
			其它经林	5											5		5		
新路湾镇	合计	合计	合计	8244	2441	3034	276	428	1101	1648	1046	936	18	22	5803	17	253	5533	
			板栗	825	825	333	57	22	307	154	461	157							
			香榧	4	4	2	4	2											
			杨梅	50	50	11	6	2	5	1	39	8							

（续）

统计单位	林木使用权	起源	树种	合计	乔木										灌木				
					小计		产前期		初产期		盛产期		衰产期		小计	产前期	初产期	盛产期	衰产期
					面积	株数	面积	株数	面积	株数	面积	株数	面积	株数					
1	3	4	5	5	6	7	8	9	10	11	12	13	14	15	16	17	18	19	20
			李	20	20	7	1		4		15	7							
			梨	71	71	25			42	16	29	9							
			桃	90	90	30	10	4	5	2	75	24							
			柿	5	5	3			5	3									
			青梅	3	3	1					3	1							
			厚朴	1371	1371	2620	198	398	731	1470	424	730	18	22					
			杜仲	2	2	2			2	2									
			茶叶	2347											2347	10	242	2095	
			橘	1											1			1	
			油茶	3434											3434		11	3423	
			其它经林	21											21	7		14	
		天然	合计	5	4	1	4	1							1			1	
			板栗	4	4	1	4	1											
			油茶	1											1			1	
		人工	合计	8239	2437	3033	272	427	1101	1648	1046	936	18	22	5802	17	253	5532	
			板栗	821	821	332	53	21	307	154	461	157							
			香榧	4	4	2	4	2											
			杨梅	50	50	11	6	2	5	1	39	8							
			李	20	20	7	1		4		15	7							
			梨	71	71	25			42	16	29	9							
			桃	90	90	30	10	4	5	2	75	24							
			柿	5	5	3			5	3									
			青梅	3	3	1					3	1							
			厚朴	1371	1371	2620	198	398	731	1470	424	730	18	22					
			杜仲	2	2	2			2	2									
			茶叶	2347											2347	10	242	2095	
			橘	1											1			1	
			油茶	3433											3433		11	3422	
			其它经林	21											21	7		14	

（续）

统计单位	林木使用权	起源	树种	合计	乔木										灌木				
					小计		产前期		初产期		盛产期		衰产期		小计	产前期	初产期	盛产期	衰产期
					面积	株数	面积	株数	面积	株数	面积	株数	面积	株数					
1	3	4	5	5	6	7	8	9	10	11	12	13	14	15	16	17	18	19	20
	国有	人工	厚朴	117	117	293			117	293									
	集体	合计	合计	8127	2324	2741	276	428	984	1355	1046	936	18	22	5803	17	253	5533	
			板栗	825	825	333	57	22	307	154	461	157							
			香榧	4	4	2	4	2											
			杨梅	50	50	11	6	2	5	1	39	8							
			李	20	20	7	1		4		15	7							
			梨	71	71	25			42	16	29	9							
			桃	90	90	30	10	4	5	2	75	24							
			柿	5	5	3			5	3									
			青梅	3	3	1					3	1							
			厚朴	1254	1254	2327	198	398	614	1177	424	730	18	22					
			杜仲	2	2	2			2	2									
			茶叶	2347											2347	10	242	2095	
			橘	1											1			1	
			油茶	3434											3434		11	3423	
			其它经林	21											21	7		14	
		天然	合计	5	4	1	4	1							1			1	
			板栗	4	4	1	4	1											
			油茶	1											1			1	
		人工	合计	8122	2320	2740	272	427	984	1355	1046	936	18	22	5802	17	253	5532	
			板栗	821	821	332	53	21	307	154	461	157							
			香榧	4	4	2	4	2											
			杨梅	50	50	11	6	2	5	1	39	8							
			李	20	20	7	1		4		15	7							
			梨	71	71	25			42	16	29	9							
			桃	90	90	30	10	4	5	2	75	24							
			柿	5	5	3			5	3									

（续）

统计单位	林木使用权	起源	树种	合计	乔木										灌木				
					小计		产前期		初产期		盛产期		衰产期		小计	产前期	初产期	盛产期	衰产期
					面积	株数	面积	株数	面积	株数	面积	株数	面积	株数					
1	3	4	5	5	6	7	8	9	10	11	12	13	14	15	16	17	18	19	20
			青梅	3	3	1					3	1							
			厚朴	1254	1254	2327	198	398	614	1177	424	730	18	22					
			杜仲	2	2	2			2	2									
			茶叶	2347											2347	10	242	2095	
			橘	1											1			1	
			油茶	3433											3433		11	3422	
			其它经林	21											21	7		14	
应村乡	集体	合计	合计	8206	1218	1441	658	884	246	98	246	322	68	137	6988	15	107	6866	
			板栗	496	496	144	164	24	183	63	149	57							
			银杏	58	58	80	58	80											
			杨梅	106	106	44	48	19	48	20	10	5							
			桃	10	10	2			10	2									
			青梅	5	5		5												
			厚朴	543	543	1171	383	761	5	13	87	260	68	137					
			茶叶	778											778		6	772	
			油茶	5823											5823			5823	
			其它经林	387											387	15	101	271	
		天然	合计	93	38	65	38	65							55			55	
			厚朴	38	38	65	38	65											
			茶叶	55											55			55	
		人工	合计	8113	1180	1376	620	819	246	98	246	322	68	137	6933	15	107	6811	
			板栗	496	496	144	164	24	183	63	149	57							
			银杏	58	58	80	58	80											
			杨梅	106	106	44	48	19	48	20	10	5							
			桃	10	10	2			10	2									
			青梅	5	5		5												
			厚朴	505	505	1106	345	696	5	13	87	260	68	137					

（续）

统计单位	林木使用权	起源	树种	合计	乔木										灌木				
					小计		产前期		初产期		盛产期		衰产期		小计	产前期	初产期	盛产期	衰产期
					面积	株数	面积	株数	面积	株数	面积	株数	面积	株数					
1	3	4	5	5	6	7	8	9	10	11	12	13	14	15	16	17	18	19	20
			茶叶	723											723		6	717	
			油茶	5823											5823			5823	
			其它经林	387											387	15	101	271	
高坪乡	合计	人工	合计	4527	14	6					14	6			4513			4513	
			板栗	11	11	5					11	5							
			李	1	1						1								
			梨	1	1	1					1	1							
			桃	1	1						1								
			茶叶	172											172			172	
			油茶	2451											2451			2451	
			其它经林	1890											1890			1890	
	国有	人工	其它经林	3											3			3	
	集体	人工	其它经林	67											67			67	
	个人	人工	合计	4457	14	6					14	6			4443			4443	
			板栗	11	11	5					11	5							
			李	1	1						1								
			梨	1	1	1					1	1							
			桃	1	1						1								
			茶叶	172											172			172	
			油茶	2451											2451			2451	
			其它经林	1820											1820			1820	
金竹镇	合计	合计	合计	40345	12864	5937	2114	806	3166	1398	7375	3729	209	4	27481	226	424	26235	596
			板栗	12176	12176	5659	1759	657	3027	1310	7201	3688	189	4					
			杨梅	61	61	27	53	26	1	1	7								
			李	7	7				2		5								
			梨	56	56	31	32	19	21	11	3	1							
			桃	8	8	2					5	2	3						

（续）

统计单位	林木使用权	起源	树种	合计	乔木										灌木				
					小计		产前期		初产期		盛产期		衰产期		小计	产前期	初产期	盛产期	衰产期
					面积	株数	面积	株数	面积	株数	面积	株数	面积	株数					
1	3	4	5	5	6	7	8	9	10	11	12	13	14	15	16	17	18	19	20
			柿	54	54	33					54	33							
			青梅	291	291	109	66	39	108	65	100	5	17						
			漆树	1	1	1			1	1									
			厚朴	173	173	7	170	4	3	3									
			杜仲	3	3	7			3	7									
			桂花	34	34	61	34	61											
			茶叶	1118											1118	219	102	659	138
			橘	342											342		1	259	82
			油茶	25680											25680	5	295	25297	83
			其它原料	5											5		5		
			其它经林	336											336	2	21	20	293
		天然	合计	237											237			236	1
			茶叶	1											1				1
			油茶	236											236			236	
		人工	合计	40108	12864	5937	2114	806	3166	1398	7375	3729	209	4	27244	226	424	25999	595
			板栗	12176	12176	5659	1759	657	3027	1310	7201	3688	189	4					
			杨梅	61	61	27	53	26	1	1	7								
			李	7	7				2		5								
			梨	56	56	31	32	19	21	11	3	1							
			桃	8	8	2					5	2	3						
			柿	54	54	33					54	33							
			青梅	291	291	109	66	39	108	65	100	5	17						
			漆树	1	1	1			1	1									
			厚朴	173	173	7	170	4	3	3									
			杜仲	3	3	7			3	7									
			桂花	34	34	61	34	61											
			茶叶	1117											1117	219	102	659	137

（续）

统计单位	林木使用权	起源	树种	合计	乔木										灌木				
					小计		产前期		初产期		盛产期		衰产期		小计	产前期	初产期	盛产期	衰产期
					面积	株数	面积	株数	面积	株数	面积	株数	面积	株数					
1	3	4	5	5	6	7	8	9	10	11	12	13	14	15	16	17	18	19	20
			橘	342											342		1	259	82
			油茶	25444											25444	5	295	25061	83
			其它原料	5											5		5		
			其它经林	336											336	2	21	20	293
	集体	人工	合计	752	408	232	117	60	108	65	183	107			344	25		266	53
			板栗	147	147	129	54	22			93	107							
			青梅	261	261	103	63	38	108	65	90								
			茶叶	105											105	25		80	
			橘	112											112			59	53
			油茶	127											127			127	
	个人	合计	合计	39593	12456	5705	1997	746	3058	1333	7192	3622	209	4	27137	201	424	25969	543
			板栗	12029	12029	5530	1705	635	3027	1310	7108	3581	189	4					
			杨梅	61	61	27	53	26	1	1	7								
			李	7	7				2		5								
			梨	56	56	31	32	19	21	11	3	1							
			桃	8	8	2					5	2	3						
			柿	54	54	33					54	33							
			青梅	30	30	6	3	1			10	5	17						
			漆树	1	1	1			1	1									
			厚朴	173	173	7	170	4	3	3									
			杜仲	3	3	7			3	7									
			桂花	34	34	61	34	61											
			茶叶	1013											1013	194	102	579	138
			橘	230											230		1	200	29
			油茶	25553											25553	5	295	25170	83
			其它原料	5											5		5		
			其它经林	336											336	2	21	20	293

（续）

统计单位	林木使用权	起源	树种	合计	乔木										灌木				
					小计		产前期		初产期		盛产期		衰产期		小计	产前期	初产期	盛产期	衰产期
					面积	株数	面积	株数	面积	株数	面积	株数	面积	株数					
1	3	4	5	5	6	7	8	9	10	11	12	13	14	15	16	17	18	19	20
		天然	合计	237											237			236	1
			茶叶	1											1				1
			油茶	236											236			236	
		人工	合计	39356	12456	5705	1997	746	3058	1333	7192	3622	209	4	26900	201	424	25733	542
			板栗	12029	12029	5530	1705	635	3027	1310	7108	3581	189	4					
			杨梅	61	61	27	53	26	1	1	7								
			李	7	7				2		5								
			梨	56	56	31	32	19	21	11	3	1							
			桃	8	8	2					5	2	3						
			柿	54	54	33					54	33							
			青梅	30	30	6	3	1			10	5	17						
			漆树	1	1	1			1	1									
			厚朴	173	173	7	170	4	3	3									
			杜仲	3	3	7			3	7									
			桂花	34	34	61	34	61											
			茶叶	1012											1012	194	102	579	137
			橘	230											230		1	200	29
			油茶	25317											25317	5	295	24934	83
			其它原料	5											5		5		
			其它经林	336											336	2	21	20	293
湖山乡	合计	合计	合计	27643	16735	9799	1532	709	6821	3011	8376	6077	6	2	10908	23	493	9443	949
			板栗	15917	15917	9018	1417	521	6409	2521	8090	5976	1						
			杨梅	146	146	59	6	2			140	57							
			枇杷	35	35						35								
			梨	69	69	28			5	2	64	26							
			桃	47	47	18					47	18							
			柿	5	5	2							5	2					

（续）

统计单位	林木使用权	起源	树种	合计	乔木										灌木				
					小计		产前期		初产期		盛产期		衰产期		小计	产前期	初产期	盛产期	衰产期
					面积	株数	面积	株数	面积	株数	面积	株数	面积	株数					
1	3	4	5	5	6	7	8	9	10	11	12	13	14	15	16	17	18	19	20
			厚朴	407	407	488			407	488									
			桂花	109	109	186	109	186											
			茶叶	3876											3876	23	474	3342	37
			橘	1086											1086		1	831	254
			油茶	5946											5946		18	5270	658
		天然	合计	196	28	40					28	40			168			168	
			板栗	28	28	40					28	40							
			油茶	168											168			168	
		人工	合计	27447	16707	9759	1532	709	6821	3011	8348	6037	6	2	10740	23	493	9275	949
			板栗	15889	15889	8978	1417	521	6409	2521	8062	5936	1						
			杨梅	146	146	59	6	2			140	57							
			枇杷	35	35						35								
			梨	69	69	28			5	2	64	26							
			桃	47	47	18					47	18							
			柿	5	5	2							5	2					
			厚朴	407	407	488			407	488									
			桂花	109	109	186	109	186											
			茶叶	3876											3876	23	474	3342	37
			橘	1086											1086		1	831	254
			油茶	5778											5778		18	5102	658
	集体	合计	合计	26803	16109	9451	1446	676	6781	2995	7876	5778	6	2	10694	23	493	9307	871
			板栗	15337	15337	8688	1331	488	6369	2505	7636	5695	1						
			杨梅	146	146	59	6	2			140	57							
			枇杷	35	35						35								
			梨	69	69	28			5	2	64	26							
			桃	1	1						1								
			柿	5	5	2							5	2					

（续）

统计单位	林木使用权	起源	树种	合计	乔木										灌木				
					小计		产前期		初产期		盛产期		衰产期		小计	产前期	初产期	盛产期	衰产期
					面积	株数	面积	株数	面积	株数	面积	株数	面积	株数					
1	3	4	5	5	6	7	8	9	10	11	12	13	14	15	16	17	18	19	20
			厚朴	407	407	488			407	488									
			桂花	109	109	186	109	186											
			茶叶	3841											3841	23	474	3307	37
			橘	985											985		1	730	254
			油茶	5868											5868		18	5270	580
		天然	合计	196	28	40					28	40			168			168	
			板栗	28	28	40					28	40							
			油茶	168											168			168	
		人工	合计	26607	16081	9411	1446	676	6781	2995	7848	5738	6	2	10526	23	493	9139	871
			板栗	15309	15309	8648	1331	488	6369	2505	7608	5655	1						
			杨梅	146	146	59	6	2			140	57							
			枇杷	35	35						35								
			梨	69	69	28			5	2	64	26							
			桃	1	1						1								
			柿	5	5	2							5	2					
			厚朴	407	407	488			407	488									
			桂花	109	109	186	109	186											
			茶叶	3841											3841	23	474	3307	37
			橘	985											985		1	730	254
			油茶	5700											5700		18	5102	580
	个人	人工	合计	840	626	348	86	33	40	16	500	299			214			136	78
			板栗	580	580	330	86	33	40	16	454	281							
			桃	46	46	18					46	18							
			茶叶	35											35			35	
			橘	101											101			101	
			油茶	78											78				78
黄沙腰镇	合计	人工	合计	6313	1379	542	9	4	284	90	1086	448			4934	7	139	4691	97

（续）

统计单位	林木使用权	起源	树种	合计	乔木										灌木				
					小计		产前期		初产期		盛产期		衰产期		小计	产前期	初产期	盛产期	衰产期
					面积	株数	面积	株数	面积	株数	面积	株数	面积	株数					
1	3	4	5	5	6	7	8	9	10	11	12	13	14	15	16	17	18	19	20
			板栗	459	459	154	9	4	238	74	212	76							
			梨	886	886	377			40	16	846	361							
			桃	10	10	3					10	3							
			椪柑	14	14				6		8								
			青梅	10	10	8					10	8							
			茶叶	2311											2311	3	5	2296	7
			橘	52											52		11	41	
			油茶	2571											2571	4	123	2354	90
	集体	人工	合计	3607	1048	386			278	88	770	298			2559		11	2451	97
			板栗	387	387	131			234	73	153	58							
			梨	655	655	255			38	15	617	240							
			椪柑	6	6				6										
			茶叶	1497											1497			1490	7
			橘	38											38		11	27	
			油茶	1024											1024			934	90
	合作	人工	茶叶	31											31			31	
	个人	人工	合计	2675	331	156	9	4	6	2	316	150			2344	7	128	2209	
			板栗	72	72	23	9	4	4	1	59	18							
			梨	231	231	122			2	1	229	121							
			桃	10	10	3					10	3							
			椪柑	8	8						8								
			青梅	10	10	8					10	8							
			茶叶	783											783	3	5	775	
			橘	14											14			14	
			油茶	1547											1547	4	123	1420	
柘岱口乡	合计	人工	合计	5892	1052	672	16	7	221	139	815	526			4840	9	303	4528	
			板栗	578	578	277	16	7	63	25	499	245							

（续）

统计单位	林木使用权	起源	树种	合计	乔木										灌木				
					小计		产前期		初产期		盛产期		衰产期		小计	产前期	初产期	盛产期	衰产期
					面积	株数	面积	株数	面积	株数	面积	株数	面积	株数					
1	3	4	5	5	6	7	8	9	10	11	12	13	14	15	16	17	18	19	20
			梨	324	324	207			155	110	169	97							
			厚朴	147	147	184					147	184							
			杜仲	3	3	4			3	4									
			茶叶	1500											1500	9	174	1317	
			油茶	3340											3340		129	3211	
	集体	人工	合计	1317	457	309			35	21	422	288			860			860	
			板栗	196	196	71					196	71							
			梨	114	114	54			35	21	79	33							
			厚朴	147	147	184					147	184							
			茶叶	410											410			410	
			油茶	450											450			450	
	个人	人工	合计	4575	595	363	16	7	186	118	393	238			3980	9	303	3668	
			板栗	382	382	206	16	7	63	25	303	174							
			梨	210	210	153			120	89	90	64							
			杜仲	3	3	4			3	4									
			茶叶	1090											1090	9	174	907	
			油茶	2890											2890		129	2761	
西畈乡	合计	人工	合计	2157	620	209	31	13	133	42	389	153	67	1	1537	33	15	1076	413
			板栗	458	458	185			84	35	371	149	3	1					
			香榧	21	21	9	21	9											
			山核桃	10	10	4	10	4											
			杨梅	8	8				8										
			枇杷	1	1				1										
			梨	10	10	4					10	4							
			桃	24	24	7			18	7	6								
			椪柑	87	87				21		2		64						
			柿	1	1				1										

（续）

统计单位	林木使用权	起源	树种	合计	乔木										灌木				
					小计		产前期		初产期		盛产期		衰产期		小计	产前期	初产期	盛产期	衰产期
					面积	株数	面积	株数	面积	株数	面积	株数	面积	株数					
1	3	4	5	5	6	7	8	9	10	11	12	13	14	15	16	17	18	19	20
			茶叶	1342											1342	33	15	935	359
			油茶	195											195			141	54
	集体	人工	合计	70	6	3			2	1	4	2			64		2	52	10
			板栗	6	6	3			2	1	4	2							
			茶叶	51											51		2	49	
			油茶	13											13			3	10
	个人	人工	合计	2087	614	206	31	13	131	41	385	151	67	1	1473	33	13	1024	403
			板栗	452	452	182			82	34	367	147	3	1					
			香榧	21	21	9	21	9											
			山核桃	10	10	4	10	4											
			杨梅	8	8				8										
			枇杷	1	1				1										
			梨	10	10	4					10	4							
			桃	24	24	7			18	7	6								
			椪柑	87	87				21		2		64						
			柿	1	1				1										
			茶叶	1291											1291	33	13	886	359
			油茶	182											182			138	44
王村口镇	合计	人工	合计	5884	1146	494	40	16	279	116	827	362			4738		26	4712	
			板栗	1065	1065	455	8	3	276	114	781	338							
			杨梅	36	36	15	32	13	2	1	2	1							
			梨	44	44	23					44	23							
			杜仲	1	1	1			1	1									
			茶叶	877											877		6	871	
			橘	215											215			215	
			油茶	3493											3493			3493	
			其它果树	20											20		20		

（续）

统计单位	林木使用权	起源	树种	合计	乔木										灌木				
					小计		产前期		初产期		盛产期		衰产期		小计	产前期	初产期	盛产期	衰产期
					面积	株数	面积	株数	面积	株数	面积	株数	面积	株数					
1	3	4	5	5	6	7	8	9	10	11	12	13	14	15	16	17	18	19	20
			其它经林	133											133			133	
	国有	人工	油茶	2											2			2	
	集体	人工	合计	158	121	49					121	49			37			37	
			板栗	121	121	49					121	49							
			油茶	37											37			37	
	个人	人工	合计	5724	1025	445	40	16	279	116	706	313			4699		26	4673	
			板栗	944	944	406	8	3	276	114	660	289							
			杨梅	36	36	15	32	13	2	1	2	1							
			梨	44	44	23					44	23							
			杜仲	1	1	1			1	1									
			茶叶	877											877		6	871	
			橘	215											215			215	
			油茶	3454											3454			3454	
			其它果树	20											20		20		
			其它经林	133											133			133	
蔡源乡	合计	人工	合计	3693	1095	726	38	57	402	372	655	297			2598	247	477	1423	451
			板栗	799	799	355			162	67	637	288							
			梨	97	97	56			79	47	18	9							
			厚朴	199	199	315	38	57	161	258									
			茶叶	1288											1288	247	38	554	449
			油茶	1310											1310		439	869	2
	集体	人工	合计	1049	614	473			351	346	263	127			435	66	96	267	6
			板栗	406	406	187			143	60	263	127							
			梨	47	47	28			47	28									
			厚朴	161	161	258			161	258									
			茶叶	257											257	66		185	6
			油茶	178											178		96	82	

（续）

统计单位	林木使用权	起源	树种	合计	乔木										灌木				
					小计		产前期		初产期		盛产期		衰产期		小计	产前期	初产期	盛产期	衰产期
					面积	株数	面积	株数	面积	株数	面积	株数	面积	株数					
1	3	4	5	5	6	7	8	9	10	11	12	13	14	15	16	17	18	19	20
	个人	人工	合计	2644	481	253	38	57	51	26	392	170			2163	181	381	1156	445
			板栗	393	393	168			19	7	374	161							
			梨	50	50	28			32	19	18	9							
			厚朴	38	38	57	38	57											
			茶叶	1031											1031	181	38	369	443
			油茶	1132											1132		343	787	2
焦滩乡	合计	人工	合计	3909	989	386	269	111	97	29	594	246	29		2920	2	15	2903	
			板栗	738	738	328	269	111	96	29	373	188							
			银杏	1	1				1										
			杨梅	8	8	3					8	3							
			李	44	44	29					44	29							
			梨	98	98	5					98	5							
			桃	8	8	3					8	3							
			椪柑	92	92	18					63	18	29						
			茶叶	971											971	2	7	962	
			橘	3											3			3	
			油茶	1927											1927		8	1919	
			其它经林	19											19			19	
	集体	人工	合计	59	23	8	8	4	10	4	5				36	1		35	
			板栗	23	23	8	8	4	10	4	5								
			茶叶	34											34	1		33	
			油茶	2											2			2	
	合作	人工	茶叶	125											125			125	
	个人	人工	合计	3725	966	378	261	107	87	25	589	246	29		2759	1	15	2743	
			板栗	715	715	320	261	107	86	25	368	188							
			银杏	1	1				1										
			杨梅	8	8	3					8	3							

（续）

统计单位	林木使用权	起源	树种	合计	乔木										灌木				
					小计		产前期		初产期		盛产期		衰产期		小计	产前期	初产期	盛产期	衰产期
					面积	株数	面积	株数	面积	株数	面积	株数	面积	株数					
1	3	4	5	5	6	7	8	9	10	11	12	13	14	15	16	17	18	19	20
			李	44	44	29					44	29							
			梨	98	98	5					98	5							
			桃	8	8	3					8	3							
			椪柑	92	92	18					63	18	29						
			茶叶	812											812	1	7	804	
			橘	3											3			3	
			油茶	1925											1925		8	1917	
			其它经林	19											19			19	
龙洋乡	合计	人工	合计	1938	804	1088	545	839	23	23	236	226			1134	9	38	1087	
			板栗	204	204	194					204	194							
			厚朴	600	600	894	545	839	23	23	32	32							
			茶叶	289											289	9	26	254	
			橘	20											20			20	
			油茶	813											813			813	
			其它经林	12											12		12		
	集体	人工	合计	29											29			29	
			茶叶	18											18			18	
			油茶	11											11			11	
	个人	人工	合计	1909	804	1088	545	839	23	23	236	226			1105	9	38	1058	
			板栗	204	204	194					204	194							
			厚朴	600	600	894	545	839	23	23	32	32							
			茶叶	271											271	9	26	236	
			橘	20											20			20	
			油茶	802											802			802	
			其它经林	12											12		12		
牛头山场	国有	人工	合计	1312	169	12	30	12			119		20		1143	20	116	931	76
			板栗	52	52						52								

（续）

统计单位	林木使用权	起源	树种	合计	乔木										灌木				
					小计		产前期		初产期		盛产期		衰产期		小计	产前期	初产期	盛产期	衰产期
					面积	株数	面积	株数	面积	株数	面积	株数	面积	株数					
1	3	4	5	5	6	7	8	9	10	11	12	13	14	15	16	17	18	19	20
			杨梅	67	67						67								
			梨	50	50	12	30	12					20						
			茶叶	791											791	20	116	655	
			橘	176											176			100	76
			油茶	176											176			176	
湖山林场	国有	合计	合计	752	637	90			245	90	392				115			110	5
			板栗	501	501	90			245	90	256								
			杨梅	8	8						8								
			胡柚	6	6						6								
			椪柑	122	122						122								
			橘	110											110			110	
			油茶	5											5				5
		天然	油茶	5											5				5
		人工	合计	747	637	90			245	90	392				110			110	
			板栗	501	501	90			245	90	256								
			杨梅	8	8						8								
			胡柚	6	6						6								
			椪柑	122	122						122								
			橘	110											110			110	
白马山场	国有	合计	茶叶	24											24	19	5		
		天然	茶叶	5											5		5		
		人工	茶叶	19											19	19			
桂洋林场	国有	人工	合计	38	33	8							33	8	5	5			
			板栗	3	3								3						
			梨	30	30	8							30	8					
			油茶	5											5	5			
保护区	个人	人工	茶叶	11											11			11	

附表 10　竹林统计表

按范围统计

单位名称：遂昌县　　　　　　　　　（2005 年）　　　　　　　　　单位：亩、百株

统计单位	起源	林种	合计		毛竹林					杂竹面积		散生毛竹
			面积	株数	面积	株数				计	其中	株数
						小计	幼龄竹	壮龄竹	老龄竹		旱竹	
1	2	3	4	5	6	7	8	9	10	11	12	13
合计	合计	合计	263548	357033	257453	356650	16546	240928	99176	6095	251	383
		水涵林	7087	8982	6435	8982	735	6142	2105	652	141	
		水保林	6243	6676	5976	6676	126	5969	581	267		
		护路林	140	186	135	186		75	111	5		
		自保林	314	430	314	430		430				
		用材林	221077	309041	220889	308658	15675	197651	95332	188	60	383
		其它经	28687	31718	23704	31718	10	30661	1047	4983	50	
	天然	合计	2498	1599	1138	1599	667	719	213	1360	1	
		水涵林	489	198	137	198	3	146	49	352		
		水保林	133	41	40	41		41		93		
		用材林	954	1336	937	1336	664	508	164	17		
		其它经	922	24	24	24		24		898	1	
	人工	合计	261050	355434	256315	355051	15879	240209	98963	4735	250	383
		水涵林	6598	8784	6298	8784	732	5996	2056	300	141	
		水保林	6110	6635	5936	6635	126	5928	581	174		
		护路林	140	186	135	186		75	111	5		
		自保林	314	430	314	430		430				
		用材林	220123	307705	219952	307322	15011	197143	95168	171	60	383
		其它经	27765	31694	23680	31694	10	30637	1047	4085	49	
大柘镇	合计	合计	13340	18403	13319	18402	106	18291	5	21		1
		水涵林	39	46	39	46		46				
		用材林	13281	18357	13280	18356	106	18245	5	1		1
		其它经	20							20		
	天然	合计	93	108	80	108		108		13		
		用材林	80	108	80	108		108				
		其它经	13							13		
	人工	合计	13247	18295	13239	18294	106	18183	5	8		1
		水涵林	39	46	39	46		46				
		用材林	13201	18249	13200	18248	106	18137	5	1		1
		其它经	7							7		
石练镇	合计	合计	8216	11416	8113	11416	33	11381	2	103		
		水涵林	28	37	26	37		37		2		
		用材林	2907	3973	2907	3973	32	3939	2			
		其它经	5281	7406	5180	7406	1	7405		101		
	天然	其它经	74							74		
	人工	合计	8142	11416	8113	11416	33	11381	2	29		
		水涵林	28	37	26	37		37		2		
		用材林	2907	3973	2907	3973	32	3939	2			
		其它经	5207	7406	5180	7406	1	7405		27		
安口乡	合计	合计	33539	52222	33442	52168	322	1698	50148	97		54
		水保林	186	241	186	241		35	206			
		用材林	33325	51981	33256	51927	322	1663	49942	69		54

（续）

统计单位	起源	林种	合计		毛竹林					杂竹面积		散生毛竹
			面积	株数	面积	株数				计	其中	株数
						小计	幼龄竹	壮龄竹	老龄竹		旱竹	
1	2	3	4	5	6	7	8	9	10	11	12	13
		其它经	28							28		
	天然	用材林	69	87	69	87			87			
	人工	合计	33470	52135	33373	52081	322	1698	50061	97		54
		水保林	186	241	186	241		35	206			
		用材林	33256	51894	33187	51840	322	1663	49855	69		54
		其它经	28							28		
妙高镇	合计	合计	25680	31309	23879	31309	7	30532	770	1801		
		水涵林	111	101	97	101		101		14		
		水保林	152	134	112	134		134		40		
		护路林	140	186	135	186		75	111	5		
		用材林	6638	8267	6638	8267	1	7788	478			
		其它经	18639	22621	16897	22621	6	22434	181	1742		
	天然	合计	111	30	19	30		30		92		
		水保林	23	6	4	6		6		19		
		其它经	88	24	15	24		24		73		
	人工	合计	25569	31279	23860	31279	7	30502	770	1709		
		水涵林	111	101	97	101		101		14		
		水保林	129	128	108	128		128		21		
		护路林	140	186	135	186		75	111	5		
		用材林	6638	8267	6638	8267	1	7788	478			
		其它经	18551	22597	16882	22597	6	22410	181	1669		
云峰镇	合计	合计	10878	12300	9561	12300	112	12168	20	1317		
		水涵林	5	6	5	6		6				
		水保林	294	189	154	189	21	168		140		
		用材林	9395	12098	9393	12098	88	11990	20	2		
		其它经	1184	7	9	7	3	4		1175		
	天然	合计	32	37	29	37		37		3		
		用材林	29	37	29	37		37				
		其它经	3							3		
	人工	合计	10846	12263	9532	12263	112	12131	20	1314		
		水涵林	5	6	5	6		6				
		水保林	294	189	154	189	21	168		140		
		用材林	9366	12061	9364	12061	88	11953	20	2		
		其它经	1181	7	9	7	3	4		1172		
三仁乡	合计	合计	25986	32652	25895	32648	22	29351	3275	91	3	4
		水涵林	11	14	11	14		14				
		用材林	25883	32632	25878	32628	22	29331	3275	5		4
		其它经	92	6	6	6		6		86	3	
	天然	其它经	3							3		
	人工	合计	25983	32652	25895	32648	22	29351	3275	88	3	4
		水涵林	11	14	11	14		14				
		用材林	25883	32632	25878	32628	22	29331	3275	5		4
		其它经	89	6	6	6		6		83	3	
濂竹乡	合计	合计	5865	10896	5761	10890	15	10827	48	104		6

（续）

统计单位	起源	林种	合计		毛竹林					杂竹面积		散生毛竹
			面积	株数	面积	株数				计	其中	株数
						小计	幼龄竹	壮龄竹	老龄竹		旱竹	
1	2	3	4	5	6	7	8	9	10	11	12	13
		水涵林	320	494	251	494		494		69		
		用材林	5510	10402	5510	10396	15	10333	48			6
		其它经	35							35		
	天然	其它经	7							7		
	人工	合计	5858	10896	5761	10890	15	10827	48	97		6
		水涵林	320	494	251	494		494		69		
		用材林	5510	10402	5510	10396	15	10333	48			6
		其它经	28							28		
北界镇	合计	合计	15611	24316	15012	24256	9514	13262	1480	599		60
		水涵林	1399	1634	1313	1634	553	889	192	86		
		用材林	13627	22682	13627	22622	8961	12373	1288			60
		其它经	585		72					513		
	天然	合计	497	302	254	302	18	237	47	243		
		水涵林	184	162	121	162		143	19	63		
		用材林	124	140	124	140	18	94	28			
		其它经	189		9					180		
	人工	合计	15114	24014	14758	23954	9496	13025	1433	356		60
		水涵林	1215	1472	1192	1472	553	746	173	23		
		用材林	13503	22542	13503	22482	8943	12279	1260			60
		其它经	396		63					333		
新路湾镇	合计	合计	14858	20290	14459	20115	72	19210	833	399		175
		水涵林	807	1036	803	1036	1	915	120	4		
		用材林	13662	19254	13656	19079	71	18295	713	6		175
		其它经	389							389		
	天然	合计	38	3	3	3		3		35		
		水涵林	3	3	3	3		3				
		其它经	35							35		
	人工	合计	14820	20287	14456	20112	72	19207	833	364		175
		水涵林	804	1033	800	1033	1	912	120	4		
		用材林	13662	19254	13656	19079	71	18295	713	6		175
		其它经	354							354		
应村乡	合计	合计	40462	57235	40446	57218	668	56544	6	16		17
		水涵林	86	139	86	139		139				
		水保林	4788	5035	4788	5035	21	5014				
		用材林	35568	52061	35568	52044	647	51391	6			17
		其它经	20		4					16		
	天然	合计	396	657	396	657	646	11				
		水保林	16	11	16	11		11				
		用材林	380	646	380	646	646					
	人工	合计	40066	56578	40050	56561	22	56533	6	16		17
		水涵林	86	139	86	139		139				
		水保林	4772	5024	4772	5024	21	5003				
		用材林	35188	51415	35188	51398	1	51391	6			17
		其它经	20		4					16		

（续）

统计单位	起源	林种	合计		毛竹林					杂竹面积		散生毛竹
			面积	株数	面积	株数				计	其中	株数
						小计	幼龄竹	壮龄竹	老龄竹		旱竹	
1	2	3	4	5	6	7	8	9	10	11	12	13
高坪乡	人工	合计	18494	24485	18488	24485	860	1206	22419	6		
		水涵林	1390	1593	1390	1593	13	114	1466			
		用材林	17098	22892	17098	22892	847	1092	20953			
		其它经	6							6		
金竹镇	合计	合计	11530	13203	11454	13203		13203		76		
		水涵林	47	30	25	30		30		22		
		水保林	47	52	47	52		52				
		用材林	11383	13121	11382	13121		13121		1		
		其它经	53							53		
	天然	合计	267	289	245	289		289		22		
		水涵林	22							22		
		水保林	20	24	20	24		24				
		用材林	225	265	225	265		265				
	人工	合计	11263	12914	11209	12914		12914		54		
		水涵林	25	30	25	30		30				
		水保林	27	28	27	28		28				
		用材林	11158	12856	11157	12856		12856		1		
		其它经	53							53		
湖山乡	合计	合计	3704	4359	3268	4359	5	4085	269	436		
		水涵林	493	859	493	859		851	8			
		用材林	2780	3493	2769	3493	5	3227	261	11		
		其它经	431	7	6	7		7		425		
	天然	其它经	350							350		
	人工	合计	3354	4359	3268	4359	5	4085	269	86		
		水涵林	493	859	493	859		851	8			
		用材林	2780	3493	2769	3493	5	3227	261	11		
		其它经	81	7	6	7		7		75		
黄沙腰镇	合计	合计	3215	2929	3185	2924	54	2761	109	30		5
		水保林	186	139	170	139	10	129		16		
		用材林	3016	2790	3015	2785	44	2632	109	1		5
		其它经	13							13		
	天然	合计	18	2	3	2		2		15		
		水保林	15							15		
		用材林	3	2	3	2		2				
	人工	合计	3197	2927	3182	2922	54	2759	109	15		5
		水保林	171	139	170	139	10	129		1		
		用材林	3013	2788	3012	2783	44	2630	109	1		5
		其它经	13							13		
柘岱口乡	合计	合计	3850	5126	3826	5110	13	4828	269	24		16
		水保林	88	437	88	437		428	9			
		用材林	3725	4662	3725	4646	13	4373	260			16
		其它经	37	27	13	27		27		24		
	天然	其它经	2							2		
	人工	合计	3848	5126	3826	5110	13	4828	269	22		16

（续）

统计单位	起源	林种	合计		毛竹林					杂竹面积		散生毛竹
			面积	株数	面积	株数				计	其中	株数
						小计	幼龄竹	壮龄竹	老龄竹		旱竹	
1	2	3	4	5	6	7	8	9	10	11	12	13
		水保林	88	437	88	437		428	9			
		用材林	3725	4662	3725	4646	13	4373	260			16
		其它经	35	27	13	27		27		22		
西畈乡	合计	合计	3335	5082	3288	5068	6	4518	544	47		14
		水涵林	1366	2325	1325	2325	2	2276	47	41		
		用材林	1963	2757	1963	2743	4	2242	497			14
		其它经	6							6		
	天然	合计	4	2	2	2		2		2		
		水涵林	2							2		
		用材林	2	2	2	2		2				
	人工	合计	3331	5080	3286	5066	6	4516	544	45		14
		水涵林	1364	2325	1325	2325	2	2276	47	39		
		用材林	1961	2755	1961	2741	4	2240	497			14
		其它经	6							6		
王村口镇	合计	合计	11442	15181	11384	15179	4306	709	10164	58		2
		水涵林	165	190	162	190	166		24	3		
		水保林	121	147	120	147	71		76	1		
		用材林	11033	14754	11032	14752	4069	705	9978	1		2
		其它经	123	90	70	90		4	86	53		
	天然	水涵林	8	3	8	3	3					
	人工	合计	11434	15178	11376	15176	4303	709	10164	58		2
		水涵林	157	187	154	187	163		24	3		
		水保林	121	147	120	147	71		76	1		
		用材林	11033	14754	11032	14752	4069	705	9978	1		2
		其它经	123	90	70	90		4	86	53		
蔡源乡	合计	合计	3554	2568	3319	2564	88	1650	826	235		4
		水涵林	296	140	169	140		80	60	127		
		用材林	3150	2428	3150	2424	88	1570	766			4
		其它经	108							108		
	天然	合计	196							196		
		水涵林	127							127		
		其它经	69							69		
	人工	合计	3358	2568	3319	2564	88	1650	826	39		4
		水涵林	169	140	169	140		80	60			
		用材林	3150	2428	3150	2424	88	1570	766			4
		其它经	39							39		
焦滩乡	合计	合计	2516	2429	2093	2429	262	1449	718	423	142	
		水涵林	377	111	98	111		91	20	279	141	
		用材林	1991	2313	1991	2313	262	1353	698			
		其它经	148	5	4	5		5		144	1	
	天然	合计	222							222	1	
		水涵林	133							133		
		其它经	89							89	1	
	人工	合计	2294	2429	2093	2429	262	1449	718	201	141	
		水涵林	244	111	98	111		91	20	146	141	
		用材林	1991	2313	1991	2313	262	1353	698			
		其它经	59	5	4	5		5		55		

（续）

统计单位	起源	林种	合计		毛竹林					杂竹面积		散生毛竹
			面积	株数	面积	株数				计	其中	株数
						小计	幼龄竹	壮龄竹	老龄竹		早竹	
1	2	3	4	5	6	7	8	9	10	11	12	13
龙洋乡	合计	合计	4758	7803	4753	7778	81	1806	5891	5		25
		水保林	94	128	89	128	3	9	116	5		
		用材林	4664	7675	4664	7650	78	1797	5775			25
	天然	用材林	20	44	20	44			44			
	人工	合计	4738	7759	4733	7734	81	1806	5847	5		25
		水保林	94	128	89	128	3	9	116	5		
		用材林	4644	7631	4644	7606	78	1797	5731			25
牛头山场	合计	合计	627	615	516	615		77	538	111	106	
		水涵林	77	131	72	131			131	5		
		水保林	15	35	15	35			35			
		用材林	279	249	219	249			249	60	60	
		其它经	256	200	210	200		77	123	46	46	
	天然	水涵林	10	30	5	30			30	5		
	人工	合计	617	585	511	585		77	508	106	106	
		水涵林	67	101	67	101			101			
		水保林	15	35	15	35			35			
		用材林	279	249	219	249			249	60	60	
		其它经	256	200	210	200		77	123	46	46	
湖山林场	合计	合计	196	186	196	186		144	42			
		水涵林	70	96	70	96		59	37			
		用材林	5	5	5	5			5			
		其它经	121	85	121	85		85				
	天然	用材林	5	5	5	5			5			
	人工	合计	191	181	191	181		144	37			
		水涵林	70	96	70	96		59	37			
		其它经	121	85	121	85		85				
白马山场	合计	合计	326	148	230	148			148	96		
		水保林	227	85	162	85			85	65		
		用材林	31							31		
		其它经	68	63	68	63			63			
	天然	合计	76							76		
		水保林	59							59		
		用材林	17							17		
	人工	合计	250	148	230	148			148	20		
		水保林	168	85	162	85			85	6		
		用材林	14							14		
		其它经	68	63	68	63			63			
桂洋林场	人工	合计	1252	1450	1252	1450		798	652			
		水保林	45	54	45	54			54			
		用材林	163	195	163	195		191	4			
		其它经	1044	1201	1044	1201		607	594			
保护区	人工	自保林	314	430	314	430		430				

附表 11　灌木林统计表

按范围统计

单位名称：遂昌县　　　　（2005 年）　　　　单位：亩

统计单位	使用权	起源	优势树种	合计				国家特别规定灌木林				其它灌木林			
				合计	疏	中	密	小计	疏	中	密	小计	疏	中	密
1	2	3	4	5	6	7	8	9	10	11	12	13	14	15	16
合计	合计	合计	合计	176641	26867	69516	80258	146686	21280	58845	66561	29955	5587	10671	13697
			茶叶	63765	10720	13117	39928	63765	10720	13117	39928				
			橘	4747	709	2520	1518	4747	709	2520	1518				
			油茶	72771	8804	42644	21323	72771	8804	42644	21323				
			其它果树	20	20			20	20						
			其它原料	60			60	60			60				
			其它经林	3572	341	379	2852	3572	341	379	2852				
			灌木	31706	6273	10856	14577	1751	686	185	880	29955	5587	10671	13697
		天然	合计	32416	6283	11462	14671	2461	696	791	974	29955	5587	10671	13697
			茶叶	230	2	136	92	230	2	136	92				
			油茶	480	8	470	2	480	8	470	2				
			灌木	31706	6273	10856	14577	1751	686	185	880	29955	5587	10671	13697
		人工	合计	144225	20584	58054	65587	144225	20584	58054	65587				
			茶叶	63535	10718	12981	39836	63535	10718	12981	39836				
			橘	4747	709	2520	1518	4747	709	2520	1518				
			油茶	72291	8796	42174	21321	72291	8796	42174	21321				
			其它果树	20	20			20	20						
			其它原料	60			60	60			60				
			其它经林	3572	341	379	2852	3572	341	379	2852				
	国有	合计	合计	4310	3150	430	730	1467	420	404	643	2843	2730	26	87
			茶叶	820	155	357	308	820	155	357	308				
			橘	286	110	42	134	286	110	42	134				
			油茶	188	10	2	176	188	10	2	176				
			其它经林	3		3		3		3					
			灌木	3013	2875	26	112	170	145		25	2843	2730	26	87
		天然	合计	3023	2880	31	112	180	150	5	25	2843	2730	26	87
			茶叶	5		5		5		5					
			油茶	5	5			5	5						
			灌木	3013	2875	26	112	170	145		25	2843	2730	26	87
		人工	合计	1287	270	399	618	1287	270	399	618				
			茶叶	815	155	352	308	815	155	352	308				
			橘	286	110	42	134	286	110	42	134				
			油茶	183	5	2	176	183	5	2	176				
			其它经林	3		3		3		3					
	集体	合计	合计	74798	5438	26587	42773	55147	4627	19486	31034	19651	811	7101	11739
			茶叶	33568	3606	5408	24554	33568	3606	5408	24554				
			橘	2155	109	1513	533	2155	109	1513	533				
			油茶	18634	797	12415	5422	18634	797	12415	5422				
			其它经林	567	41	113	413	567	41	113	413				
			灌木	19874	885	7138	11851	223	74	37	112	19651	811	7101	11739
		天然	合计	20191	885	7362	11944	540	74	261	205	19651	811	7101	11739
			茶叶	146		55	91	146		55	91				
			油茶	171		169	2	171		169	2				

（续）

统计单位	使用权	起源	优势树种	合计				国家特别规定灌木林				其它灌木林			
				合计	疏	中	密	小计	疏	中	密	小计	疏	中	密
1	2	3	4	5	6	7	8	9	10	11	12	13	14	15	16
			灌木	19874	885	7138	11851	223	74	37	112	19651	811	7101	11739
		人工	合计	54607	4553	19225	30829	54607	4553	19225	30829				
			茶叶	33422	3606	5353	24463	33422	3606	5353	24463				
			橘	2155	109	1513	533	2155	109	1513	533				
			油茶	18463	797	12246	5420	18463	797	12246	5420				
			其它经林	567	41	113	413	567	41	113	413				
	合作	合计	合计	420	37	35	348	417	37	35	345	3			3
			茶叶	412	37	35	340	412	37	35	340				
			橘	5			5	5			5				
			灌木	3			3					3			3
		天然	灌木	3			3					3			3
		人工	合计	417	37	35	345	417	37	35	345				
			茶叶	412	37	35	340	412	37	35	340				
			橘	5			5	5			5				
	个人	合计	合计	97113	18242	42464	36407	89655	16196	38920	34539	7458	2046	3544	1868
			茶叶	28965	6922	7317	14726	28965	6922	7317	14726				
			橘	2301	490	965	846	2301	490	965	846				
			油茶	53949	7997	30227	15725	53949	7997	30227	15725				
			其它果树	20	20			20	20						
			其它原料	60			60	60			60				
			其它经林	3002	300	263	2439	3002	300	263	2439				
			灌木	8816	2513	3692	2611	1358	467	148	743	7458	2046	3544	1868
		天然	合计	9199	2518	4069	2612	1741	472	525	744	7458	2046	3544	1868
			茶叶	79	2	76	1	79	2	76	1				
			油茶	304	3	301		304	3	301					
			灌木	8816	2513	3692	2611	1358	467	148	743	7458	2046	3544	1868
		人工	合计	87914	15724	38395	33795	87914	15724	38395	33795				
			茶叶	28886	6920	7241	14725	28886	6920	7241	14725				
			橘	2301	490	965	846	2301	490	965	846				
			油茶	53645	7994	29926	15725	53645	7994	29926	15725				
			其它果树	20	20			20	20						
			其它原料	60			60	60			60				
			其它经林	3002	300	263	2439	3002	300	263	2439				
大柘镇	合计	合计	合计	21361	4794	1275	15292	21300	4794	1225	15281	61		50	11
			茶叶	19459	4716	67	14676	19459	4716	67	14676				
			橘	10	10			10	10						
			油茶	1831	68	1158	605	1831	68	1158	605				
			灌木	61		50	11					61		50	11
		天然	合计	218		115	103	157		65	92	61		50	11
			茶叶	92			92	92			92				
			油茶	65		65		65		65					
			灌木	61		50	11					61		50	11
		人工	合计	21143	4794	1160	15189	21143	4794	1160	15189				
			茶叶	19367	4716	67	14584	19367	4716	67	14584				
			橘	10	10			10	10						

（续）

统计单位	使用权	起源	优势树种	合计				国家特别规定灌木林				其它灌木林			
				合计	疏	中	密	小计	疏	中	密	小计	疏	中	密
1	2	3	4	5	6	7	8	9	10	11	12	13	14	15	16
			油茶	1766	68	1093	605	1766	68	1093	605				
	国有	人工	茶叶	5			5	5			5				
	集体	合计	合计	12662	2018	178	10466	12601	2018	128	10455	61		50	11
			茶叶	11852	1998		9854	11852	1998		9854				
			橘	4	4			4	4						
			油茶	745	16	128	601	745	16	128	601				
			灌木	61		50	11					61		50	11
		天然	合计	152		50	102	91			91	61		50	11
			茶叶	91			91	91			91				
			灌木	61		50	11					61		50	11
		人工	合计	12510	2018	128	10364	12510	2018	128	10364				
			茶叶	11761	1998		9763	11761	1998		9763				
			橘	4	4			4	4						
			油茶	745	16	128	601	745	16	128	601				
	个人	合计	合计	8694	2776	1097	4821	8694	2776	1097	4821				
			茶叶	7602	2718	67	4817	7602	2718	67	4817				
			橘	6	6			6	6						
			油茶	1086	52	1030	4	1086	52	1030	4				
		天然	合计	66		65	1	66		65	1				
			茶叶	1			1	1			1				
			油茶	65		65		65		65					
		人工	合计	8628	2776	1032	4820	8628	2776	1032	4820				
			茶叶	7601	2718	67	4816	7601	2718	67	4816				
			橘	6	6			6	6						
			油茶	1021	52	965	4	1021	52	965	4				
石练镇	合计	合计	合计	11300	621	1940	8739	10970	458	1857	8655	330	163	83	84
			茶叶	10489	448	1625	8416	10489	448	1625	8416				
			橘	18	1		17	18	1		17				
			油茶	435	9	214	212	435	9	214	212				
			其它经林	28		18	10	28		18	10				
			灌木	330	163	83	84					330	163	83	84
		天然	灌木	330	163	83	84					330	163	83	84
		人工	合计	10970	458	1857	8655	10970	458	1857	8655				
			茶叶	10489	448	1625	8416	10489	448	1625	8416				
			橘	18	1		17	18	1		17				
			油茶	435	9	214	212	435	9	214	212				
			其它经林	28		18	10	28		18	10				
	集体	合计	合计	11166	572	1890	8704	10839	409	1807	8623	327	163	83	81
			茶叶	10361	399	1575	8387	10361	399	1575	8387				
			橘	18	1		17	18	1		17				
			油茶	432	9	214	209	432	9	214	209				
			其它经林	28		18	10	28		18	10				
			灌木	327	163	83	81					327	163	83	81
		天然	灌木	327	163	83	81					327	163	83	81
		人工	合计	10839	409	1807	8623	10839	409	1807	8623				

（续）

统计单位	使用权	起源	优势树种	合计				国家特别规定灌木林				其它灌木林			
				合计	疏	中	密	小计	疏	中	密	小计	疏	中	密
1	2	3	4	5	6	7	8	9	10	11	12	13	14	15	16
			茶叶	10361	399	1575	8387	10361	399	1575	8387				
			橘	18	1		17	18	1		17				
			油茶	432	9	214	209	432	9	214	209				
			其它经林	28		18	10	28		18	10				
	合作	合计	合计	39	1	35	3	36	1	35		3			3
			茶叶	36	1	35		36	1	35					
			灌木	3			3					3			3
		天然	灌木	3			3					3			3
		人工	茶叶	36	1	35		36	1	35					
	个人	人工	合计	95	48	15	32	95	48	15	32				
			茶叶	92	48	15	29	92	48	15	29				
			油茶	3			3	3			3				
安口乡	合计	合计	合计	1917	224	1010	683	1124	94	427	603	793	130	583	80
			茶叶	360	94	266		360	94	266					
			油茶	152		127	25	152		127	25				
			其它经林	612		34	578	612		34	578				
			灌木	793	130	583	80					793	130	583	80
		天然	灌木	793	130	583	80					793	130	583	80
		人工	合计	1124	94	427	603	1124	94	427	603				
			茶叶	360	94	266		360	94	266					
			油茶	152		127	25	152		127	25				
			其它经林	612		34	578	612		34	578				
	集体	合计	合计	217	55	152	10	10			10	207	55	152	
			其它经林	10			10	10			10				
			灌木	207	55	152						207	55	152	
		天然	灌木	207	55	152						207	55	152	
		人工	其它经林	10			10	10			10				
	个人	合计	合计	1700	169	858	673	1114	94	427	593	586	75	431	80
			茶叶	360	94	266		360	94	266					
			油茶	152		127	25	152		127	25				
			其它经林	602		34	568	602		34	568				
			灌木	586	75	431	80					586	75	431	80
		天然	灌木	586	75	431	80					586	75	431	80
		人工	合计	1114	94	427	593	1114	94	427	593				
			茶叶	360	94	266		360	94	266					
			油茶	152		127	25	152		127	25				
			其它经林	602		34	568	602		34	568				
妙高镇	合计	合计	合计	16359	1075	3729	11555	16051	1075	3534	11442	308		195	113
			茶叶	9296	627	1014	7655	9296	627	1014	7655				
			橘	2472	230	1251	991	2472	230	1251	991				
			油茶	4227	218	1268	2741	4227	218	1268	2741				
			其它原料	55			55	55			55				
			其它经林	1		1		1		1					
			灌木	308		195	113					308		195	113
		天然	合计	310		195	115	2			2	308		195	113

（续）

统计单位	使用权	起源	优势树种	合计				国家特别规定灌木林				其它灌木林			
				合计	疏	中	密	小计	疏	中	密	小计	疏	中	密
1	2	3	4	5	6	7	8	9	10	11	12	13	14	15	16
			油茶	2			2	2			2				
			灌木	308		195	113					308		195	113
		人工	合计	16049	1075	3534	11440	16049	1075	3534	11440				
			茶叶	9296	627	1014	7655	9296	627	1014	7655				
			橘	2472	230	1251	991	2472	230	1251	991				
			油茶	4225	218	1268	2739	4225	218	1268	2739				
			其它原料	55			55	55			55				
			其它经林	1		1		1		1					
	集体	合计	合计	2099	45	1042	1012	1884	45	895	944	215		147	68
			茶叶	647	42	149	456	647	42	149	456				
			橘	996	3	676	317	996	3	676	317				
			油茶	241		70	171	241		70	171				
			灌木	215		147	68					215		147	68
		天然	合计	217		147	70	2			2	215		147	68
			油茶	2			2	2			2				
			灌木	215		147	68					215		147	68
		人工	合计	1882	45	895	942	1882	45	895	942				
			茶叶	647	42	149	456	647	42	149	456				
			橘	996	3	676	317	996	3	676	317				
			油茶	239		70	169	239		70	169				
	合作	人工	合计	225			225	225			225				
			茶叶	220			220	220			220				
			橘	5			5	5			5				
	个人	合计	合计	14035	1030	2687	10318	13942	1030	2639	10273	93		48	45
			茶叶	8429	585	865	6979	8429	585	865	6979				
			橘	1471	227	575	669	1471	227	575	669				
			油茶	3986	218	1198	2570	3986	218	1198	2570				
			其它原料	55			55	55			55				
			其它经林	1		1		1		1					
			灌木	93		48	45					93		48	45
		天然	灌木	93		48	45					93		48	45
		人工	合计	13942	1030	2639	10273	13942	1030	2639	10273				
			茶叶	8429	585	865	6979	8429	585	865	6979				
			橘	1471	227	575	669	1471	227	575	669				
			油茶	3986	218	1198	2570	3986	218	1198	2570				
			其它原料	55			55	55			55				
			其它经林	1		1		1		1					
云峰镇	合计	合计	合计	4724	86	590	4048	4689	51	590	4048	35	35		
			茶叶	2482	2	237	2243	2482	2	237	2243				
			橘	196	49	41	106	196	49	41	106				
			油茶	2002		307	1695	2002		307	1695				
			其它经林	9		5	4	9		5	4				
			灌木	35	35							35	35		
		天然	灌木	35	35							35	35		
		人工	合计	4689	51	590	4048	4689	51	590	4048				

（续）

统计单位	使用权	起源	优势树种	合计				国家特别规定灌木林				其它灌木林			
				合计	疏	中	密	小计	疏	中	密	小计	疏	中	密
1	2	3	4	5	6	7	8	9	10	11	12	13	14	15	16
			茶叶	2482	2	237	2243	2482	2	237	2243				
			橘	196	49	41	106	196	49	41	106				
			油茶	2002		307	1695	2002		307	1695				
			其它经林	9		5	4	9		5	4				
	集体	人工	合计	1198		79	1119	1198		79	1119				
			茶叶	1078		79	999	1078		79	999				
			油茶	120			120	120			120				
	个人	合计	合计	3526	86	511	2929	3491	51	511	2929	35	35		
			茶叶	1404	2	158	1244	1404	2	158	1244				
			橘	196	49	41	106	196	49	41	106				
			油茶	1882		307	1575	1882		307	1575				
			其它经林	9		5	4	9		5	4				
			灌木	35	35							35	35		
		天然	灌木	35	35							35	35		
		人工	合计	3491	51	511	2929	3491	51	511	2929				
			茶叶	1404	2	158	1244	1404	2	158	1244				
			橘	196	49	41	106	196	49	41	106				
			油茶	1882		307	1575	1882		307	1575				
			其它经林	9		5	4	9		5	4				
三仁乡	合计	合计	合计	4982	443	2727	1812	4850	443	2667	1740	132		60	72
			茶叶	2267	394	1870	3	2267	394	1870	3				
			橘	20		6	14	20		6	14				
			油茶	2498	49	791	1658	2498	49	791	1658				
			其它经林	65			65	65			65				
			灌木	132		60	72					132		60	72
		天然	合计	207		135	72	75		75		132		60	72
			茶叶	75		75		75		75					
			灌木	132		60	72					132		60	72
		人工	合计	4775	443	2592	1740	4775	443	2592	1740				
			茶叶	2192	394	1795	3	2192	394	1795	3				
			橘	20		6	14	20		6	14				
			油茶	2498	49	791	1658	2498	49	791	1658				
			其它经林	65			65	65			65				
	集体	人工	油茶	3		1	2	3		1	2				
	个人	合计	合计	4979	443	2726	1810	4847	443	2666	1738	132		60	72
			茶叶	2267	394	1870	3	2267	394	1870	3				
			橘	20		6	14	20		6	14				
			油茶	2495	49	790	1656	2495	49	790	1656				
			其它经林	65			65	65			65				
			灌木	132		60	72					132		60	72
		天然	合计	207		135	72	75		75		132		60	72
			茶叶	75		75		75		75					
			灌木	132		60	72					132		60	72
		人工	合计	4772	443	2591	1738	4772	443	2591	1738				
			茶叶	2192	394	1795	3	2192	394	1795	3				

（续）

统计单位	使用权	起源	优势树种	合计				国家特别规定灌木林				其它灌木林			
				合计	疏	中	密	小计	疏	中	密	小计	疏	中	密
1	2	3	4	5	6	7	8	9	10	11	12	13	14	15	16
			橘	20		6	14	20		6	14				
			油茶	2495	49	790	1656	2495	49	790	1656				
			其它经林	65			65	65			65				
濂竹乡	合计	合计	合计	7245	362	1609	5274	1131	162	465	504	6114	200	1144	4770
			茶叶	497	152	175	170	497	152	175	170				
			橘	1		1		1		1					
			油茶	579	10	289	280	579	10	289	280				
			其它经林	54			54	54			54				
			灌木	6114	200	1144	4770					6114	200	1144	4770
		天然	灌木	6114	200	1144	4770					6114	200	1144	4770
		人工	合计	1131	162	465	504	1131	162	465	504				
			茶叶	497	152	175	170	497	152	175	170				
			橘	1		1		1		1					
			油茶	579	10	289	280	579	10	289	280				
			其它经林	54			54	54			54				
	集体	合计	合计	6172	235	1192	4745	468	109	191	168	5704	126	1001	4577
			茶叶	290	104	123	63	290	104	123	63				
			橘	1		1		1		1					
			油茶	123	5	67	51	123	5	67	51				
			其它经林	54			54	54			54				
			灌木	5704	126	1001	4577					5704	126	1001	4577
		天然	灌木	5704	126	1001	4577					5704	126	1001	4577
		人工	合计	468	109	191	168	468	109	191	168				
			茶叶	290	104	123	63	290	104	123	63				
			橘	1		1		1		1					
			油茶	123	5	67	51	123	5	67	51				
			其它经林	54			54	54			54				
	个人	合计	合计	1073	127	417	529	663	53	274	336	410	74	143	193
			茶叶	207	48	52	107	207	48	52	107				
			油茶	456	5	222	229	456	5	222	229				
			灌木	410	74	143	193					410	74	143	193
		天然	灌木	410	74	143	193					410	74	143	193
		人工	合计	663	53	274	336	663	53	274	336				
			茶叶	207	48	52	107	207	48	52	107				
			油茶	456	5	222	229	456	5	222	229				
北界镇	合计	合计	合计	6264	679	4224	1361	5128	511	3415	1202	1136	168	809	159
			茶叶	1220	103	1054	63	1220	103	1054	63				
			橘	25	5	16	4	25	5	16	4				
			油茶	3878	403	2345	1130	3878	403	2345	1130				
			其它经林	5			5	5			5				
			灌木	1136	168	809	159					1136	168	809	159
		天然	合计	1141	170	812	159	5	2	3		1136	168	809	159
			茶叶	2	2			2	2						
			油茶	3		3		3		3					
			灌木	1136	168	809	159					1136	168	809	159

（续）

统计单位	使用权	起源	优势树种	合计				国家特别规定灌木林				其它灌木林			
				合计	疏	中	密	小计	疏	中	密	小计	疏	中	密
1	2	3	4	5	6	7	8	9	10	11	12	13	14	15	16
		人工	合计	5123	509	3412	1202	5123	509	3412	1202				
			茶叶	1218	101	1054	63	1218	101	1054	63				
			橘	25	5	16	4	25	5	16	4				
			油茶	3875	403	2342	1130	3875	403	2342	1130				
			其它经林	5			5	5			5				
	集体	合计	合计	18		2	16	5		2	3	13			13
			茶叶	2		2		2		2					
			油茶	3			3	3			3				
			灌木	13			13					13			13
		天然	灌木	13			13					13			13
		人工	合计	5		2	3	5		2	3				
			茶叶	2		2		2		2					
			油茶	3			3	3			3				
	个人	合计	合计	6246	679	4222	1345	5123	511	3413	1199	1123	168	809	146
			茶叶	1218	103	1052	63	1218	103	1052	63				
			橘	25	5	16	4	25	5	16	4				
			油茶	3875	403	2345	1127	3875	403	2345	1127				
			其它经林	5			5	5			5				
			灌木	1123	168	809	146					1123	168	809	146
		天然	合计	1128	170	812	146	5	2	3		1123	168	809	146
			茶叶	2	2			2	2						
			油茶	3		3		3		3					
			灌木	1123	168	809	146					1123	168	809	146
		人工	合计	5118	509	3410	1199	5118	509	3410	1199				
			茶叶	1216	101	1052	63	1216	101	1052	63				
			橘	25	5	16	4	25	5	16	4				
			油茶	3872	403	2342	1127	3872	403	2342	1127				
			其它经林	5			5	5			5				
新路湾镇	集体	合计	合计	9162	152	4039	4971	5803	135	2462	3206	3359	17	1577	1765
			茶叶	2347	119	1078	1150	2347	119	1078	1150				
			橘	1			1	1			1				
			油茶	3434	16	1377	2041	3434	16	1377	2041				
			其它经林	21		7	14	21		7	14				
			灌木	3359	17	1577	1765					3359	17	1577	1765
		天然	合计	3360	17	1578	1765	1		1		3359	17	1577	1765
			油茶	1		1		1		1					
			灌木	3359	17	1577	1765					3359	17	1577	1765
		人工	合计	5802	135	2461	3206	5802	135	2461	3206				
			茶叶	2347	119	1078	1150	2347	119	1078	1150				
			橘	1			1	1			1				
			油茶	3433	16	1376	2041	3433	16	1376	2041				
			其它经林	21		7	14	21		7	14				
应村乡	集体	合计	合计	7235	432	5935	868	6988	427	5815	746	247	5	120	122
			茶叶	778	45	410	323	778	45	410	323				
			油茶	5823	341	5384	98	5823	341	5384	98				

（续）

统计单位	使用权	起源	优势树种	合计				国家特别规定灌木林				其它灌木林			
				合计	疏	中	密	小计	疏	中	密	小计	疏	中	密
1	2	3	4	5	6	7	8	9	10	11	12	13	14	15	16
			其它经林	387	41	21	325	387	41	21	325				
			灌木	247	5	120	122					247	5	120	122
		天然	合计	302	5	175	122	55		55		247	5	120	122
			茶叶	55		55		55		55					
			灌木	247	5	120	122					247	5	120	122
		人工	合计	6933	427	5760	746	6933	427	5760	746				
			茶叶	723	45	355	323	723	45	355	323				
			油茶	5823	341	5384	98	5823	341	5384	98				
			其它经林	387	41	21	325	387	41	21	325				
高坪乡	合计	合计	合计	4577		774	3803	4513		716	3797	64		58	6
			茶叶	172		114	58	172		114	58				
			油茶	2451		331	2120	2451		331	2120				
			其它经林	1890		271	1619	1890		271	1619				
			灌木	64		58	6					64		58	6
		天然	灌木	64		58	6					64		58	6
		人工	合计	4513		716	3797	4513		716	3797				
			茶叶	172		114	58	172		114	58				
			油茶	2451		331	2120	2451		331	2120				
			其它经林	1890		271	1619	1890		271	1619				
	国有	人工	其它经林	3		3		3		3					
	集体	人工	其它经林	67		67		67		67					
	个人	合计	合计	4507		704	3803	4443		646	3797	64		58	6
			茶叶	172		114	58	172		114	58				
			油茶	2451		331	2120	2451		331	2120				
			其它经林	1820		201	1619	1820		201	1619				
			灌木	64		58	6					64		58	6
		天然	灌木	64		58	6					64		58	6
		人工	合计	4443		646	3797	4443		646	3797				
			茶叶	172		114	58	172		114	58				
			油茶	2451		331	2120	2451		331	2120				
			其它经林	1820		201	1619	1820		201	1619				
金竹镇	合计	合计	合计	29164	4803	19600	4761	27511	4729	18291	4491	1653	74	1309	270
			茶叶	1118	442	347	329	1118	442	347	329				
			橘	342	7	284	51	342	7	284	51				
			油茶	25680	3980	17645	4055	25680	3980	17645	4055				
			其它原料	5			5	5			5				
			其它经林	336	300	15	21	336	300	15	21				
			灌木	1683	74	1309	300	30			30	1653	74	1309	270
		天然	合计	1920	77	1543	300	267	3	234	30	1653	74	1309	270
			茶叶	1		1		1		1					
			油茶	236	3	233		236	3	233					
			灌木	1683	74	1309	300	30			30	1653	74	1309	270
		人工	合计	27244	4726	18057	4461	27244	4726	18057	4461				
			茶叶	1117	442	346	329	1117	442	346	329				
			橘	342	7	284	51	342	7	284	51				

（续）

统计单位	使用权	起源	优势树种	合计				国家特别规定灌木林				其它灌木林			
				合计	疏	中	密	小计	疏	中	密	小计	疏	中	密
1	2	3	4	5	6	7	8	9	10	11	12	13	14	15	16
			油茶	25444	3977	17412	4055	25444	3977	17412	4055				
			其它原料	5			5	5			5				
			其它经林	336	300	15	21	336	300	15	21				
	集体	合计	合计	580	197	126	257	374	137	116	121	206	60	10	136
			茶叶	105	44		61	105	44		61				
			橘	112	1	111		112	1	111					
			油茶	127	92	5	30	127	92	5	30				
			灌木	236	60	10	166	30			30	206	60	10	136
		天然	灌木	236	60	10	166	30			30	206	60	10	136
		人工	合计	344	137	116	91	344	137	116	91				
			茶叶	105	44		61	105	44		61				
			橘	112	1	111		112	1	111					
			油茶	127	92	5	30	127	92	5	30				
	个人	合计	合计	28584	4606	19474	4504	27137	4592	18175	4370	1447	14	1299	134
			茶叶	1013	398	347	268	1013	398	347	268				
			橘	230	6	173	51	230	6	173	51				
			油茶	25553	3888	17640	4025	25553	3888	17640	4025				
			其它原料	5			5	5			5				
			其它经林	336	300	15	21	336	300	15	21				
			灌木	1447	14	1299	134					1447	14	1299	134
		天然	合计	1684	17	1533	134	237	3	234		1447	14	1299	134
			茶叶	1		1		1		1					
			油茶	236	3	233		236	3	233					
			灌木	1447	14	1299	134					1447	14	1299	134
		人工	合计	26900	4589	17941	4370	26900	4589	17941	4370				
			茶叶	1012	398	346	268	1012	398	346	268				
			橘	230	6	173	51	230	6	173	51				
			油茶	25317	3885	17407	4025	25317	3885	17407	4025				
			其它原料	5			5	5			5				
			其它经林	336	300	15	21	336	300	15	21				
湖山乡	合计	合计	合计	19450	647	10051	8752	10908	542	6315	4051	8542	105	3736	4701
			茶叶	3876	287	1018	2571	3876	287	1018	2571				
			橘	1086	193	695	198	1086	193	695	198				
			油茶	5946	62	4602	1282	5946	62	4602	1282				
			灌木	8542	105	3736	4701					8542	105	3736	4701
		天然	合计	8710	105	3904	4701	168		168		8542	105	3736	4701
			油茶	168		168		168		168					
			灌木	8542	105	3736	4701					8542	105	3736	4701
		人工	合计	10740	542	6147	4051	10740	542	6147	4051				
			茶叶	3876	287	1018	2571	3876	287	1018	2571				
			橘	1086	193	695	198	1086	193	695	198				
			油茶	5778	62	4434	1282	5778	62	4434	1282				
	集体	合计	合计	19208	521	9969	8718	10694	444	6233	4017	8514	77	3736	4701
			茶叶	3841	287	1017	2537	3841	287	1017	2537				
			橘	985	95	692	198	985	95	692	198				

（续）

统计单位	使用权	起源	优势树种	合计				国家特别规定灌木林				其它灌木林			
				合计	疏	中	密	小计	疏	中	密	小计	疏	中	密
1	2	3	4	5	6	7	8	9	10	11	12	13	14	15	16
			油茶	5868	62	4524	1282	5868	62	4524	1282				
			灌木	8514	77	3736	4701					8514	77	3736	4701
		天然	合计	8682	77	3904	4701	168		168		8514	77	3736	4701
			油茶	168		168		168		168					
			灌木	8514	77	3736	4701					8514	77	3736	4701
		人工	合计	10526	444	6065	4017	10526	444	6065	4017				
			茶叶	3841	287	1017	2537	3841	287	1017	2537				
			橘	985	95	692	198	985	95	692	198				
			油茶	5700	62	4356	1282	5700	62	4356	1282				
	个人	合计	合计	242	126	82	34	214	98	82	34	28	28		
			茶叶	35		1	34	35		1	34				
			橘	101	98	3		101	98	3					
			油茶	78		78		78		78					
			灌木	28	28							28	28		
		天然	灌木	28	28							28	28		
		人工	合计	214	98	82	34	214	98	82	34				
			茶叶	35		1	34	35		1	34				
			橘	101	98	3		101	98	3					
			油茶	78		78		78		78					
黄沙腰镇	合计	合计	合计	5299	1241	2752	1306	4934	1191	2589	1154	365	50	163	152
			茶叶	2311	400	1389	522	2311	400	1389	522				
			橘	52	8	44		52	8	44					
			油茶	2571	783	1156	632	2571	783	1156	632				
			灌木	365	50	163	152					365	50	163	152
		天然	灌木	365	50	163	152					365	50	163	152
		人工	合计	4934	1191	2589	1154	4934	1191	2589	1154				
			茶叶	2311	400	1389	522	2311	400	1389	522				
			橘	52	8	44		52	8	44					
			油茶	2571	783	1156	632	2571	783	1156	632				
	集体	合计	合计	2859	245	1389	1225	2559	245	1236	1078	300		153	147
			茶叶	1497	205	839	453	1497	205	839	453				
			橘	38	5	33		38	5	33					
			油茶	1024	35	364	625	1024	35	364	625				
			灌木	300		153	147					300		153	147
		天然	灌木	300		153	147					300		153	147
		人工	合计	2559	245	1236	1078	2559	245	1236	1078				
			茶叶	1497	205	839	453	1497	205	839	453				
			橘	38	5	33		38	5	33					
			油茶	1024	35	364	625	1024	35	364	625				
	合作	人工	茶叶	31			31	31			31				
	个人	合计	合计	2409	996	1363	50	2344	946	1353	45	65	50	10	5
			茶叶	783	195	550	38	783	195	550	38				
			橘	14	3	11		14	3	11					
			油茶	1547	748	792	7	1547	748	792	7				
			灌木	65	50	10	5					65	50	10	5

（续）

统计单位	使用权	起源	优势树种	合计				国家特别规定灌木林				其它灌木林			
				合计	疏	中	密	小计	疏	中	密	小计	疏	中	密
1	2	3	4	5	6	7	8	9	10	11	12	13	14	15	16
		天然	灌木	65	50	10	5					65	50	10	5
		人工	合计	2344	946	1353	45	2344	946	1353	45				
			茶叶	783	195	550	38	783	195	550	38				
			橘	14	3	11		14	3	11					
			油茶	1547	748	792	7	1547	748	792	7				
柘岱口乡	合计	合计	合计	6675	773	3050	2852	4840	738	2451	1651	1835	35	599	1201
			茶叶	1500	435	601	464	1500	435	601	464				
			油茶	3340	303	1850	1187	3340	303	1850	1187				
			灌木	1835	35	599	1201					1835	35	599	1201
		天然	灌木	1835	35	599	1201					1835	35	599	1201
		人工	合计	4840	738	2451	1651	4840	738	2451	1651				
			茶叶	1500	435	601	464	1500	435	601	464				
			油茶	3340	303	1850	1187	3340	303	1850	1187				
	集体	合计	合计	1055	236	297	522	860	206	245	409	195	30	52	113
			茶叶	410	187	3	220	410	187	3	220				
			油茶	450	19	242	189	450	19	242	189				
			灌木	195	30	52	113					195	30	52	113
		天然	灌木	195	30	52	113					195	30	52	113
		人工	合计	860	206	245	409	860	206	245	409				
			茶叶	410	187	3	220	410	187	3	220				
			油茶	450	19	242	189	450	19	242	189				
	个人	合计	合计	5620	537	2753	2330	3980	532	2206	1242	1640	5	547	1088
			茶叶	1090	248	598	244	1090	248	598	244				
			油茶	2890	284	1608	998	2890	284	1608	998				
			灌木	1640	5	547	1088					1640	5	547	1088
		天然	灌木	1640	5	547	1088					1640	5	547	1088
		人工	合计	3980	532	2206	1242	3980	532	2206	1242				
			茶叶	1090	248	598	244	1090	248	598	244				
			油茶	2890	284	1608	998	2890	284	1608	998				
西畈乡	合计	合计	合计	4107	3964	55	88	2091	2076	15		2016	1888	40	88
			茶叶	1342	1342			1342	1342						
			油茶	195	195			195	195						
			灌木	2570	2427	55	88	554	539	15		2016	1888	40	88
		天然	灌木	2570	2427	55	88	554	539	15		2016	1888	40	88
		人工	合计	1537	1537			1537	1537						
			茶叶	1342	1342			1342	1342						
			油茶	195	195			195	195						
	国有	天然	灌木	13	13							13	13		
	集体	合计	合计	416	416			138	138			278	278		
			茶叶	51	51			51	51						
			油茶	13	13			13	13						
			灌木	352	352			74	74			278	278		
		天然	灌木	352	352			74	74			278	278		
		人工	合计	64	64			64	64						
			茶叶	51	51			51	51						

（续）

统计单位	使用权	起源	优势树种	合计				国家特别规定灌木林				其它灌木林			
				合计	疏	中	密	小计	疏	中	密	小计	疏	中	密
1	2	3	4	5	6	7	8	9	10	11	12	13	14	15	16
			油茶	13	13			13	13						
	个人	合计	合计	3678	3535	55	88	1953	1938	15		1725	1597	40	88
			茶叶	1291	1291			1291	1291						
			油茶	182	182			182	182						
			灌木	2205	2062	55	88	480	465	15		1725	1597	40	88
		天然	灌木	2205	2062	55	88	480	465	15		1725	1597	40	88
		人工	合计	1473	1473			1473	1473						
			茶叶	1291	1291			1291	1291						
			油茶	182	182			182	182						
王村口镇	合计	合计	合计	4748	752	3832	164	4738	752	3822	164	10		10	
			茶叶	877	75	802		877	75	802					
			橘	215	94	121		215	94	121					
			油茶	3493	563	2892	38	3493	563	2892	38				
			其它果树	20	20			20	20						
			其它经林	133		7	126	133		7	126				
			灌木	10		10						10		10	
		天然	灌木	10		10						10		10	
		人工	合计	4738	752	3822	164	4738	752	3822	164				
			茶叶	877	75	802		877	75	802					
			橘	215	94	121		215	94	121					
			油茶	3493	563	2892	38	3493	563	2892	38				
			其它果树	20	20			20	20						
			其它经林	133		7	126	133		7	126				
	国有	人工	油茶	2		2		2		2					
	集体	合计	合计	47		47		37		37		10		10	
			油茶	37		37		37		37					
			灌木	10		10						10		10	
		天然	灌木	10		10						10		10	
		人工	油茶	37		37		37		37					
	个人	人工	合计	4699	752	3783	164	4699	752	3783	164				
			茶叶	877	75	802		877	75	802					
			橘	215	94	121		215	94	121					
			油茶	3454	563	2853	38	3454	563	2853	38				
			其它果树	20	20			20	20						
			其它经林	133		7	126	133		7	126				
蔡源乡	合计	合计	合计	2697	1235	1462		2598	1235	1363		99		99	
			茶叶	1288	772	516		1288	772	516					
			油茶	1310	463	847		1310	463	847					
			灌木	99		99						99		99	
		天然	灌木	99		99						99		99	
		人工	合计	2598	1235	1363		2598	1235	1363					
			茶叶	1288	772	516		1288	772	516					
			油茶	1310	463	847		1310	463	847					

（续）

统计单位	使用权	起源	优势树种	合计				国家特别规定灌木林				其它灌木林			
				合计	疏	中	密	小计	疏	中	密	小计	疏	中	密
1	2	3	4	5	6	7	8	9	10	11	12	13	14	15	16
	集体	人工	合计	435	303	132		435	303	132					
			茶叶	257	125	132		257	125	132					
			油茶	178	178			178	178						
	个人	合计	合计	2262	932	1330		2163	932	1231		99		99	
			茶叶	1031	647	384		1031	647	384					
			油茶	1132	285	847		1132	285	847					
			灌木	99		99						99		99	
		天然	灌木	99		99						99		99	
		人工	合计	2163	932	1231		2163	932	1231					
			茶叶	1031	647	384		1031	647	384					
			油茶	1132	285	847		1132	285	847					
焦滩乡	合计	合计	合计	3943	616	388	2939	3917	616	378	2923	26		10	16
			茶叶	971	63	151	757	971	63	151	757				
			橘	3	1		2	3	1		2				
			油茶	1927	550	57	1320	1927	550	57	1320				
			其它经林	19			19	19			19				
			灌木	1023	2	180	841	997	2	170	825	26		10	16
		天然	灌木	1023	2	180	841	997	2	170	825	26		10	16
		人工	合计	2920	614	208	2098	2920	614	208	2098				
			茶叶	971	63	151	757	971	63	151	757				
			橘	3	1		2	3	1		2				
			油茶	1927	550	57	1320	1927	550	57	1320				
			其它经林	19			19	19			19				
	集体	合计	合计	170		50	120	155		40	115	15		10	5
			茶叶	34		1	33	34		1	33				
			油茶	2		2		2		2					
			灌木	134		47	87	119		37	82	15		10	5
		天然	灌木	134		47	87	119		37	82	15		10	5
		人工	合计	36		3	33	36		3	33				
			茶叶	34		1	33	34		1	33				
			油茶	2		2		2		2					
	合作	人工	茶叶	125	36		89	125	36		89				
	个人	合计	合计	3648	580	338	2730	3637	580	338	2719	11			11
			茶叶	812	27	150	635	812	27	150	635				
			橘	3	1		2	3	1		2				
			油茶	1925	550	55	1320	1925	550	55	1320				
			其它经林	19			19	19			19				
			灌木	889	2	133	754	878	2	133	743	11			11
		天然	灌木	889	2	133	754	878	2	133	743	11			11
		人工	合计	2759	578	205	1976	2759	578	205	1976				
			茶叶	812	27	150	635	812	27	150	635				
			橘	3	1		2	3	1		2				

（续）

统计单位	使用权	起源	优势树种	合计				国家特别规定灌木林				其它灌木林			
				合计	疏	中	密	小计	疏	中	密	小计	疏	中	密
1	2	3	4	5	6	7	8	9	10	11	12	13	14	15	16
			油茶	1925	550	55	1320	1925	550	55	1320				
			其它经林	19			19	19			19				
龙洋乡	合计	人工	合计	1134	831	38	265	1134	831	38	265				
			茶叶	289	49	15	225	289	49	15	225				
			橘	20	1	19		20	1	19					
			油茶	813	781	4	28	813	781	4	28				
			其它经林	12			12	12			12				
	集体	人工	合计	29	11		18	29	11		18				
			茶叶	18			18	18			18				
			油茶	11	11			11	11						
	个人	人工	合计	1105	820	38	247	1105	820	38	247				
			茶叶	271	49	15	207	271	49	15	207				
			橘	20	1	19		20	1	19					
			油茶	802	770	4	28	802	770	4	28				
			其它经林	12			12	12			12				
牛头山场	国有	合计	合计	1386	311	394	681	1288	281	394	613	98	30		68
			茶叶	791	136	352	303	791	136	352	303				
			橘	176		42	134	176		42	134				
			油茶	176			176	176			176				
			灌木	243	175		68	145	145			98	30		68
		天然	灌木	243	175		68	145	145			98	30		68
		人工	合计	1143	136	394	613	1143	136	394	613				
			茶叶	791	136	352	303	791	136	352	303				
			橘	176		42	134	176		42	134				
			油茶	176			176	176			176				
湖山林场	国有	合计	合计	2785	2785			115	115			2670	2670		
			橘	110	110			110	110						
			油茶	5	5			5	5						
			灌木	2670	2670							2670	2670		
		天然	合计	2675	2675			5	5			2670	2670		
			油茶	5	5			5	5						
			灌木	2670	2670							2670	2670		
		人工	橘	110	110			110	110						
白马山场	国有	合计	合计	111	36	31	44	49	19	5	25	62	17	26	19
			茶叶	24	19	5		24	19	5					
			灌木	87	17	26	44	25			25	62	17	26	19
		天然	合计	92	17	31	44	30		5	25	62	17	26	19
			茶叶	5		5		5		5					
			灌木	87	17	26	44	25			25	62	17	26	19
		人工	茶叶	19	19			19	19						
桂洋林场	国有	人工	油茶	5	5			5	5						
保护区	个人	人工	茶叶	11		11		11		11					